河南林业生态省建设纪实

（2008）

王照平　主编

黄 河 水 利 出 版 社

图书在版编目（CIP）数据

河南林业生态省建设纪实.2008/王照平主编. —郑州：黄河水利出版社，2010.3

ISBN 978-7-80734-801-6

Ⅰ.① 河…　Ⅱ.①王…　Ⅲ.①林业-生态环境-建设-研究-河南省-2008　Ⅳ.①S718.5

中国版本图书馆CIP数据核字(2010）第030659号

组稿编辑：韩美琴　　电话：0371-66024331　　E-mail:hanmq93@163.com

出 版 社:黄河水利出版社

地址:河南省郑州市金水路11号　　邮政编码:450003

发行单位:黄河水利出版社

发行部电话:0371-66026940、66020550、66028024、66022620(传真)

E-mail:hhslcbs@126.com

承印单位:河南省瑞光印务股份有限公司

开本:890 mm×1 240 mm　1/16

印张:13.5

字数: 320千字　　印数:1—1 000

版次:2010年3月第1版　　印次:2010年3月第1次印刷

定价：38.00元

编委会名单

主　　编	王照平
副 主 编	刘有富　万运龙
执行主编	徐　忠　杨晓周
编写人员	（按姓氏笔画排序）

马永亮　马国丽　马润淑　马淑芳　马智贵
尤利亚　王一品　王英武　王保刚　王晋生
王　翃　王　莹　王联合　邓建钦　冯　松
冯茜茜　申洁梅　刘玉明　刘宇新　孙丽峥
朱先文　何立新　吴玉珂　张顺生　张孟林
张雪洋　张新胜　李永平　李　冰　李灵军
李敏华　李　辉　杨文培　汪运利　肖建成
陈风顺　陈科铭　陈　明　陈振武　周　未
侯大兴　侯利红　胡建清　赵明华　赵奕钧
赵　蔚　柴明清　姬韶岭　殷三军　秦志强
袁黎明　夏治军　钱建平　常丽若　曹卫领
温保良　路　旭　鄢广运

编 辑 说 明

一、《河南林业生态省建设纪实》是一部综合反映河南省现代林业建设重要活动、发展水平、基本成就与经验教训的资料性工具书。每年出版一卷，反映上年度情况。本卷为2008年卷，收录限2008年的资料。

二、《河南林业生态省建设纪实》的基本任务是，为河南省林业系统和有关部门的各级生产与管理人员、科技工作者以及广大社会读者全面、系统地提供全省森林资源消长、森林培育、林政保护、森林防火、森林公安、林业产业、林业科研等方面的年度信息和有关资料。

三、2008年卷编纂内容设39个栏目。每个栏目设“概述”和“纪实”两部分。

四、《河南林业生态省建设纪实》编写实行条目化，条目标题力求简洁、规范。全卷编排按内容分类。按分类栏目设书眉。

五、《河南林业生态省建设纪实》撰稿及资料收集由省林业厅各处、室（局），各省辖市林业局承担。

《河南林业生态省建设纪实》编委会

2009年12月

编辑说明

[illegible]

[illegible]

[illegible]

[illegible]

[illegible]

[illegible]

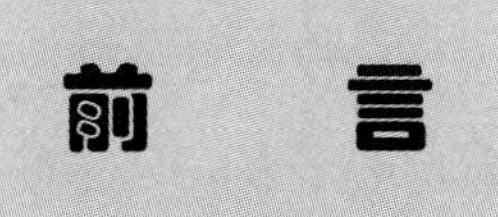

前 言

2008年是河南林业生态省建设规划实施的第一年，全省林业部门认真贯彻落实党的十七大会议精神和省委、省政府关于建设林业生态省的战略决策，大力开展林业生态建设，不断创新工作机制，通过落实工作责任、严格督促检查、推进科技兴林和依法治林等一系列措施，狠抓森林资源培育、保护和林业产业发展，圆满完成了各项年度目标任务，在林业生态省建设中迈出了坚实的第一步。

一、各级党委、政府高度重视林业生态省建设

2007年11月27日，省委、省政府召开了省、市、县、乡四级党政主要领导和有关部门主要负责人参加的全省林业生态省建设动员大会，省委书记徐光春亲自动员。2008年1月24日，省政府召开了全省林业生态工作会议，安排部署了本年度全省林业生态建设任务。林业生态省建设实行行政首长负责制，各级政府一把手对本地区林业生态建设负总责。各市、县（市、区）都成立了以政府主要领导为组长的领导小组，统筹部署林业生态省建设。在春季植树造林关键时期，徐光春书记、郭庚茂省长率领省四大班子参加全民义务植树。陈全国副书记、刘满仓副省长也多次视察指导林业生态省建设工程。各省辖市市委、市政府对林业工作十分重视，不断加大支持力度。市委、市政府主要领导亲自安排部署造林绿化工作。为了确保林业生态建设目标任务落到实处，省林业厅进一步落实责任制，加大了督导检查力度，派出厅级干部带队的9个督察组，分赴全省各地实地督促检查，重点检查造林进度、质量和各项森林防火责任与措施的落实情况，有力地推动了全省各项林业工作的开展。

二、大力推进造林绿化，林业生态建设迈上新台阶

2008年，全省共完成营造林合格面积601.36万亩，其中生态林造林538.36万亩，是计划任务的106%，创历史最高；完成森林抚育和改造160万亩。全民义务植树2.06亿株，是目标1.88亿株的109.6%，参加义务植树人数4960万人，全民义务植树尽责率91%，为历年来最高；完成国家重点工程123.3万亩，其中长江防护林二期工程18.32万亩，太行山绿化二期工程11.72万亩，平原绿化工程0.4万亩，天然林保护工程12.86万亩，退耕还林工程80万亩。

林业生态省建设启动了8个林业生态工程。突出抓好山区生态体系、生态廊道网络、城市林业生态和村镇绿化等4个林业生态工程。在环城防护林和城郊森林、村镇绿化、铁路和高速公路防护林、

生态能源林建设等4个方面实现了突破。

在集体林权制度改革的推动下，全省各地采取股份制、合作制、承包、租赁等多种经营形式，明晰新造林地的产权，“不栽无主树、不造无主林”。全省非公有制造林发展迅速，据统计，2007年冬2008年春全省非公有制造林面积达429万亩，占造林总面积的71%。

全省落实省级公益林补偿面积480万亩。其中，国有林区150.97万亩，集体林区248.45万亩，个体林区80.58万亩。下拨省级补偿基金2400万元。本年度全省用于公益林建设项目的开支1260多万元，营造生物防火林带1.53万米，购置扑火机具300多件，垒砌防火墙2700多米，防治林业有害生物23万多亩，购置资源档案管理设备100多套，补植补造4.2万亩，中幼龄林抚育3.6万多亩，修建护林标牌350多个、围栏1.4万多米，修缮（建）护林房700多平方米，埋设界桩100余根。

加大了优质珍稀濒危树种、生物质能源树种、彩叶景观树种、优质乡土树种等苗木的培育力度，对199个生产单位给予了重点扶持，涉及61个树种6700万株优质苗木。

三、加大依法治林力度，资源保护管理取得新进展

严格坚持征占用林地审核、林木采伐和木材运输管理，严禁天然林采伐，全省林木采伐量严格控制在限额以内。全省完成征占用林地省级审核（审批）240余起，审核审批率达到95%以上，伐区林木采伐办证率和办证合格率均在95%以上。全省未发生林业公路“三乱”事件。积极配合集体林权制度改革，对林权证登记发放和档案管理进行了严格规范，明确了对林改中通过家庭承包方式取得林地经营权和林木所有权的本集体经济组织的农户实行免费发证。全年共下发林权证203万份。

不断充实基层林政稽查力量，加大对森林资源行政案件的稽查、督办，以及重特大和跨区域森林资源行政案件的查处力度。2008年全省发生林业行政案件11466起，查处10477起，查处率达到91.37%。

新增国家级森林公园1处、省级森林公园2处。全年森林公园建设累计投入4.96亿元，社会旅游从业人员24576人。2008年，各森林公园共接待游客2180万人次，直接旅游收入4.87亿元（其中门票收入1.65亿元），分别比2007年增长10.1%、17.2%。

野生动物疫源疫病监测防控工作有序、有效、规范开展，全年共向国家林业局野生动物疫源疫病监测总站和省政府防治高致病性禽流感指挥部办公室报送报告单365份，全省没有发生野生动物疫病疫情。

森林公安不断加强队伍建设和“三基”工程建设，充分发挥职能作用，严厉打击各类破坏森林和野生动植物资源违法犯罪活动，查处了一批森林和野生动植物案件，有效地保护了森林资源，维护了林区稳定。据统计，2007年12月至2008年11月，全省森林公安机关共受理各类破坏森林和野生动植物资源案件12784起，查处10809起，其中刑事案件1187起，重特大刑事案件43起；打击处理违法犯罪人员14710人，其中，刑事拘留1405人，逮捕（直诉）761人；查获犯罪集团20个，抓获作案成员93人；收缴木材14277.29立方米；查获野生动物12.1万只（头），其中国家二级以上保护动物210只（头）。

加强林业立法，为河南林业生态省建设营造良好的法制环境。《河南省森林防火条例》、《河南

省森林病虫害防治条例》和《河南省林地保护管理条例》（修订），已列入省人大五年立法规划。《河南省森林资源流转办法》已列入省政府2009年的立法出台项目。加大法制宣传教育力度，强化了执法监督，营造良好的林业执法环境。

加强森林消防队伍建设，加大投入，落实责任，建立预警机制。2008年，全省共发生森林火灾983起，总过火面积43304.3亩，受害森林面积12427亩，受害率0.28‰，没有让小火酿成大灾，没有出现人员伤亡事故，没有因森林火灾影响到一个地区的社会治安和社会稳定，维护了全省森林防火形势的总体平稳，保障了林区人民群众生命财产安全。

有害生物防治工作坚持“预防为主，科学防控，依法治理，促进健康”方针，认真组织实施国家级工程治理项目，严格实行目标管理和重点治理。2008年共发生各种林业有害生物783.72万亩，发生率为12.12%；成灾面积7.01万亩，成灾率1.08‰，低于国家林业局下达的7‰的指标5.92个千分点；应施监测面积114773.7万亩次，实际监测面积111681.2万亩次，监测覆盖率达97.31%；2008年预测发生面积824.3万亩，测报准确率95%，高于国家林业局下达的83%目标任务12个百分点；完成防治面积643.6万亩（飞机防治达107.1万亩），其中无公害防治面积505万亩，防治率82.12%，无公害防治率78.4%，高于国家林业局下达的76%的目标任务2.4个百分点。据统计，全省有测报站点1261个，其中中心测报点158个（国家级中心测报点38个、省级中心测报点11个），一般测报点1103个。有专职测报员618人，兼职测报员1878人。全省各测报站点全年发布病虫情报1963期，8万多份。省站全年共发送林业有害生物预报、虫情动态等22期。

四、加强科教兴林、壮大林业产业

2008年，河南省林业科技工作坚持“科教兴林、人才强林”战略，围绕林业生态省建设，认真组织实施《河南省2020年林业科技创新规划》。新争取河南省科技发展计划科研项目6项，国家林业局公益性行业科研项目1项，省行业科研专项1项，总投资500多万元；组织厅直单位完成林业科技成果5项。全省有12项林业科技成果获得省政府科技进步奖。

组织编印了《河南省当前优先发展的优良树种（品种）》、《河南林业生态省建设廊道绿化模式》、《河南林业生态省建设“两区”“两点”绿化模式》、《河南省林业地方标准汇编》。引进、推广优良新品种50多个，推广新技术20多项，采用不同造林模式80多个，优化了林种、树种、品种结构，提高了造林质量和效益。加强全省林业科技推广体系建设，把实施国家、省重点科技推广项目建设作为科学发展的载体，强化科技示范与推广、中试网络、重点工程区林业站建设和林政案件稽查工作。3个省级林业科技示范园区，突出抓了西峡等9个科技支撑示范县（市）建设。

进一步加强了林业标准化工作。组织申报一批生产急需制定的林业标准化项目，新争取国家林业行业标准2项。组织制定了《连翘栽培技术规程》等河南地方标准和全国林业行业标准5项。指导市、县级林业部门制订林业技术标准20项，新建立国家林业行业标准化示范区3个。新组建河南省林业厅“林业有害生物防控重点实验室”1个。

重视林业调查规划与设计工作。提交了《河南省林木覆盖率指标调查与考评办法》、国家林业局下达的国家工程建设标准《农田防护林工程设计规范》。开展了“三项调查”，即河南省第七次森林资源连续清查的技术培训、指导、检查、验收及成果上报，全省雨雪冰冻灾害森林资源损失调查评估和林权制度改革若干课题调查（调研）。完成了"四项核查"，即林业生态省建设工程的核查验收、林业生态县建设验收、省辖市林业（农林）局2008年度目标综合核查、中德财政合作河南农户林业发展项目监测。出台了"十三个办法"，即《河南林业生态省重点工程检查验收办法》（包括9项工程检查验收办法）、《河南省雨雪冰冻灾害森林资源损失调查评估技术操作细则》、《河南省第七次森林资源连续清查技术操作细则》、《河南省森林资源流转及评估办法》、《中德财政合作河南农户林业发展项目监测办法》等。

种苗、花卉和经济林建设方面。2008年全省共完成大田育苗42.8万亩，占年度任务30万亩的142.7%；完成容器育苗1亿袋；采收各类林木种子128万公斤，占年度任务100万公斤的128%；新发展经济林16.5万亩，占年度任务15万亩的110%。林木种质资源建设。利用400万元林木种质资源省级专项资金，积极开展珍稀濒危及名特优品种的收集保存工作，建设总面积3079亩，保存树种、品种46个。其中原地保存林750亩，异地保存林2329亩（包括收集区1029亩，繁殖圃1070亩，示范林200亩，采穗圃30亩）。全省198个生产单位签订了优质林木种苗培育协议，共培育63个树种、6100万株优质林木种苗，确保了河南林业生态省建设质量和效益。

林业产业持续发展，经济总量不断增大。全省新造以工业原料林为主的速丰林35万亩，为年度计划的109%。组织实施了速丰林工程大径材培育项目，新造杨树及杉木大径材1200亩。全省速生丰产用材林和工业原料林已发展到800万亩，经济林发展到1300万亩，花卉和绿化苗木种植面积发展到近百万亩。全省现有人造板、木制品等加工企业1.4万多家。全省规划的6个林纸一体化建设项目，已建成投产3个，木浆年生产能力达到36万吨。2008年全省林业产业产值达到527亿元，较上一年增长21%，林业已经成为河南省农村经济新的增长点。

全年组织完成日元贷款造林项目、德国援助造林项目营造林92.3万亩，完成投资2.7亿元，其中外资1.5亿元。德援项目举办各类培训班381期，先后培训人员17300人次；日元贷款项目举办培训班4期，培训县乡项目管理人员1 060人次，共发放技术资料、宣传册5.5万份。组织完成了日元项目科研课题21项。

五、加大投入力度，推动林业建设

2008年，完成了林业生态省建设投资61.3亿元。国家和省级投入林业生态省建设资金28.52亿元，较2007年增加10.147亿元，增长55%。其中，中央投资14.855亿元，较2007年增加5.255亿元；省级投资6.065亿元，较2007年增加4.33亿元；林业贴息贷款6.3亿元，较2007年增加4.1亿元；利用外资1.3亿元。市、县两级财政投入24.25亿元，较2007年增加17亿元。以上各项资金投资总量均为历年来之最。中央级和省级财政资金投入已于2008年底全部完成。

印发了《河南林业生态工程专项资金管理办法》（豫财办农 [2008] 53号）、《河南林业生态省建设财政资金落实责任目标考核办法》，《河南省2008年度林业科技兴林、林木种质资源和科技推广项目指南》、《河南省林业厅关于林业建设支撑保障体系省级资金安排及申报国家同类项目的意见》，《河南省林业厅关于加强政府采购工作的通知》；完成了国家林业局重点工程稽查办对河南省十五期间的森林重点火险区综合治理项目的检查、审计署对河南省开展的转移支付审计、省审计厅进行的2007年森林植被恢复费和育林基金审计的延伸审计等工作；完成了省财政组织的政府采购专项检查工作。

六、加强党的建设、巩固先进性教育成果

2008年，全厅各级党组织坚持以科学发展观为指导，认真贯彻落实党的十七大和十七届三中全会精神，围绕中心服务大局，以建设高标准的基层党组织为目标，以争创“五好”基层党组织活动为载体，全面加强党的思想、组织、作风、制度和反腐倡廉建设，不断增强党组织的创造力、凝聚力和战斗力，努力开创全厅党建工作新局面，为各项工作任务的圆满完成作出了积极的贡献，取得了明显成效。

人事教育与外事管理工作始终坚持以人为本，以科学发展观统揽工作全局，按照“把握重点，攻克难点，统筹兼顾，全面建设”的工作思路，认真落实林业厅党组的决议决定，紧紧围绕服务全省林业建设这一主题，不断提高工作效率和服务质量，积极搞好对外交流与合作，认真组织开展“落实科学发展观”活动和“讲党性、重品行、作表率、树组工干部新形象”活动,促进了各项工作任务的顺利完成,为建设全省林业生态省目标提供了强有力的组织保证和智力支持。

深入开展老干部工作“争先创优”活动，创新工作方式，丰富服务内容，努力把老干部工作部门建设成为让党放心、让老干部满意的老干部之家。

编者

2010年2月

目　录

造林绿化

一、概述

2008年，全省各地认真贯彻落实省委、省政府关于建设林业生态省的精神和要求，大力开展植树造林，强力推进林业生态建设，全省造林绿化工作取得了显著成效。

经县级自查、市级复查、省级核查和稽查，全省共完成营造林合格面积601.36万亩，其中生态林造林538.36万亩，是计划任务的106%，创历史最高；完成森林抚育和改造160万亩。全民义务植树2.06亿株，是目标1.88亿株的109.6%；参加义务植树人数4960万人，全民义务植树尽责率91%，为历年来最高。完成国家重点工程123.3万亩，其中长江防护林二期工程18.32万亩，太行山绿化二期工程11.72万亩，平原绿化工程0.4万亩，天然林保护工程12.86万亩，退耕还林工程80万亩。

（一）统筹兼顾，突出重点

按照《2008年林业生态省建设实施意见》，全省统筹安排，全面启动了8个林业生态工程。突出抓好山区生态体系、生态廊道网络、城市林业生态和村镇绿化等4个林业生态工程，在环城防护林和城郊森林、村镇绿化、铁路和高速公路防护林、生态能源林建设等4个方面实现了突破，并以点带面，整体推进了全省林业生态省建设。各地都结合实际，突出地方特色。郑州市自我加压，加大建设规模，完成新造林44.88万亩。洛阳市高标准打造洛栾快速通道等精品生态廊道；在伊河两岸实施“百里百米”防护林工程，形成宽100米、长50余公里的绿化长廊；在市区周边建设了60米宽的环城防护林带和万亩苗木花卉林果产业带。南阳市采取多林种、多树种合理配置，高标准建成了兰湖森林公园、新野县环城绿化、西峡县景区道路绿化、桐柏县20公里翠竹长廊等工程。漯河市投入4000多万元进行人民东路入市口绿化、澧河生态林建设、城郊森林建设。尉氏县对农田防护林网逐地块完善，不留空当和死角，建成了高标准农田防护林体系。柘城县筹措资金500余万元，对188个村的绿化进行高标准规划设计，建成了一批林业生态示范村。

（二）深化改革，创新机制

把集体林权制度改革作为林业生态省建设的关键环节来抓，按照省政府《关于深化集体林权制度改革的意见的通知》要求，在全省全面推进集体林权制度改革。各地采取股份制、合作制、承包、租赁等多种经营形式，明晰新造林地的产权，“不栽无主树、不造无主林”。许昌市总结并在全市推广了林权制度改革的“四种类型九种模式”，较好地解决了造林投资和管护等问题。信阳市推行大户承包造林，全市500亩以上的造林大户达200多户，100亩以上的造林大户达300多户。濮阳胜佳科技有限公司在清丰古城乡承包2000亩沙荒地发展杨树速生丰产林。临颍县杜曲镇引导18家木材加工企业营造工业原料林5000多亩。西华县对全县规划的894条防护林带采取拍卖、承包模式进行更新完善。商水县邓城镇对全镇143条乡村道路和7条河渠公开拍卖，获得拍卖资金360万元，植树20万株。在集体林权制度改革的推动下，全省非公有制造林发展迅速。据统计，2007年冬2008年春全省非公有制造林面积达429万亩，占造林总面积的71%。

（三）强化措施，提高质量

第一，打好种苗基础。通过“阳光操作”，加大了优质珍稀濒危树种、生物质能源树种、彩叶景观树种、优质乡土树种等苗木培育力度，对199个生产单位给予重点扶持，涉及61个树种6700万株优质苗木。总体上讲，2008年种苗供应比预计要好，大路苗木的价格同2007年持平甚至更低。主要原因是2007年育苗准备充分、规模大。同时，及时发布种苗信息，加强了种苗余缺调剂，认真落实“一签两证”制度，严把苗木质量关，杜绝了不合格苗木造林。濮阳市实行订单育苗，随起苗随造林，避免了长途调苗失水现象的发生，提高了造林成活率。第二，严格审核造林作业设计。2008年全省营造林生产计划下达后，省林业厅及时下发了《关于做好林业重点工程年度造林作业设计工作的通知》，对年度造林作业设计提出了明确要求，组织专家分三次对各工程的1103份作业设计进行了审查和批复，确保了造林作业设计的质量。第三，实行工程造林。许多地方采取招投标工程造林，对挖穴、栽植、浇水等造林各个环节全程监理。不少地方加强了打井等配套设施建设，坚持树栽到哪里，路修到哪里，水浇到哪里，确保了造林质量。洛阳市组建造林专业队140余支，全市70%以上的荒山绿化任务由造林专业队完成，共建成500亩以上造林基地93片7.8万亩，千亩以上大块造林基地24片3.5万亩。安阳市70%以上的造林采取专业队打坑栽植，造林质量明显高于往年。第四，加强技术指导和服务。省林业厅组织编制了林业生态工程《主要造林模式》和《优先发展的优良树种》等技术资料，积极推广实用造林绿化模式和优良树种；举办了造林作业设计编制和工程检查验收、林业生态县自查、公益林管理等8个培训班，加大了对市、县技术人员的培训力度。各地通过现场技术指导、技术咨询、发放“明白卡”等形式，着力推广了地膜覆盖、截干造林、ABT生根粉等适用造林技术，提高了造林科技含量。濮阳市80%新造林采用了小株距、大行距的模式，深受群众欢迎。郏县推广了林菜间作高效种植模式，取得了良好效益。济源市抓好“五个一”示范工程，为林业生态建设树立了样板。第五，加强新栽幼树管护。各地对新栽幼树及时培土加固、浇水施肥，并采取制定村规民约和建立护林巡逻队等措施，加强了新栽树木的管护，巩固了造林成果。

（四）加强督察，确保成效

为了确保林业生态省建设目标、任务落到实处，省林业厅加大了督导检查力度，派出厅级干部带队的9个督察组，分赴全省各地实地督促检查造林进度和质量，并对郑少、郑石、许平南高速公路绿化进行现场观摩，对陇海铁路沿线和车站绿化情况进行了实地督察。4月份，省林业厅由8名厅级领导带队，18个省辖市林业（农林）局局长和主抓造林工作的副局长及厅机关各处（室、局）及直属单位主要负责人参加，分4组，历时一周，对全省75个县（市、区）188个植树造林现场进行观摩，其中村镇绿化现场22个。通过观摩交流，查找出了存在问题，研究出了主要对策。各市、县（市、区）也都开展了形式多样的督察活动。南阳市开展了三次现场观摩督察。新乡市对造林情况实行效能监察，并将监察结果提交组织人事部门。信阳市将督察进度当天上报市四大班子主要领导和市委、市政府分管领导。郑州、许昌、安阳、漯河、三门峡等市实行定期通报排队制度，对后进县（市、区）通报批评，有效地推动了林业生态建设的扎实开展。

二、纪实

全省林业重点工程造林作业设计审定会召开　1月8~9日、16~17日，2月18~19日，先后三次组织召开全省林业重点工程造林作业设计审定会，共审定造林作业设计1103份。

省政府通报表彰郑州市　1月21日，省政府下发《关于表彰郑州市的通报》(豫政[2008] 7号)，对被全国绿化委员会授予“全国绿化模范城市”称号的郑州市予以通报表彰。

全省林业生态省建设工作会议召开　1月24日，全省林业生态省建设工作会议在郑州召开，安排部署林业生态省建设工作。各省辖市市长、分管副市长、财政局局长、林业局局长，各县（市、区）县（市、区）长，省直有关部门负责人参加了会议。省长李成玉出席会议并讲话，省委副书记陈全国主持会议，副省长刘满仓对2008年林业生态省建设工作进行了具体安排，省人大常委会副主任李柏拴、省政协副主席袁祖亮、省军区副司令员曹建新、省长助理、省政府秘书长卢大伟等参加会议。各省辖市市长、副市长分别向省长、分管副省长递交了林业生态省建设目标责任书。

安排布置村镇绿化工作　2月15日，省林业厅制定了《2008年河南省村镇绿化工程实施方案》，明确了其指导思想、建设内容、目标任务、实施步骤及保障措施，并以正式文件（豫林造 [2008] 20号）上报省委办公厅、省政府办公厅。

批复国家重点林业生态工程年度造林作业设计　2月16日，省林业厅对太行山绿化工程的农业综合开发项目、中央预算内专项资金（国债）项目、中央基本建设投资项目和防沙治沙工程的农业综合开发项目、中央基本建设投资项目及长江中下游与淮河流域防护林工程的中央基本建设投资项目、中央预算内专项资金（国债）项目、农业综合开发项目年度造林作业设计进行了批复（豫林造批 [2008] 45号、46号、47号、48号、49号、50号、51号、52号）。

省林业厅印发村镇绿化工程检查验收办法　2月19日，制定印发了《村镇绿化工程检查验收办法》（豫林调 [2008] 22号）。

全省廊道（高速公路）绿化观摩会召开　2月20~21日，全省廊道（高速公路）绿化观摩会召开。各省辖市林业（农林）局主管造林绿化工作的副局长、造林科科长或绿化办公室主任参加了会议，省绿化委员会办公室主任、省林业厅副厅长张胜炎出席会议并作重要讲话。与会人员参观了郑少高速公路新密段和登封段、郑石高速公路禹州段、许平南高速公路襄城县段的绿化情况，郑州、平顶山、许昌和三门峡4市介绍了廊道绿化的先进经验。张胜炎副厅长在观摩结束后提出，要坚持标准，突出重点，创新机制，搞好示范引导，确保把河南省廊道建设成绿化线、致富线、风景线。

省领导参加义务植树活动　2月29日，省委书记徐光春、省长李成玉等省领导来到郑州市中牟

县林场西林区，与省市直属机关干部一起参加义务植树活动。省委书记、省人大常委会主任徐光春在植树活动结束时要求，要深入开展全民义务植树活动，要突出抓好林业生态建设，要积极创新林业体制机制，要切实加强林业资源保护，积极推进林业生态省建设。

国家林业局调研河南林油一体化生物柴油原料林基地建设可行性 3月1~8日，受国家林业局植树造林司的委托，国家林业局调查规划设计院一行3人，先后到安阳市林州市和洛阳市汝阳县实地调研林油一体化生物柴油原料林基地建设可行性。

组织开展春季植树造林督察工作 3月4~20日，为贯彻落实全省林业生态省建设工作会议精神，省林业厅派出9个督察组，分赴各地督促检查春季造林进度、林业育苗和森林防火等工作。

省林业厅下发做好村镇绿化工作的通知 3月5日，省林业厅下发了《关于切实做好2008年村镇绿化工作的通知》（豫林造［2008］30号），对2008年村镇绿化工作提出了明确要求。

通报2008年造林作业设计审核情况 3月6日，省林业厅下发了《关于2008年造林作业设计审核情况的通报》（豫林文［2008］5号），指出了造林作业设计存在的问题，并限期整改。

省林业厅制定全省村镇绿化标准 3月27日，制定了《河南省村镇绿化标准（试行）》，对村镇绿化的指导思想、总体要求、村庄分类、具体标准、技术要求作出了具体规定，并上报省加强农村基础设施建设搞好村容村貌整治工作联席会议办公室。

全省8个单位、15名同志分别获得“全国绿化模范单位”、“全国绿化奖章”荣誉称号 4月3日，全国绿化委员会下发了《关于表彰“全国绿化模范单位”和颁发“全国绿化奖章”的决定》（全绿字［2008］2号），河南省郑州大学、驻马店市财政局、漯河职业技术学院、河南黄河河务局、罗山县林业局、南阳市公安局、许昌军分区、周口市财政局等8个单位获得“全国绿化模范单位”荣誉称号，王学德等15名同志获得“全国绿化奖章”荣誉称号。

全省冬春季植树造林现场观摩座谈会召开 4月12~17日，由8名厅级领导带队，各省辖市林业（农林）局局长和主管造林工作的副局长及厅机关各处（室、局）、直属单位主要负责人参加，分4组，对全省75个县（市、区）188个植树造林现场进行观摩。4月18日，在郑州进行了座谈交流。王照平厅长在总结讲话中通报了2007年冬2008年春植树造林进展情况，分析了当前林业生态省建设中存在的问题，提出了处理意见，并对当前及近期需要做好的主要工作进行了安排。

省林业厅印发村镇绿化工程检查验收办法补充规定 4月29日，省林业厅制定印发了《村镇绿化工程检查验收办法补充规定》。

国家林业局和中国石油天然气集团公司联合调研河南省林油一体化生物柴油原料林示范基地建设情况 5月14~17日，国家林业局能源办公室李瑞林副处长、中国石油天然气集团公司新能源处丛连铸高级主管对河南省安阳市林州市、鹤壁市淇滨区、洛阳市汝阳县的黄连木育苗和造林情况进行了实地考察。

省绿化委员会摘转全国绿化获奖单位和个人名单 5月21日，省绿化委员会对河南省获得的“全国绿化模范城市”、“全国绿化模范县”、“全国绿化模范单位”、“全国绿化奖章”获得者名单进行了摘转（豫绿办［2008］1号）。

全国平原林业建设现场会在郑州召开 5月26~27日，全国平原林业建设现场会在郑州召开，国家林业局局长贾治邦、河南省副省长徐济超、国家林业局副局长印红出席了会议，国家林业局副局长李育材主持会议。各省（市、自治区）林业厅（局）长，中央六部委的有关人员和新闻媒体记者出席了会议。河南省林业厅、山东省菏泽市人民政府、江苏省邳州市人民政府、吉林省林业厅、河南省商丘市人民政府、河北省衡水市人民政府、新疆自治区林业厅、河南省内黄县人民政府分别作了典型发言。与会人员参观了河南长葛市、许昌县、鄢陵县、尉氏县的农田林网、绿色通道、林粮间作、村镇绿化和木材加工现场。

贾治邦局长在讲话中对河南省平原林业建设给与了充分肯定和高度评价，认为河南平原林业为全国树立了榜样、积累了经验，值得各地认真学习借鉴；并从目标定位、建设内容、经营主体等方面明确了平原林业发展方向，从统筹规划、政策机制、投资渠道、宣传发动等方面提出了平原林业工作重点。

组织参加全国太行山绿化工程管理培训班　5月27~31日，按照国家林业局植树造林司《关于举办第10期造林工程管理（太行山绿化工程）培训班的通知》（造工函［2008］41号）的要求，组织太行山绿化工程有关市、县（市、区）林业局技术人员参加了在山西太原举办的全国造林工程管理培训班。

组织参加国家重点公益林中幼龄林抚育示范项目培训班暨项目管理工作会议　6月2~4日，组织国有泌阳板桥林场、信阳南湾林场的有关技术人员参加由国家林业局在黑龙江哈尔滨召开的国家重点公益林中幼龄林抚育示范项目培训班暨项目管理工作会议。

湖北省林业局考察河南省平原林业建设　6月3~4日，湖北省林业局党组副书记、副局长樊仁富一行14人考察河南省许昌、开封平原林业建设情况，河南省林业厅副厅长张胜炎陪同考察。

黑龙江省副省长带队考察河南平原林业建设　6月5~7日，黑龙江省政府副省长黄建盛一行28人考察许昌、开封、商丘平原林业建设情况，河南省副省长刘满仓和林业厅厅长王照平、副厅长张胜炎陪同考察。

协助郑州市成功申办第二届中国绿化博览会　6月16日，根据刘满仓副省长在郑州市人民政府关于申请举办2010年中国绿化博览会的请示上的批示精神，省绿化委员会分别向省政府、全国绿化委员会递交《关于申报举办第二届中国绿化博览会的请示》（豫绿［2008］2号、3号）。

省政府向全国绿化委员会递交申请第二届中国绿化博览会函　6月30日，省政府向全国绿化委员会递交了《关于申请举办第二届中国绿化博览会的函》（豫政函［2008］54号）。

做好雨季造林工作　7月4日，省林业厅下发《关于做好2008年雨季造林工作的通知》（豫林造［2008］138号），对雨季造林工作进行了安排布置。通知要求，要加强领导，迅速掀起雨季造林高潮；依靠科技，大力推广雨季造林新技术；明确任务，加强对新植幼林的抚育管理。

做好“全国绿化奖章”评选推荐工作　7月8日，按照全国绿化委员会《关于开展2008年度“全国绿化奖章”评选工作的通知》（全绿字［2008］4号）的要求。省绿化委员会办公室下发了《关于做好2008年度“全国绿化奖章”评选工作的通知》（豫绿办［2008］2号）。

组织参加全国绿化办公室主任工作会议　7月8~9日，按照全国绿化委员会办公室《关于召开全国绿办主任工作会议的通知》（全绿办［2008］5号）的要求，省绿化委员会办公室组织参加了在吉

林长春召开的全国绿化委员会办公室主任工作会议。省绿化委员会办公室主任、林业厅副厅长张胜炎，省绿化委员会办公室副主任、林业厅植树造林处处长师永全参加会议；郑州市绿化委员会副主任、副市长王林贺在会上做了题为“以创建全国绿化模范城市为契机，大力促进城乡绿化上水平”的典型发言。

组织召开国家粮食战略工程河南核心区建设规划纲要生态林业项目座谈会 7月15日，组织召开了国家粮食战略工程河南核心区建设规划纲要生态林业项目座谈会。有关8个省辖市林业（农林）局主管造林工作的副局长和12个县（市、区）林业局局长及省林业厅有关处（室）、单位负责人参加了会议，张胜炎副厅长出席会议并作重要讲话。

江西省副省长考察河南平原林业建设 7月15~19日，江西省委常委、副省长陈达恒一行56人考察许昌、开封、濮阳、郑州、洛阳林业建设情况，省人大常委会副主任李柏栓、副省长刘满仓和林业厅厅长王照平、副厅长张胜炎陪同考察。

配合国家粮食战略工程河南省粮食生产核心区建设生态环境调研 7月18~23日，以环境保护部牵头，国家林业局、国家发展和改革委员会、农业部、水利部参加的国家粮食战略工程河南省粮食生产核心区建设生态环境调研组来豫调研高产巩固区、中产开发区、低产改造区的发展现状、生态环境特征和变化趋势。省林业厅副厅长张胜炎陪同调研。调研组一行实地考察了延津县防沙治沙、农田林网，封丘县豫北黄河故道湿地鸟类国家级自然保护区、村屯绿化，兰考县防沙治沙、农田林网、农桐间作，商丘市梁园区防沙治沙、农田林网、农桐间作及洛阳市洛河沿岸湿地等情况。

组织开展全省绿化模范城市、县（市）、乡（镇）、单位及绿化奖章评选表彰工作 7月31日，省绿化委员会下发《关于做好河南省绿化模范城市及河南省绿化奖章等评选推荐工作的通知》（豫绿［2008］4号），对全省绿化模范城市、县（市）、乡（镇）、单位及绿化奖章评选推荐工作进行安排布置。

省林业厅下发上报雨季造林完成情况通知 8月14日，省林业厅下发了《关于上报雨季造林完成情况的通知》（豫林造［2008］184号），要求按时上报雨季造林工作总结。

组织评审珍贵树种培育、中幼林抚育和林油一体化生物柴油原料林示范基地项目作业设计 8月28日，组织有关专家对国有鸡公山林场、灵宝川口林场、延津林场的香果树、核桃楸、楸树珍贵树种培育和国有泌阳板桥林场、信阳南湾林场、南召乔端林场、新安郁山林场、新县林场的中幼林抚育及林州市、汝阳县的林油一体化生物柴油原料林示范基地项目作业设计进行了评审。

国家林业局专题调研河南省森林经营工作 9月5~7日，由国家林业局速生丰产林办公室副主任王连志带队的森林经营专题调研组一行4人，在省林业厅副厅长张胜炎陪同下到安阳、新乡进行调研。调研组先后考察了林州市太行山造林绿化，内黄县豆公乡速生丰产林、农田防护林、城郊环城防护林，内黄林场防风固沙刺槐林，条白河园林场的多种模式造林及后河乡的林枣间作，延津县农田防护林、速生丰产林和新乡市新亚纸业及营造的纸浆原料林基地建设情况。考察中，调研组成员与当地的领导和专业技术人员就平原地区森林经营问题进行了讨论，尤其是对制约今后平原林业发展的主要问题进行了深入的探讨。

组织参加全国林业生物质能源管理技术高级研修班 9月23~27日，组织省林业科学研究院及安阳市、林州市和汝阳县林业局的有关技术人员参加了由人力资源和社会保障部、国家林业局在湖南长沙联合举办的全国林业生物质能源管理技术高级研修班。

安排布置造林作业设计编制工作 10月6日，省林业厅下发《关于进一步做好林业生态重点工程造林作业设计工作的通知》（豫林造 [2008] 223号），对造林作业设计编制的依据、程序、混交等问题提出了具体要求。同时，首次提出各项工程造林作业设计统一编制的新要求。

组织开展义务植树和古树名木保护检查 10月6~16日，省绿化委员会办公室组织有关单位技术人员对各省辖市义务植树和古树名木保护工作进行检查。

省绿化委员会办公室组织验收申报模范城市、县、乡单位 10月6~21日，省绿化委员会办公室组织有关单位专家和技术人员，对各省辖市、系统申报全省造林绿化模范城市、县（市、区）、乡（镇）、单位进行检查验收。

答复省政协关于加强古树名木保护和管理的建议 10月10日，根据刘满仓副省长在《政协信息》2008年第12期《关于加强古树名木保护与管理的建议》的批示精神，省绿化委员会办公室以豫绿办 [2008] 3号文件进行了答复。

组织评审《河南省周口市国家现代林业示范市实施规划》 11月11日，受国家林业局的委托，省林业厅组织召开了《河南省周口市国家现代林业示范市实施规划》专家评审会。国家林业局植树造林司、河南省林业厅、河南省林业调查规划院、国家林业局泡桐研究开发中心、河南农业大学、河南省林业科学研究院等单位的专家参加。评审组认为，周口市地处黄淮平原，地势平坦开阔，具有典型的平原地貌。在周口市开展现代林业示范市建设，对促进平原农区生态建设、社会经济发展和新农村建设具有重要意义。实施规划以科学发展观和现代林业理论为指导，客观全面地提出了周口市现代林业生态体系、林业产业体系、生态文化体系的建设重点和架构体系，指导思想正确，思路清晰，布局合理，建设规模适当，重点突出，具有前瞻性、创新性、可行性，符合国家现代林业示范市建设规划的要求。评审组建议对实施规划进一步修改完善，按程序审批后尽快实施。

省绿化委员会组织验收申报造林绿化模范城市、县（市、区）、乡（镇）、单位 11月12~15日，省绿化委员会办公室组织有关单位专家和技术人员，对申报全省造林绿化模范城市、县（市、区）、单位的部门进行了检查验收。

组织参加全国长江流域防护林体系建设工程管理培训班 11月18~22日，按照国家林业局植树造林司《关于举办造林工程管理（长江流域防护林体系建设工程）培训班的通知》（造工函 [2008] 86号）要求，组织信阳市新县、商城县和南阳市西峡县、内乡县林业局分管造林工作的副局长参加了在四川成都举办的全国造林工程管理培训班。

制定《河南省林业重点工程营造林作业设计编制办法（试行）》和《河南林业生态省建设重点工程年度作业设计审核办法（试行）》 11月19日，省林业厅印发《河南省林业重点工程营造林作业设计编制办法（试行）》和《河南林业生态省建设重点工程年度作业设计审核办法（试行）》（豫林造 [2008] 253号），对造林作业设计编制和审核工作进行了规范。

组织召开全省生态能源林建设现场会 11月20~21日，省林业厅在洛阳市新安县召开全省生态能源林建设现场会。12个省辖市林业局分管植树造林工作的副局长和植树造林科科长及56个县

（市、区）林业局分管植树造林工作的副局长参加会议，张胜炎副厅长出席会议并作重要讲话。与会代表参观了新安县黄连木育苗和造林现场，省林业科学研究院副院长宋宏伟作了题为《新世纪最具发展前景的生态能源树种——中国黄连木》的专题讲座。

省绿化委员会推荐全国绿化奖章候选人 11月26日，经各市、部门逐级推荐和省绿化委员会办公室认真审核，省绿化委员会向全国绿化委员会递交了《关于推荐"全国绿化奖章"候选人的报告》（豫绿［2008］5号），推荐杨贵钧等15名同志为"全国绿化奖章"候选人。

全国绿化委员会办公室领导实地考察郑州 12月1~3日，全国绿化委员会办公室组织专家对郑州市进行了实地考察。张胜炎副厅长陪同考察。

向国家林业局呈报《河南省周口市国家现代林业示范市实施规划》 12月5日，省林业厅向国家林业局呈报了《河南省周口市国家现代林业示范市实施规划》（豫林造［2008］263号）。

郑州获得第二届中国绿化博览会举办权 12月11日，全国绿化委员会办公室确定郑州市为第二届中国绿化博览会举办城市。

推荐信阳市为国家现代林业建设示范市 12月12日，省林业厅向国家林业局推荐信阳市为国家现代林业建设示范市（豫林造［2008］271号）。

省绿化委员会作出绿化模范单位和个人表彰决定 12月15日，省绿化委员会作出了《关于表彰河南省绿化模范单位和授予河南省绿化奖章的决定》（豫绿［2008］6号），授予新乡市等3个城市"河南省绿化模范城市"、通许县等20个县（市、区）"河南省绿化模范县（市、区）"、伊川县白元乡等33个乡（镇）"河南省绿化模范乡（镇）"、郑州市财政局等35个单位"河南省绿化模范单位"荣誉称号，授予王凤枝等159名同志"河南省绿化奖章"。

组织召开全省国家重点工程造林作业设计审定会 12月21~23日，全省2009年国家重点工程造林作业设计审定会在郑州召开。这次审定的国家重点工程主要包括2008年长江淮河防护林和太行山绿化工程新增中央预算内投资项目、2009年已上报国家的长江淮河防护林、太行山绿化、防沙治沙工程中央预算内投资项目和农业综合开发项目以及退耕还林工程，涉及18个省辖市119个县（市、区）206份造林作业设计，造林任务共计172.6万亩。

资源林政管理

一、概述

2008年，全省森林资源林政管理工作紧紧围绕林业生态省建设、集体林权制度改革等中心任务，强化措施，规范管理，积极探索，精心组织，不断加强基础能力建设，圆满完成了各项年度责任目标。

（一）进一步强化林地林权管理

严格坚持征占用林地定额管理制度，强化征占用林地现场查验，完成征占用林地省级审核（审批）240余起。经核查，全省征占用林地审核审批率达到95%以上。扩大了林地保护利用规划编制试点范围，完成了商城等10个试点县（市、区）的规划编制任务。积极配合集体林权制度改革，争取省政府办公厅下发了《关于切实做好集体林权制度改革林权登记发证工作的通知》（豫政办[2008] 93号），对林权证登记发放和档案管理进行了严格规范，明确了对林业体制改革中通过家庭承包方式取得林地经营权和林木所有权的本集体经济组织的农户实行免费发证。开发建设了全省林权证打印登记、监管系统并投入运行。完善了林权证印制发放办法，全年共印制下发林权证203万份。

（二）加强森林采伐利用管理

严格执行“十一五”期间年采伐限额，及时分解下达了2008年木材生产计划，从省预留指标中下达27290立方米，保障了重点工程建设、防汛救灾、灾后重建等工作的顺利开展。认真指导15个天然林保护工程县（市、区）开展人工商品林采伐试点工作。及时组织开展了雨雪冰冻灾害受灾林木清理工作。进一步加强森林采伐监督管理，对2007年启动的林木采伐网上办证系统的监控功能进行了优化，采伐管理规范化水平不断提高。经核查，全省伐区林木采伐办证率和办证合格率均在95%以上，林木采伐总量控制在限额以内。

（三）精心组织完成森林资源监测、调查、核查任务

争取省政府办公厅下发了《关于开展第七次森林资源连续清查工作的通知》（豫政办 [2008] 43号），结合河南实际，新增加了森林健康、森林质量、生态功能、生物多样性等4大类15项调查监测

指标，扩大了资源监测范围。组织完成调查、判读的10355个固定样地、41475个遥感样地通过了国家林业局质量检查验收，质量均达优级。提请省政府对森林资源清查工作54个先进集体、120名先进个人进行了表彰。在完成全省二类调查内业汇总、图件制作的基础上，结合全省土地利用规划二次修编，组织全省以县为单位，对二类调查成果相继开展了审定；同时按照国家试点要求，启动了全省森林资源数据库信息管理系统建设。组织全省11个市、78个县（市、区），完成了雨雪冰冻灾害森林资源损失评估调查任务。完成了《全省矿区植被恢复规划》编制任务。配合武汉专员办公室完成了对河南省年度森林资源保护管理等监督检查任务。组织完成了45个县（市、区）的林地征占用审核（审批）情况和林木采伐管理制度执行情况等年度综合核查工作。

（四）切实加强木材流通管理

认真坚持木材凭证运输制度，进一步强化木材检查站基础设施建设，提高执法人员综合素质，争取国家林业局按一级站设施标准，对全省6个木材检查站进行了装备。采取定期和不定期的方式先后对73个木材检查站进行了明查暗访。与省政府纠风办公室联合在全省林业行政服务大厅、木材检查站开展了“创建双十佳文明服务窗口”活动，表彰了20个先进单位。优化完善了全省木材运输证网上办理系统，并正式运转使用。会同省政府纠风办公室对南阳西峡县高速木材检查站、平顶山宝丰县木材检查站站址调整进行了实地考察，提请省政府对两站站址布局进行了调整。全省未发生林业公路“三乱”事件。

（五）积极推进森林可持续经营

继续扩大森林经营方案编制试点范围，新增民权、兰考、陕县窑店三个国有林场作为试点单位，完成了经营方案编制任务，并通过了专家评审。对2007年完成经营方案编制工作的延津工业原料林基地、国有尉氏林场，试行了按经营方案确定的合理年采伐量实施采伐更新管理。

（六）不断加大林业行政案件稽查力度

继续充实加强基层林政稽查力量，加大对上级机关、领导批示和群众举报的森林资源行政案件的稽查、督办，以及重特大和跨区域森林资源行政案件的查处力度，为林业行政案件的及时查处奠定了组织基础。2008年全省发生林业行政案件11466起，查处10477起，查处率达到91.37%。

（七）其他工作

组织举办了林木采伐管理、运输证办理、林地管理等培训班6期，培训市、县两级主管局长、科（股）长近800人次。组织完成了2009年11个国家级一级木材检查站基础设施建设和5个森林资源监测项目申报。承办了全国第七次森林资源清查中期会议。

二、纪实

下达2008年木材生产计划　1月2日，根据《国家林业局关于下达2008年木材生产计划的通知》（林资发［2007］264号）精神，省林业厅分解下达了各县（市、区）及其他编限单位2008年木材生产计划。

获2007年度全省治理公路“三乱”工作先进集体和先进个人　1月28日，河南省人民政府纠风办公室《关于表彰2007年度全省治理公路“三乱”工作先进集体和先进个人的决定》（豫政纠办

[2008] 6号)，授予林业厅资源林政管理处先进集体荣誉称号，授予阴三军、金红俊、丁朝阳先进个人荣誉称号。

开展雨雪冰冻灾害受害林木清理工作 2月22日，省林业厅下发内部明电《关于做好受灾林木清理工作的紧急通知》，安排布置雨雪冰冻灾害受害林木清理工作。

开展雨雪冰冻灾害森林资源损失调查评估 3月中旬，按照《国家林业局关于开展雨雪冰冻灾害森林资源损失调查评估工作的通知》(林资发 [2008] 38号)精神，组织省林业调查规划院和78个县(市、区)林业局，对264万亩受灾林地森林资源损失情况进行了详细调查和客观评估。该工作至5月底结束。

森林资源管理监督检查工作 5月21~23日，配合国家林业局驻武汉森林资源监督专员办事处，对桐柏县、南召县的林地征占用、林木采伐“三总量”进行了监督检查。

配合检察机关做好查处和预防职务犯罪工作 5月22日，根据省林业厅与省检察院联合下发《关于转发的〈关于印发〈关于人民检察院与林业主管部门在查处和预防渎职等职务犯罪工作中加强联系和协作的意见的〉的通知〉通知》(豫林文 [2008] 36号)精神，召开了省辖市资源林政分管局长、科长会议，对配合检察机关做好查处和预防危害能源资源和生态环境渎职等职务犯罪专项工作进行了专题布置。

开展创建林业“双十佳”文明服务窗口活动 5月30日，省林业厅和省纠风办公室联合下文《关于开展创建双十佳文明服务窗口活动的通知》(豫林政 [2008] 114号)，在全省木材检查站、林业行政审批大厅开展了创建“双十佳”文明服务窗口活动。

启动运行全省木材运输证网上办理系统 6月中旬，经过优化完善，正式启动运行全省木材运输证网上办理系统。

举办全省木材运输网上办理培训班 6月10~15日，在河南大学干部培训中心举办了全省木材运输证网上办理培训班，市、县两级林业主管部门的316名资源林政管理工作人员参加了培训。

全国第七次森林资源清查2008年中期会在郑州召开 7月6~8日，国家林业局森林资源管理司在郑州召开全国第七次森林资源清查工作2008年中期会议，河南、福建、海南、内蒙古、青海5省(区)及内蒙古森工集团、国家林业局4个直属调查规划设计院的有关负责人参加了会议。会议对前一阶段森林清查工作进行了分析总结，对下一阶段工作及第七次森林清查汇总、第八次森林清查技术准备、2010年全球森林资源评估等工作进行了安排部署，内蒙古自治区、福建省介绍了森林生态状况监测开展情况。

王学会获省直机关五一劳动奖章 7月25日，河南省直属机关工作委员会《关于颁发2006~2008年省直机关五一劳动奖状、五一劳动奖章的决定》(豫直工 [2008] 36号)，授予王学会2006~2008年省直机关五一劳动奖章。

举办全省林地林权管理培训班 9月19~25日，省林业厅在济源市举办全省林地林权管理培训班，18个省辖市的主管副局长、林政科科长，159个县(市、区)的主管副局长、林政股长共计354人参加了培训。

圆满完成第七次森林资源清查任务 9月底，全省共抽调调查人员1595人，组建调查工作组357

个，省、市两级质量检查组46个，完成了10355个地面样地和41475个遥感样地的调查、判读和内业整理，通过了华东林业调查规划设计院检查验收。地面样地内、外业合格率达到97.7%，遥感判读工作质量达到国家林业局制定的相关标准，两项质量指标均评定为“优”级。本次清查，在国家林业局规定的基础上，增加了森林抗灾减灾能力、林地水土流失和平原林农地类定性等调查因子，开展了“全省林地变化情况”和“平原地区林木消长变化动态分析”专题调研。全面推广了“3S”集成技术，综合发挥遥感技术在区划调查和动态监测、GIS技术在丰富成果分析与表达、GPS和PDA在加强质量监控、提高工作效率等方面的优势，深入分析森林资源动态变化及其原因，开展各专题图件的制作；拓展GPS的应用范围，采集调查路线航迹，配合样地照片，加强质量管理与监控，取得了一系列突破。

国家林业局驻武汉森林资源监督专员办事处、河南省林业厅联席会议在郑州召开 11月26日，国家林业局驻武汉森林资源监督专员办事处、河南省林业厅联席会议在郑州召开，武汉专员办事处新任专员何美成、河南省林业厅厅长王照平参加了会议。会议对2008年河南省林业生态省建设、集体林权制度改革、森林资源保护利用管理等情况进行了总结交流；专员办事处通报了今后一个时期森林资源监督工作思路和2009年工作重点，双方就办、厅联席会议运行机制及有关工作达成了一致意见。

规范集体林权制度改革林权登记发证工作 12月5日，省政府办公厅下发《关于切实做好集体林权制度改革林权登记发证工作的通知》(豫政办 [2008] 93号)，对林权证登记发放和档案管理进行了严格规范，明确了对林业体制改革中通过家庭承包方式取得林地经营权和林木所有权的本集体经济组织的农户实行免费发证。

启动运行全省林权证打印登记管理系统 12月9日，省林业厅下发《关于贯彻河南省人民政府办公厅切实做好集体林权制度改革林泉发证工作的通知的通知》(豫林政 [2008] 265号)，要求集体林权制度改革林权登记统一使用国家林业局开发的林权登记管理软件和省林业厅开发的网上传输和监控管理系统。

全省首个高速公路木材检查站投入使用 12月28日，灵宝市豫灵木材检查站揭牌仪式在连霍高速河南省收费站与陕西省收费站之间举行。经省政府批准，该木材检查站设置于连霍高速公路900公里+100米处，是河南省在国家高速公路主干道设置的首个木材检查站。

国有林场和森林公园建设管理

一、概述

2008年，全省林业主管部门紧紧围绕林业生态省建设规划，认真贯彻落实科学发展观，继续深化国有林场改革，不断加强森林公园建设和管理，在保护管理好森林资源的前提下，不断提高森林资源的开发利用水平，实现了国有林场和森林公园的可持续发展。

（一）深化国有林场改革

全省国有林场以创新机制、健全制度、提高水平为重点，不断进行人事、财务、经营、管理和社会保障等各方面的改革与探索，取得了明显成效。各级林业主管部门充分进行国有林场改革和发展情况调研，总结推广先进经验，组织多种形式的学习交流，分析国有林场存在的问题及原因，提出国有林场改革的初步意见和建议，为国有林场全面改革进行了前期准备工作。

（二）加强森林资源经营管理

按照林业生态省建设规划，结合各单位实际，全省国有林场分类型开展了森林资源经营管理工作，继续实施植树造林和森林抚育工程，兰考林场、民权林场、陕县窑店林场编制了新的森林经营方案，全省国有林场森林质量有所提高，全年生产木材15万立方米。

（三）积极防范自然灾害，做好灾后恢复重建工作

2007年底至2008年初，河南省南部、西部等地区发生了雨雪冰冻灾害，省林业厅根据国家林业局的部署和省气象部门的预报，适时转发了《国家林业局关于做好防范应对强降温降雪天气的通知》（林发明电［2008］7号），下发了《河南省林业厅关于加强国有林场灾后恢复重建工作的通知》（豫林场［2008］39号），制定了《河南省国有林场灾后恢复重建工作方案》，派出工作组到信阳等地了解灾情、慰问受灾职工、指导救灾工作。8月，按照国家林业局和省政府的指示，为预防强降雨的袭击，省林业厅及时下发了《关于做好国有林场防汛减灾工作的紧急通知》（豫林场［2008］177号），避免了较大损失。

（四）进一步加强森林公园建设和管理

在加强现有森林公园建设管理的基础上，又新增国家级森林公园1处、省级森林公园2处。截至到2008年底，河南省森林公园数量达到113处，其中：国家级30处、省级67处、市（县）级16处，经营总面积267191.7公顷。全年森林公园建设累计投入4.96亿元，社会旅游从业人员24576人。为加强生态文明建设，各森林公园充分发挥林业面向社会的窗口作用，采取各种形式，积极传播生态文化、弘扬生态文明，普及生态知识，增强了公众的生态意识，传播了人与自然和谐相处的价值观。信阳南湾林场被国家林业局命名为首批“国家生态文化教育基地”。年初发生雨雪冰冻灾害后，各森林公园迅速组织人力物力，积极开展生产自救，尽快修复了通信、道路、供水、供电等基础设施，保障了森林公园职工的正常生活和森林旅游的早日恢复，减少了森林公园因灾害造成的损失。各森林公园十分重视森林旅游安全建设和管理，舍得投入人力物力和财力，严格执行安全检查和奖惩制度，保证了全年森林旅游安全无事故。

（五）大力发展森林旅游

各森林公园采取有力措施，克服雪灾和节假日调整等因素的影响，大力开展森林旅游，促进资源保护和旅游产业协调发展，实现了森林旅游的稳定增长。2008年，共接待游客2180万人次，直接旅游收入4.87亿元（其中门票收入1.65亿元），分别比2007年增长10.1%、17.2%。

二、纪实

国有林场遭受雨雪冰冻灾害　2007年12月至2008年2月，河南省信阳、南阳、驻马店等11个省辖市、72个县（市、区）遭受雨雪冰冻灾害，55个国有林场森林资源和基础设施受到不同程度的损失。其中损毁房屋52181平方米、道路1928千米、电力线路573千米、变压器1台、通信线路159千米、线杆732根、供水管线181千米、水塔58座、水泵92个。

批准设立一处国家级森林公园　1月17日，国家林业局批准设立河南大鸿寨国家森林公园（林场准许［2008］16号文）。

召开国有林场场长座谈会　5~7月，为全面了解全省国有林场的基本情况，交流国有林场工作经验，分析国有林场存在的突出问题，探讨国有林场改革的意见和思路，分豫北、豫东、豫南、豫西四片召开了国有林场场长座谈会。

加强森林公园自然文化保护区管理　7月5日，河南省政府办公厅下发《关于进一步加强自然文化保护区管理工作的通知》（豫政办［2008］60号），要求加强森林公园、自然保护区、风景名胜区和地质公园等各类自然文化保护区的管理。

加强森林公园规划编制工作　7月22日，省林业厅批复了灵宝燕子山国家森林公园总体规划（豫林园［2008］152号）。

省林业厅批准建设建立灵宝汉山省级森林公园　7月29日省林业厅批准建立灵宝汉山省级森林公园（豫林园［2008］167号）。

国家林业局有关人员调研河南森林公园建设情况　8月下旬，国家林业局政策法规司对河南省森林公园建设情况进行调研，实地考察了登封嵩山、陕县甘山、嵩县天池山、渑池韶山等4处森林公园，了解了森林公园建设管理中取得的成绩、存在的问题及发展过程中的主要制约因素。

组织宣传国有林场　10月，国家林业局场圃总站和《中国绿色时报》联合开展《走进国有林场》大型宣传报道活动，省林业厅组织国有林场积极参加，对西峡县木寨林场等三个林场进行了报道。

选送国有林场场长到外省（区）挂职培训 原阳林场选派7名副场长或公司经理到河北、山东、宁夏、新疆等省区国有林场挂职培训。

编制国有林场棚户区改造工程规划和国有林区道路建设工程规划 按照国家林业局部署，对全省国有林场棚户区和国有林区道路情况进行了详细的调查统计，在此基础上，按照以人为本，构建和谐社会的要求，结合国有林场长期发展规划，本着先急后缓、先易后难的原则，科学、合理地编制了河南省国有林场棚户区改造工程规划和国有林区道路建设工程规划。

省林业厅批准建立新密省级森林公园 10月13日，省林业厅批准建立新密省级森林公园（豫林园 [2008] 231号）。

自然保护区建设与野生动植物保护管理

一、概述

一年来，在省林业厅党组的正确领导下，河南自然保护区建设和野生动植物保护管理工作以“新解放、新跨越、新崛起”大讨论和深入学习实践科学发展观活动为动力，抓住重点，有计划地开展各项工作，全面完成了年度各项工作任务。

（一）强化湿地及自然保护区建设管理，积极推进湿地和自然保护区事业快速发展

2008年全省湿地保护管理工作以宣传为主线，认真组织开展了以“健康的湿地，健康的人类”为主题的第十二届世界湿地日宣传教育活动。在全省各省辖市及湿地类型自然保护区开展了湿地信息员遴选工作，积极向湿地中国网站发布宣传信息，并于12月3日至5日，举办了全省第二届自然保护区培训班，全省各湿地类型自然保护区机构负责人及业务骨干共30人参加了培训。经国家林业局批准，河南省第一个湿地公园——郑州黄河国家湿地公园在郑州建立，湿地公园总面积1359公顷，规划期限为2009~2018年。

2008年，完成了对河南连康山国家级自然保护区、河南黄河湿地国家级自然保护区三门峡管理分局和洛阳管理分局二期工程、河南信阳鸡公山国家级自然保护区和内乡宝天曼国家级自然保护区基础设施建设三期工程等7个项目的初步设计审查工作；组织了对河南连康山国家级自然保护区和河南小秦岭国家级自然保护区基础设施建设一期工程的验收工作；河南信阳鸡公山国家级自然保护区和河南商城金刚台省级自然保护区完成了总体规划的修编工作，并通过了河南省林业厅组织的专家评审。全年国家林业局新批准河南丹江湿地国家级自然保护区基础设施建设、河南连康山国家级自然保护区基础设施建设二期工程及河南宝天曼国家级自然保护区能力建设项目，总投资1524万元，其中中央投资1232万元。

（二）加大野生动物保护宣传力度，强化野生动物疫源疫病监测，珍稀濒危野生动植物保护管理获得新突破

2008年，在全省范围内组织开展了以“繁荣生态文化，建设生态文明”为宣传重点的“爱鸟周”活动和以“倡导绿色生活，共建生态文明”为主题的“野生动物保护宣传月”宣传教育活动，提高了人们保护野生动物、维护生态和谐的意识，有力地推动了野生动植物资源保护工作的开展。

制定并印发了《河南省陆生野生动物疫源疫病监测站建设标准（试行）》，进一步规范了河南省野生动物疫源疫病监测工作；举办了全省第二期野生动物疫源疫病监测培训班，培训野生动物疫源疫病监测技术和管理人员66名；派出督察组对部分疫源疫病监测站的工作开展情况进行督导检查，对冰雪灾害后的野生动物疫源疫病监测防控和应急值守工作作出明确要求；下发了《河南省林业厅关于做好今冬明春野生动物疫源疫病监测防控工作的紧急通知》（内部明电［2008］35号），要求各地强化日常监测，确保第一时间发现，第一现场处置，防止疫病的传播和扩散，并结合“候鸟三号行动”，严厉打击破坏候鸟等野生动物资源和栖息地的违法行为，遏制非法来源的野生动物及其产品进入流通领域，阻断疫病扩散、传播途径，确保野生动物疫源疫病监测防控工作有序、有效、规范开展；严格执行值班制度和日报告制度，全年共向国家林业局野生动物疫源疫病监测总站和省政府防治高致病性禽流感指挥部办公室报送报告单365份。通过采取各种措施，全省没有发生野生动物疫病疫情。

国家林业局2007年调拨到河南省董寨国家级自然保护区17只朱鹮，2008年成功繁育5只，获得了新突破。3月，国家林业局保护司领导实地考察了朱鹮人工繁育、放归自然项目进展情况，给予了充分肯定。完成了虎皮、豹皮及赛加羚羊角、穿山甲片、稀有蛇类原材料库存情况的调查统计，并上报国家林业局。国家林业局批复河南省穿山甲片消耗控制量为791.65公斤，稀有蛇类原材料为2400公斤（2008年7月1日至2009年6月30日）。国家林业局以2008年第15号公告公布了可临床使用敏感物种原材料的定点医院名单，河南省的郑州大学第一附属医院和河南中医学院第一附属医院被列为可临床使用天然麝香、熊胆原材料的定点医院，河南省中医院等多家医院被列入可临床使用赛加羚羊角、穿山甲片、稀有蛇类原材料定点医院。根据国家相关规定，对依法驯养的17种活体野生动物全部实行标识制度。12月24日，邀请国家林业局动植物检测中心专家到郑州授课，对符合条件的单位进行了培训，同时召开了活体野生动物标识工作座谈会，听取有代表性的动物园、展演团等11个单位对此项工作的意见和建议。这是河南省首次开展活体野生动物标识工作。

（三）积极开展野生动物救护、饲养管理工作

全年共外出救护野生动物300余次，行程1万多公里，救护收容野生动物活体、死体3713只（头、条），其中国家一级保护动物金雕、东北虎等11只，国家二级保护动物非洲狮、小熊猫、猕猴、红隼、普通鵟、雕鸮等82只，省重点保护动物10只，国家一般保护动物3610只；对救护的伤病残野生动物及时治疗，精心护理，有效提高患病受伤动物的治愈率。对治愈的动物及时组织放生，共放生动物3105只，其中影响较大的为3月27日在鲁山石人山自然保护区举行的野生动物放生活动，新华社河南分社、大河报、河南电视台都市频道、河南商报等数家新闻媒体对此进行了报导，产生了较大的社会反响。

二、纪实

小秦岭国家级自然保护区总体规划得到批复 2月2日，国家林业局下发《关于河北塞罕坝等10

个国家级自然保护区总体规划的批复》(林计发 [2008] 20号)，批复了河南省小秦岭国家级自然保护区总体规划。

国家林业局领导考察朱鹮繁育基地 3月，国家林业局保护司王伟副司长带领专家实地考察河南朱鹮人工繁育、放归自然项目进展情况，给予了充分肯定。

严格做好高致病性禽流感防控工作 3月5日，河南省林业厅下发《关于做好春季候鸟高致病性禽流感等野生动物疫源疫病监测防控工作的紧急通知》(内部明电 [2008] 13号)，对春季候鸟高致病性禽流感等野生动物疫源疫病监测工作作出部署。

做好湿地信息上报制度，确认31名同志为河南省湿地保护管理信息员 3月7日，国家林业局湿地保护管理中心下发《关于建立全国湿地保护管理工作信息员队伍和信息发布制度的通知》，建立了全国湿地保护工作信息员队伍和信息报送制度，河南省林业厅认真组织遴选工作，以豫林函[2008]42号文件上报确定31名同志为河南省湿地保护管理信息员。

举办野生动物放生活动 3月27日，河南省林业厅在鲁山县石人山自然保护区举行野生动物放生活动，新华社河南分社、大河报、河南电视台都市频道、河南商报等媒体进行了报道。

国家林业局确认河南上报湿地保护管理信息员 7月3日，国家林业局湿地保护管理中心下发林湿综字 [2008] 22号文，对河南省上报的31名湿地保护管理信息员给予确认。

出台河南省陆生野生动物疫源疫病监测站建设标准（试行） 9月9日，河南省林业厅制定并印发了《河南省陆生野生动物疫源疫病监测站建设标准（试行)》，对国家级和省级监测站的人员、办公用房配置、制度建设等方面作了详细的要求。

对赛加羚羊角、穿山甲片及稀有蛇类原材料封装情况进行核查 10月16日，根据《国家林业局保护司关于《组织做好赛加羚羊角、穿山甲片及稀有蛇类原材料年度消耗计划上报等相关工作的函》(护动函 [2008] 34号) 的要求，河南省林业厅对全省相关原材料库存核查封装情况进行了报告，并上报了河南省2008~2009年度消耗计划。

举办全省第二期野生动物疫源疫病监测培训班 10月21~24日，河南省林业厅在洛阳市举办第二期野生动物疫源疫病监测培训班，参加人员为各省辖市林业（农林）局负责野生动物疫源疫病监测的工作人员，各国家级、省级疫源疫病监测站工作人员等，全省共66人参加培训。

河南省第一个湿地公园经国家林业局批准成立 11月19日，国家林业局下发《关于同意开展哈尔滨太阳岛等20处湿地为国家湿地公园试点工作的通知》(林湿发 [2008] 234号)，批准郑州黄河为国家湿地公园，填补了河南省没有湿地公园的空白。

国家林业局下达河南省2008~2009年穿山甲片、蛇类消耗控制量 11月27日，国家林业局以林护发 [2008] 238号下达河南省2008~2009年穿山甲片控制量为791.65公斤，稀有蛇类消耗控制量为2400公斤。

举办全省第二期自然保护区培训班 12月3~5日，河南省第二期自然保护区培训班在洛阳举办。省内各湿地类型自然保护区机构负责人及业务骨干共30人参加了培训。在培训班上，应邀而来的湿地国际中国办事处、河南省农业大学、郑州大学、河南省教育学院的专家分别就湿地保护与恢复管理、湿地类型自然保护区野生植物资源的保护、湿地类型自然保护区野生动物资源的保护、湿地自然保护区生态旅游与科普宣传等内容进行了详细讲解。

对全省自然保护区基本情况进行调查 按照国家林业局通知要求，对全省自然保护区的机构、人口、规划、经费、资源、旅游等因子进行全面系统调查，从而全面地掌握了全省自然保护区的基本情况。

召开活体野生动物标识工作座谈会 12月24日，省林业厅组织召开活体野生动物标识工作座谈会，有代表性的动物园、展演团等11个单位有关人员参加座谈，对该项工作提出了意见和建议。这是河南省首次开展活体野生动物标识工作。

森林公安

一、概述

2008年，在国家林业局森林公安局和省林业厅、公安厅的正确领导和支持下，全省森林公安机关以中国特色社会主义理论为指导，认真学习贯彻十七大精神，全面落实科学发展观，抓住开展“三定”和加强“三基”工程建设的机遇，大力改善基层办公、办案条件，加强队伍正规化建设，提高执法办案能力，全力维护生态安全和林区稳定，圆满完成了各项目标任务，为建设生态河南和构建和谐社会作出了应有贡献。

（一）强化措施，全力推进森林公安“三基”工程建设

2008年是完成“三基”工程建设任务的攻坚之年，也是决战之年。结合实际，省林业厅森林公安局认真研究确定了“三基”工程建设的九项重点工作，征得省林业厅、省公安厅领导同意后印发全省，并召开会议进行部署。将九项重点工作任务逐一分解到每个局领导和各个科室，采用下派工作组、月通报等方法，全力推进工作落实。对派出所建设、侦查办案等重点工作，省森林公安局分别与18个省辖市森林公安局签订了责任书，明确奖惩措施，确保各项目标任务如期完成。省森林公安局多次派出工作组，深入基层对“三基”工程建设情况进行督导，及时发出通报，对存在问题及进展缓慢的单位提出要求，限期整改。各地也都结合实际，分解任务，落实责任，强力攻坚，认真抓好各项工作落实。

（二）充分发挥职能作用，严厉打击各类破坏森林和野生动植物资源违法犯罪活动

全省各级森林公安机关牢固树立“侦查办案才是硬道理”的思想，结合林区治安形势，相继在全省组织开展了“抓逃犯、破积案、保平安”专项行动，“禁毒专项行动”，“飞鹰行动”，“候鸟三号行动”等一系列严打专项斗争，严厉打击涉林违法犯罪，取得了显著成效。成功破获了虞城“3·29”重大滥伐林木案、郑州市“4·08”特大非法运输野生动物案、开封“4·13”特大非法运输珍贵濒危野生动物案等一大批涉林重特大刑事案件。全年共受理各类破坏森林和野生动植物资源案件12619起，查处10668起，其中刑事案件1248起，重特大刑事案件43起；打击处理违法犯罪人员14745人，其中，刑事拘留1458人，逮捕（直诉）860人。大力推行独立办案，全省有15个省辖市森林公安局和67个县（市）森林公安分局独立承担了办案职责。努力提高办案质量，全省有13个省辖市森林公安局和51个县（市）森林公安分局实现了网上执法办案。

（三）多策并举，努力促进森林公安队伍正规化建设

积极配合做好森林公安“三定”和人员过渡工作。经多次协调汇报和专题调研，省编委印发了《关于市县森林公安机构设置和核定政法专项编制问题的通知》，省人事厅、省林业厅印发了《关于做好全省森林公安机构核定政法专项编制后人员过渡和考试录用有关工作的通知》，森林公安“三定”和人员过渡工作进入全面实施阶段。认真组织开展了业务骨干培训、警衔晋升培训工作。下发了《关于继续深入开展大练兵活动的通知》，推动基层民警苦练基本功。组织开展大走访爱民实践活动，广泛听取人民群众和社会各界对森林公安工作和队伍建设的意见与建议。开展了重点信访案件专项治理活动，全力解决重点信访案件，维护了社会稳定和奥运会的安全。组织开展了抗震救灾捐款活动，全省森林公安民警共为灾区捐款50余万元。组织开展了枪支清查清理和森林公安民警从事非警务活动的清理整顿工作，收回超配枪支15支，健全了枪支保存、使用、回收等制度。组织开展了警车清理整顿活动，共收回警车23辆，收缴车牌12个。强化警务督察，制定下发了《警务督察部门交办案件办理程序》，组织开展了多次专项督察，及时发现问题，督促整改。

（四）重点突破，努力提高警务保障水平

积极争取国家和省项目资金。争取国家重点治安区设施设备经费、国家专项工作补助经费、省级贫困县民警服装经费、省级重点治安区房屋维修和信息化建设经费共计564万元。组织完成了民警服装的政府采购工作。全力推进信息化建设，县级以上森林公安机关和驻地有通信光缆的派出所已全部接入公安信息网，相继建立了《森林公安机关案件信息管理系统》、《森林公安机关网络执法与监督系统》。大力推进基层单位办公场所建设，全省在房建工作上共投入1954万余元，新建、改建和维修办公场所49个，面积21483平方米。

2008年，全省森林公安系统有1个单位和2名民警荣立一等功，有3个单位和11名民警荣立二等功，28个单位和65名民警荣立三等功；有1个单位和5名民警被推荐到省公安厅表彰；栾川、伊川、鲁山县森林公安分局被评为全国公安系统青年文明号；省森林公安局因单项工作成绩突出受到国家林业局森林公安局通报表彰。其中因侦查办案工作突出，开封市森林公安局等6个单位荣立集体三等功，洛阳市森林公安局等6个单位受到嘉奖，济源市森林公安局刑侦大队指导员郑剑峰等18名民警荣立个人三等功。

二、纪实

组织开展“抓逃犯、破积案、保平安”专项行动　2月1日至4月1日，在全省森林公安机关组织开展了“抓逃犯、破积案、保平安”专项行动。各地按照省森林公安局的统一部署，精心组织，周密部署，迅速行动，共抓获涉案在逃人员108名，其中网上在逃人员93名，破获积案62起。

开展爱民实践活动　2月10~15日，省森林公安局分3组深入基层慰问民警，共走访8个市16个县32个派出所。活动期间，各级森林公安机关共召开座谈会85场（次），征求意见320余条，为群众做好事、办实事900余件；看望困难民警105余家，老干部96余人，捐赠农林科技书籍1000余册，组织警民联欢活动150余场。

开展派出所等级评定工作 2月23日至3月3日，省森林公安局派出7个检查组，对全省的120个森林公安派出所进行了认真细致的等级评定。经上级公安机关审核，确定河南省4个一级所、16个二级所。

组织开展“飞鹰行动” 3月25日至5月31日，河南省林业、公安、海关和工商部门联合在全省范围内联合组织开展了以集中打击破坏野生动物资源违法犯罪活动为主要内容的“飞鹰行动”。“飞鹰行动”期间共出动执法人员17615人次，其中，森林公安民警11406人次；立刑事案件58起；破案53起，其中重特大刑事案件8起；查处行政案件904起；清理野生动物驯养繁殖场所308处，加工经营场所462处，检查野生动物活动区域671处；打击处理违法犯罪人员1221人，其中，刑事拘留66人，逮捕23人，行政处罚1132人；收缴野生动物45610只（头）。

开展“禁毒专项行动” 4月下旬至9月底，在全省组织开展了林区禁毒专项行动，全省共铲除非法种植罂粟10120株，查处非法种植人员67人。

组织开展抗震救灾捐款活动 5.12四川地震灾情发生后，省森林公安局及时发出倡议，号召全省森林公安民警向灾区捐款。全省森林公安民警共为灾区捐款50.8478万元。其中为四川森林公安机关捐款88770元，上交林业主管部门捐款212285元，交特殊党费207423元。

组织开展“严厉查处破坏森林资源案件切实保护林农合法权益专项治理活动” 6月20日至12月20日，在全省范围内组织开展了“严厉查处破坏森林资源案件，切实保护林农合法权益”专项治理活动，全省共出动警力11958人次，车辆4936台次，立刑事案件311起，破刑事案件273起，刑事拘留301人，逮捕（含直诉）191人；查处林业行政案件3022起，行政处罚3531人。

组织开展重点信访案件专项治理工作 6~8月，为进一步解决森林公安信访突出问题，确保奥运期间社会治安稳定，无赴京进省上访人员，在全省森林公安机关开展了重点信访案件专项治理活动，制定印发了工作方案，召开全省会议进行部署，全力解决重点信访案件，全面排查化解矛盾纠纷，坚决防止发生大规模聚集上访和群体性事件，以及发生影响社会稳定、危及奥运安全和损害国家形象的恶性上访事件。

组织开展“三考”活动 9月至10月，在全省组织开展了基本法律知识考试、执法办案卷宗考评、信访工作考查。全省1332名民警参加了考试。执法办案卷宗考评中共抽查刑事案件卷宗、行政案件卷宗775个，涉法信访工作考查共抽取信访卷宗101份。“三考”后，省森林公安局召开总结表彰电视电话会议，通报表彰了6个省辖市先进组织单位和10个县级案卷考评先进单位、10个县级基本法律知识考试先进单位。

省编委通过森林公安发“三定”方案 10月29日，省编委会议研究通过森林公安“三定”方案。

组织开展“候鸟三号”行动 11月11日至12月26日，在全省组织开展了以打击破坏野生动物资源为主的“候鸟三号”行动。省林业厅分别于11月29日至12月1日、12月20日至22日，两次组织开展了“候鸟三号”集中统一行动。全省“候鸟三号”行动共出动警力13087人次，立野生动物刑事案件29起，破案22起，其中重特大刑事案件3起；查处行政案件541起；检查巡护鸟类活动区域1139

处，清查宾馆、饭店、市场、窝点3901家（个）；打击处理违法犯罪人员596人，其中，刑事拘留26人，逮捕7人，行政处罚563人；收缴野生动物7527只（头）、制品617公斤。

省编委下发《关于市县森林公安机构设置和核定政法专项编制问题的通知》 12月2日，省机构编制委员会下发了《关于市县森林公安机构设置和核定政法专项编制问题的通知》，为全省市、县森林公安机关核定了政法专项编制，统一规范了市、县（市）森林公安机构的名称、规格、内设机构和领导职数。明确了市、县森林公安机关的主要职责，基本解决了长期制约我省森林公安建设和发展的主要问题。

全省森林公安“三定”和人员过渡工作全面实施 12月24日，省人事厅、省林业厅印发了《关于做好全省森林公安机构核定政法专项编制后人员过渡和考试录用有关工作的通知》，森林公安“三定”和人员过渡工作进入全面实施。

召开全省森林公安核定政法专项编制暨人员过渡和考试录用工作会议 12月30日，省人事厅、编办、林业厅联合召开全省森林公安核定政法专项编制暨人员过渡和考试录用工作会议，各省辖市人事局分管局长、公务员管理科科长、调配录用科科长；编办行编科科长；林业局局长、人事科科长、森林公安局局长参加了会议。会议对全省森林公安机构政法专项编制核定和人员过渡、考试录用工作进行了安排部署。省编办副巡视员周相东，省人事厅副厅长高勇，省林业厅厅长王照平、副厅级侦察员、森林公安局局长宋全胜出席会议，并分别作了重要讲话。

科技兴林

一、概述

2008年，河南省林业科技工作坚持“科教兴林、人才强林”战略，围绕林业生态省建设，认真组织实施《河南省2020年林业科技创新规划》，进一步强化林业科学研究、科技示范与推广、林业标准化，加大科普工作力度，为全省林业更好、更快发展提供强有力的科技支撑。

（一）狠抓林业科技攻关，取得了一批高水平的科技成果

围绕林业生态省建设目标，林业科学研究坚持面向生产、服务基层的方向，突出抓好一批生产急需的研究和攻关项目，在主要用材林树种的良种选育和引进、丰产栽培技术、名特优经济林树种良种选育、高效栽培及果品加工技术、木材加工利用技术、森林保护管理技术等研究领域取得了一批科研成果。2008年，新争取河南省科技发展计划科研项目6项，新争取国家林业局公益性行业科研项目1项，省行业科研专项1项，总投资500多万元；组织厅直单位完成“野生杜鹃资源品种选育研究”等林业科技成果5项。全省有12项林业科技成果获得省政府科技进步奖，其中二等奖7项，三等奖5项。

（二）组织实施了一批重点林业科技推广项目，科技成果推广与开发取得显著成效

结合林业生态省建设，组织编印了《河南省当前优先发展的优良树种（品种）》、《河南林业生态省建设廊道绿化模式》、《河南林业生态省建设“两区”“两点”绿化模式》、《河南省林业地方标准汇编》等资料3万余册，大力引进、推广了泡桐9501—9504，欧美杨107、108，豫刺1号、豫刺2号，豫楸1号，火炬松、杏李、黑李、金太阳杏、黄金梨、豫大籽石榴、饲料桑、树梅等优良新品种50多个；重点推广了抗旱保水剂、GGR绿色植物生产调节剂应用技术、抗旱造林技术、经济林丰产高效栽培技术等新技术20多项；采用不同造林模式80多个，优化了林种、树种、品种结构，提高了造林质量和效益。通过科技推广、示范和开发，促进了科技成果的大面积推广应用，大幅度提高了全省林业建设的科技含量。

（三）狠抓科技示范基地建设，科教兴林示范工程建设成效明显

继续抓好林业科技示范园区建设、科技示范基地建设、重点林业科技支撑项目的实施工作。新建安阳、长葛、信阳平桥等3个省级林业科技示范园区。围绕林业生态省建设，按重点林业工程类别，突出抓了西峡、淅川、桐柏、灵宝、济源、陕县、新县等9个科技支撑示范县（市）建设，对河南省2000年以来承担的6个科技支撑项目进行了验收，并向国家林业局提交了项目验收报告。按照年度工作目标，督促18个省辖市、6个扩权县新建立林业科技示范区、科技示范基地40多处，仅新乡市就建立林业科技示范区16个，平顶山市建立6个。通过科技推广、示范开发、省院合作、国外智力引进、科研等途径，促进了科技成果的大面积推广应用，其中大部分科技示范基地已成为各地林业建设的精品工程、样板工程。

（四）狠抓林业标准化建设，林业科技合作与交流趋于活跃

坚持以林业建设和林产品的质量安全效益为中心，进一步加强了林业标准化工作。新组织制定了《连翘栽培技术规程》等河南地方标准和全国林业行业标准5项。指导市、县级林业部门制定林业技术标准20项，新建立国家林业行业标准化示范区3个。组织申报一批生产急需制定的林业标准化项目，新争取国家林业行业标准2项。认真组织实施好林业科技“3386”计划。重点抓了科研、推广、标准化、科普、重点实验室、野外生态站等工作。组织“948”项目中期评估2项，受国家林业局科技司委托组织验收“948”项目8项，新争取国家林业局“948”项目3项。新组建河南省林业厅“林业有害生物防控重点实验室”1个。

（五）广泛开展林业科普活动，认真解决技术“棚架”问题

全省各级林业部门以提高林业工程建设质量和解决林业技术“棚架”为目标，组织科技服务队、专家小组奔赴全省各地开展“送科技下乡”、“科技送春风”等工作，传播科学思想、科技知识，解决技术“棚架”问题。针对年初信阳等地发生严重冰雪灾害情况，印发了《关于认真做好林业科技救灾减灾和灾后重建的通知》，组织编写了《河南省冰雪灾害地区林业抗灾减灾技术要点》等技术资料6种3万余份。先后选派两批科技专家赴南阳、信阳、驻马店、周口等地开展科技救灾减灾和灾后重建技术服务工作。全省共选派林业科技专家和技术人员500人次，举办减灾和重建技术培训200场，培训基层技术人员500人，林农6万人次，发放技术资料10万份。科技活动周期间，按照省科协、省科技厅的统一部署，印发了《关于在全省开展林业科技活动周的通知》。据统计，全省林业系统共组织开展送科技下乡活动4000多场次，培训林业职工和林农21.47万人次。

（六）强化综合管理，使林业科技工作步入规范化轨道

一是为了解掌握河南省林业生物质能源资源现状，组织人员到安阳、焦作、三门峡、洛阳、信阳、郑州等6个市11个县（市）开展林业生物质能源资源情况调查，撰写了《河南省林业生物质能源资源现状问题及建议》调研报告。二是切实加强了对林业科技计划项目的管理工作，严把项目申报、立项、检查、验收关，进一步完善管理办法。三是根据国家林业局的有关要求，对“黄淮平原农田防护林优良新品种及优化配置技术示范推广”等4个到期国家林业局林业科技成果推广项目进行了验收，对“刺槐优良无性系抗逆性区试”等6个国家林业局重点科研项目进行了验收。

二、纪实

河南省林业厅科技处被评为知识产权保护先进集体　4月16日，河南省保护知识产权工作组印发《关于表彰2007年度保护知识产权工作先进集体和先进个人的通知》（豫保知办［2008］4号），省林业厅科技处被评为2007年度保护知识产权先进集体，省林业科学研究院王新建、省经济林和林木种苗工作站张超英被评为先进个人。

新建厅级重点实验室 7月7日，河南省林业厅印发《关于组建河南省林业厅林业有害生物防控重点实验室的批复》（豫林科批［2008］38号），同意河南省林业学校立项建设重点实验室。依托河南省林业学校建设的河南省林业厅林业有害生物防控重点实验室，建设期限为2008年7月至2010年7月。校长吴国新担任实验室主任，副校长张松山、田野担任实验室副主任。

国家林业局林业重点科研计划项目通过验收 7月14日，受国家林业局委托，河南省林业厅科技处组织对河南省林业科学研究院、洛阳市林业科学研究所、许昌市林业科学研究所、周口市国营苗圃场等单位承担的"刺槐优良无性系抗逆性区试"、"楸树新品种区域化试验"、"中国黄连木良种选育与试验示范"、"巴旦杏引进新品种区试"、"核桃良种区域化试验"、"豫楸二号（周楸一号）等良种选育与试验示范"等6个国家林业局林业重点科研计划项目进行验收。经评审，全部通过验收。

印发科技服务林业体制改革行动实施方案 7月23日，河南省林业厅下发了《关于印发科技服务林业体制改革行动实施方案的通知》（豫林科［2008］164号）。

林业厅召开学术报告会 10月19日，林业厅组织召开学术报告会，全国政协委员、中国工程院院士、中国林学会副理事长、国际杨树委员会执委、中国林学会杨树专业委员会主席、北京林业大学校长尹伟伦教授应邀作"生态文明与可持续发展"的学术报告。报告会由省林业厅党组书记、厅长王照平主持。省林业厅厅级干部、厅机关全体公务员、厅直单位处级干部、省林业科学研究院全体科研人员等150余人参加了报告会。

罗襄生被评为全省科技系统先进工作者 10月21日，河南省人事厅、河南省科技厅联合印发《关于表彰全省科技系统先进集体和先进工作者的决定》（豫人公［2008］79号），河南省林业厅科技处处长罗襄生被评为"全省科技系统先进工作者"。

河南省林学会第五次代表大会召开 10月22日，河南省林学会第五次代表大会在郑州召开，来自全省林业系统、各级林学会及有关单位的91名代表、特邀代表参加了会议。中国林学会常务副秘书长李岩泉、河南省林业厅厅长王照平、河南省科协副主席冯琦、河南省民间组织管理局副局长王明远等领导到会，并作重要讲话。河南省生态学会、广东省林学会、山东省林学会、河南省气象学会、河南省农学会等组织派人参加会议或发来贺信、贺电。会议审议通过了河南省林学会第四届理事会工作报告、《河南省林学会章程（修改草案）》，选举了第五届理事会理事、常务理事、理事长、副理事长、秘书长，聘任了省林学会第五届理事会副秘书长。

河南省林学会第五届理事会选举产生 10月22日，河南省林学会第五次代表大会选举产生了由73名理事组成的省林学会第五届理事会。省林学会第五届理事会同时召开了第一次全体会议，会议选举丁荣耀、杨秋生、朱延林、罗襄生、杨文立、师永全、曹冠武、吴国新、孔维鹤、李芳东、张玉琪、宋运中、周克勤等13名同志为常务理事，选举丁荣耀为理事长，杨秋生、朱延林等为副理事长，选举罗襄生为秘书长。聘任杨文立为副秘书长。

国家林业局重点林业科技成果推广项目通过验收 12月15~18日，国家林业局科技司在北京召开重点林业科技成果推广项目验收会，河南省林业技术推广站、漯河市林业技术推广站、固始县林业局、西峡县林业局等单位承担的“中原主干路网水土保持技术示范与推广”、“黄淮平原农田防护林优良新品种及优化配置技术示范推广”、“北方型马褂木抗逆性优良无性系及快繁技术示范”、“南抗2号杨杨树新品种及栽培技术示范”等四个国家林业局林业科技成果推广项目通过验收。

林业法制建设

一、概述

2008年，全省林业法制工作紧紧围绕河南省林业生态省建设大局，坚持“为林业生态省建设服务，为林业执法服务，为领导决策服务”的思想，立足实际，强化措施，积极主动，扎实工作，完成了各项目标任务，并取得了一定的成绩。

（一）加强了林业立法，争取为河南林业生态省建设营造良好的法制环境

《河南省森林防火条例》、《河南省森林病虫害防治条例》和《河南省林地保护管理条例》(修订)，作为河南省2009年至2013年地方立法规划的林业立法项目，已列入省人大五年立法规划。组织起草了《河南省森林资源流转办法（草案)》，在反复征求各省辖市林业局、厅机关各处室局、厅直各单位意见和建议后，与省政府法制办公室进行了衔接，现已列入省政府2009年的立法出台项目。组织对省人大、省政府、国家林业局发来的26部法律法规、规章草案进行了征求意见和修改。为基层林业单位和干部群众解答法律法规、政策疑问70余件次，及时对郑州、平顶山市林业局发来的《关于非法收购运输出售珍贵濒危野生动物及野生动物制品案件有关问题的请示》和《关于林权有关问题的请示》，分别给予了答复，解决了基层林业部门执法中遇到的疑难问题和农民群众的林业法律法规政策疑问。

（二）强化了执法监督，初步形成较为规范的林业行政执法体系

组织对渑池县、栾川县、卫辉市、郏县、尉氏县林业行政执法情况进行了监督检查，组织部分行政执法人员进行了基本法律知识测试，对行政执法案卷进行了评查，检查了行政执法点。进一步规范林业行政执法行为，全面提高依法行政水平。定期对全省林业系统涉嫌非法集资情况进行监督和排查，并及时报送信息。及时组织报送《行政执法与刑事司法衔接情况统计表》，为省执法联席办公室准确掌握全省林业系统行政和刑事案件案发率提供依据。

（三）狠抓政策调研，为进一步完善林业政策提供依据

组织参加了由省委政研室、省依法治省办公室等单位联合开展的“全省县处级以上领导干部依法执政理论研讨活动”，有两篇论文分别获得一、三等奖，省林业厅获得优秀组织奖。举办了“纪念林业改革开放30周年”征文活动，并向国家林业局推荐38篇优秀论文参加评选。

（四）加大法制宣传教育力度，营造良好的林业执法环境

印发了《2008年全省林业系统法制宣传教育工作要点的通知》和《河南省林业厅关于开展林业系统“五五”普法依法治理中期自查工作的通知》，组织开展了全省林业系统“五五”普法依法治理中期自查工作。邀请省委党校和省政府法制办公室的专家为林业厅全体干部举办了2次法律知识讲座。举办了2期基层林业行政执法人员培训班，共150多人参加了培训。组织全省各级林业行政事业单位在职干部职工进行了普及法律知识考试。

（五）积极协调，强化督促，厅属企业改制工作稳步推进

坚持每周一督促、每月一例会企业改制工作制度，强力推进厅属企业改制工作的开展。

二、纪实

林业厅在全省县处级以上领导干部依法执政理论研讨活动中获优秀组织奖　1月3日，省委政研室、省司法厅、省社科联、省依法治省办公室开展“全省县处级以上领导干部依法执政理论研讨活动”，省林业厅有两篇论文分别获得一、三等奖。同时，省林业厅获得优秀组织奖。

弋振立在省人大举办的“河南省地方立法业务培训班”作典型发言　3月11~13日，省人大举办“河南省地方立法业务培训班”，厅党组成员、副厅长弋振立代表林业厅作题为《立足河南　贴近实际　为建设生态河南创造良好的法制环境》的典型发言。林业厅为省直机关4个典型发言单位之一。

印发《2008年全省林业系统法制宣传教育工作要点》　5月5日，按照全省林业系统“五五”普法规划年度重点工作安排，省林业厅印发《2008年全省林业系统法制宣传教育工作要点》，明确了法制宣传的指导思想、重点、组织形式和具体要求。

河南省委党校汪俊英教授应邀来林业厅作法律知识讲座　5月12日，河南省委党校法学教研部主任汪俊英教授来林业厅作题为《依法行政的理论与实践》的法律知识讲座。

开展“纪念林业改革开放30周年”征文活动　6月17日至8月31日，“纪念林业改革开放30周年”征文活动在全省林业系统开展，经过筛选，林业厅向国家林业局推荐38篇参评优秀论文。

开展“五五”普法依法治理中期自查工作　6月20日至7月20日，“五五”普法依法治理中期自查工作在全省林业系统开展，形成了自查情况报告，分别报送国家林业局普及法律常识办公室和河南省依法治省办公室。

林业厅行政执法责任目标考评领导小组成立　7月25日，为强化林业行政执法责任制，河南省林业厅成立行政执法责任目标考评领导小组，负责对全厅内部考评工作的组织、领导和监督。厅党组书记、厅长王照平任领导小组组长。

全省林业行政执法人员信息录入上网工作有序开展　8月1日至9月22日，全省林业行政执法人员信息录入上网工作有序开展，同时，对本厅林业行政执法人员所持《河南省行政执法证》进行全面清查。

国家林业局政策法规司文海忠副司长等来河南省调研　8月25~29日，国家林业局政策法规司文海忠副司长、主任科员张绍敏来河南省就森林公园的法律地位，如何处理森林资源保护和森林景观资源开发利用的关系，如何处理森林公园发展与其他部门的关系等问题开展调研。调研人员分别到登封国家级森林公园、嵩县天池山国家级森林公园、渑池韶山森林公园、陕县甘山国家级森林公园进行了实地考察。

组织开展《河南省森林资源流转（草稿）》的征求意见和修改工作 9月22日至10月20日，组织开展了《河南省森林资源流转（草稿）》的征求意见和修改工作。

出台《河南省林业厅行政执法责任目标考评办法（试行）》 10月9日，《河南省林业厅行政执法责任目标考评办法（试行）》出台。本办法适用于本厅有行政执法职能的处室局、法律法规授权和依法接受委托行使林业行政执法职能的厅直单位及其工作人员的行政执法年度考评。

林业厅获"河南省立法工作先进单位"称号 10月，河南省林业厅被河南省人大常委会授予"河南省立法工作先进单位"称号，陈明被河南省人大常委会办公厅、河南省人事厅授予"河南省立法工作先进个人"称号。

开展贯彻《中华人民共和国反垄断法》文件清理工作 10月28日至12月12日，贯彻《中华人民共和国反垄断法》文件清理工作在省林业厅开展。经查，省林业厅没有与《中华人民共和国反垄断法》不一致的文件。

出版《林业政策法规汇编》 10月《林业政策法规汇编》一书编辑出版，书中收集了2007年全国人大、国务院、国务院工作部门和中共河南省委、省人大、省人民政府及其有关厅局颁发的法律、法规、规章和规范性文件68篇。

省政府法制办公室综合处处长侯学功为全厅干部职工作法制讲座 11月19日，省政府法制办公室综合处处长侯学功为林业厅全厅干部职工作了题为"中国建设法治政府的几点思考"的法制讲座。

国家林业局政策法规司副司长卢昌强一行来河南省检查林业行政执法情况 11月25~29日，国家林业局政策法规司副司长卢昌强、处长周金锋、副处长高静芳一行3人来河南省检查林业行政执法情况，检查组组织部分行政执法人员进行了基本法律知识测试，抽查了林业行政处罚案卷，检查了行政执法点。

组织全省林业系统2008年度普法考试 12月10~30日，组织全省林业系统2008年度普法考试，考试情况及时报送国家林业局普法办公室。

厅党组成员、副厅长李军在河南省立法工作会议上作典型发言 12月17日，省人大召开河南省立法工作会议，林业厅党组成员、副厅长李军代表林业厅在会上作了《立足省情　贴近实际　为建设生态河南创造良好的林业法制环境》的典型发言。省人大副主任李柏拴在会议总结讲话中对林业厅的做法给予了充分的肯定。

对新乡、开封等5市5县的林业行政执法情况进行监督检查 12月18~21日，省林业厅组织对新乡、开封等5市5县的林业行政执法情况进行了监督检查，对行政执法案卷进行了评查。

森林防火

一、概述

2008年，全省各重点林区森林防火紧要期长期天干物燥，森林火险等级居高不下，森林火灾持续高发。面对严峻形势，全省各级党委、政府高度重视，各有关部门大力支持，广大人民群众积极参与，各地严阵以待，狠抓各项预防、扑救措施落实。1~12月份，全省共发生森林火灾983起，总过火面积2886.95公顷，受害森林面积828.46公顷，受害率0.28‰。全省当年没有出现大的森林火灾，没有出现人员伤亡事故，没有因森林火灾影响到一个地区的社会治安和社会稳定，维护了全省森林防火形势的总体平稳，保障了林区人民群众生命财产安全，全省森林防火工作也实现了多方位跨越。

（一）森林防火投入大幅度增加

2008年，省财政安排森林防火专项资金1380万元，连续两年递增40%以上。外方山、崤山重点火险治理和伏牛山、太行山物资储备项目全面启动建设，争取国家林业局批复了河南省森林防火通信系统建设、河南省伏牛山重点火险区综合治理和河南省大别山桐柏山重点火险区综合治理二期工程。各市、县自筹森林防火资金逾亿元。

（二）科技水平大幅度提高

按照体现先进性与兼容性、长期规划与现实条件相衔接的指导思想，新建了省森林防火监测指挥中心，卫星数字传输等指挥设备已安装完毕，视频会议系统、自动化网络办公系统等已经投入使用，初步形成了功能完备、设施优良、技术先进的集森林防火指挥、视频会议和办公系统于一体的多功能、数字化指挥平台，实现了火场前端与省指挥中心、省指挥中心与国家指挥中心的对接。

（三）填补了空中巡护、空中灭火空白

河南省于2007年底到2008年初首次开展了森林航空消防工作，累计飞行80余小时，实施了吊桶、机降灭火演习，结束了河南省森林防火没有空中巡护、空中支援、空中灭火的历史。经省编委批准，财政全供、事业编制25名的正处级省航空消防站已经组建到位。2008年冬，进一步延长了飞机巡护时间，扩大了巡护面积，全面投入实战灭火。

（四）队伍建设突飞猛进

郑州市在原有3支专业森林消防队伍的基础上，新成立专业森林消防突击队15支，并配备了指挥车、运输车、对讲机、灭火机等设备。济源市投入180余万元，在全市所有山区乡（镇）全部建起了森林防火突击队；辉县、巩义、新县、光山等县（市）建起了事业编制、财政供给的森林消防专业队伍，汝阳、栾川、孟津等县（市）探索了以政府“购买服务”方式组建专业森林消防队伍的途径。

（五）火险预测预报更加及时、更加准确

与省气象部门建立了畅通的天气会商机制，根据天气变化情况及时与气象专家会商不利于森林防火的天气形势，并及时向全省发布，真正做到早预报、早准备、早处置、早扑灭。召开两次森林火险形势会商会，邀请气象专家共同分析森林防火的天气形势，共同研究各种对策。

（六）森林火灾扑救快速反应能力进一步提高

针对各重点林区森林火灾扑救力量机动能力低、到达火场慢的实际，强化以车辆为主的装备建设，经多方筹措资金近800万元，一次性购买森林防火运兵车110辆，已装备到各重点林区森林防火一线。

（七）制度建设取得新进展

结合当前森林防火形势，对《河南省森林火灾应急预案》进行了修订，目前已上报省政府审批，由省政府办公厅印发；拟订了《河南省森林防火责任追究办法》(草案)，并由省监察厅进行了详细修改。目前，此办法（草案）也已基本成熟，拟与省监察厅联合印发。

全省森林防火工作取得较大进展的原因主要体现在如下几个方面。

一是组织领导到位。省委、省政府高度重视森林防火工作，省委副书记、代省长郭庚茂，省委副书记陈全国、主管副省长刘满仓等领导多次对做好森林防火工作作出批示。从省到县普遍建立了政府、森林防火指挥部成员单位、林业主管部门“森林防火责任制”，纵向延伸到村、组和山头、地块，横向覆盖到各有关职能部门，做到了责任到位、措施到位。关键时刻，省政府3次召开森林防火电视电话会议，对全省森林防火工作专题安排部署。各重点市、县也都按照一级抓一级、一级对一级负责的原则，强化组织领导，狠抓措施落实，为森林防火工作的开展提供了有力的组织保证。

二是督促检查到位。省护林防火指挥部成员单位分别在春季、冬季森林防火关键期深入各自责任区检查督导森林防火工作；省林业厅分别于春节前和3月份两次派出9个工作组，由厅党组成员带队，深入林区巡回检查；省防火办公室先后派出5个督察组到火灾多发地区进行不间断的明查暗访。2008年北京奥运会举办期间，林业厅把森林防火工作开展情况纳入全省林业督察的一项重要内容，确保奥运期间林区稳定、祥和。入冬以来，三门峡、新乡、平顶山、鹤壁等市政府领导纷纷深入重点林区检查指导森林防火工作，促进了森林防火工作开展。

三是整改措施到位。针对部分县（市、区）森林火灾隐患突出、森林火灾频繁发生、防控力度明显削弱的实际，省防火办公室依法、依纪向南阳、洛阳、光山、孟津等市、县政府及时下发火灾隐患排查整改通知书，指出存在问题，提出整改要求，明确整改时限。各地对省防火办公室下发的整改通知高度重视，认真落实整改措施，消除了大批火灾隐患。如南阳市政府在接到整改通知后，组成4个督察组，分赴桐柏、淅川、南召等重点县、区检查督导。有关县（市、区）也迅速行动，采取果断措施，有效遏制了森林火灾高发态势。通过整改，洛阳市解决了久拖不决的市级防火机构编制问题。

四是宣传教育到位。始终把宣传教育作为森林防火的第一道工序，全力营造“森林防火，人人有责”的氛围。河南日报、河南电视台、大河报等多家媒体经常深入重点林区采访报道森林防火工作。各省辖市都组织开展了“森林防火宣传月”活动，在中小学开设森林防火主题课，开展了森林防火“小手拉大手”活动。省防火办公室和厅办公室组织拍摄了《责任重于泰山》电视专题片，举办了向中小学生赠送《森林防火知识问答》一书仪式，专门制作公益广告在省多家电视台滚动播出。各地积极创新宣传形式，如信阳市开展了森林防火宣传一条街活动，济源市制作森林防火宣传手袋2万个，免费发放给重点林区小学生；印制森林防火宣传年画2万幅，免费发放给重点林区农户。

五是培训演练到位。在非森林防火紧要期，集中重点培训指挥员。省防火办公室于6月份开办了全省森林防火指挥员培训班，各省辖市林业局主管局长、防火办公室主任，各重点县指挥长（主管副县长）、副指挥长（林业局局长或主管副局长）和森林扑火专业队队长130余人参加培训。市、县、乡也都广泛开展分级培训，全省举办各级培训班100余期。森林防火紧要期到来前后，重点培训专业森林消防队，目前已举办森林消防队员培训班近百期。

六是野外火源管理到位。历次会议，都把火源管理作为首要问题予以强调；历次检查，都把火源管理情况作为一项重要内容。为此，突出抓了以下几个环节：①继续严格实施野外生产用火审批制度，对林区生产施工用火单位，采取了缴纳防火抵押金，落实责任人的办法进行管理。②继续强化重点人员管理，对痴、呆、憨、傻人员和中小学生一一登记造册，落实监护人员和管理责任。③继续对入山路口、寺院、墓地等重点地段增兵设卡，防火检查站严格控制火种入山，护林员继续加大林区监测巡查密度。④继续在重要时期层层开展森林火灾隐患大排查行动。

七是扑救组织到位。在森林火灾扑救中，全力强化组织领导、物资供应、安全保障，做到了指挥、扑救、后勤等有条不紊。凡是国家林业局和省气象中心发现的热点，做到每2小时向省防火办公室报告一次火情；凡是夜晚12时仍没扑灭的森林火灾，省防火办公室主任都坚持在办公室调度指挥，直至火灾扑灭。11月26日，辉县市沙窑乡石门郊村发生森林火灾，新乡市委书记吴天君作出批示；对4月2日发生在辉县市南寨镇的一起森林火灾，新乡市政府李庆贵市长作出批示。两次火灾，新乡市政府主管副市长都亲临火灾现场，专题研究制定扑火方案，调动一切力量，组织人员奋力扑救，最大限度减少了火灾损失。12月24日，伊川县酒后乡森林火灾发生后，伊川县主管副县长立即赶赴火场组织扑救，随后，洛阳市副市长李雪峰也迅速到达火场。上述火灾，由于领导重视，扑救措施得力，全部得到快速控制、快速扑灭，最大限度地减少了森林火灾损失。

二、纪实

完成首次航空护林工作　2月10日，首次森林航空护林工作完成。此项工作开始于2007年11月20日，在此期间，先后飞行25架次，累计飞行80余小时，实施吊桶灭火、机降灭火演习4次，圆满完成了各项工作任务。为确保安全飞行，严格按照河南省中长期天气趋势分析和森林火险天气等级高低，制定了严密的航护飞行计划，依据森林防火抢险救灾需要确定科学的飞行航线。成功组织了济源市、平顶山市森林航空消防开航仪式和洛阳市、南阳市吊桶灭火演练。同时，在重要部位、重点城镇空中投撒了森林防火宣传单1万余份，提高了林区群众“森林防火、人人有责”的意识和森林防火社会影响，为河南省森林航空消防站建设奠定了基础。

召开全省森林防火工作电视电话会议　3月20日，省政府召开全省森林防火工作电视电话会议。省政府副秘书长王树山主持会议，张大卫副省长到会讲话，省林业厅厅长王照平通报全省森林防火工作开展情况。省护林防火指挥部全体成员、各省辖市主管副市长、林业（农林）局长、主管局长、防火办公室主任参加了会议。张大卫要求，全省要重点做好如下几方面工作：一要严格野外火源管理，有效控制火灾发生。二要认真开展排查整治，坚决消除火灾隐患。三要强化应急管理，提升快速反应水平。四要加大基础设施建设力度，提高综合保障能力。五要加强防扑火队伍建设，不断提升防控力量。

进行森林火险天气形势会商　3月20日，省护林防火指挥部与省气象局联合召开森林火险天气形势会商会，省护林防火指挥部成员、省林业厅副厅长弋振立，省护林防火指挥部成员、省气象局副局长彭广，省气象台、省气象科学研究所等单位的气象专家等参加了会商。气象专家根据综合分析，指出了全省未来两个月内的主要天气特征。彭广强调，气象部门要与森林防火部门密切配合，加强气象监测、火险等级预报；弋振立要求，要善于把各种气象监测、预报成果运用到森林防火工作的各个环节，并据此提出针对性措施，努力减少森林火灾损失，努力为保障全省经济发展、社会稳定和人民群众生命财产安全，为林业生态省建设作出应有贡献。

省护林防火指挥部、省林业厅、省民政厅组织开展清明节“森林防火宣传周”活动　3月31日，省政府护林防火指挥部、省林业厅、省民政厅联合发出《关于在清明节期间组织开展“森林防火宣传周”活动的通知》（豫防指［2008］6号），专题安排部署清明节期间森林防火宣传工作，要求在全省范围内开展“森林防火宣传周”活动。活动为期一周，分两个阶段。第一阶段为3月31日至4月3日，工作重点是加强森林防火宣传教育；第二阶段为4月4日至4月6日，工作重点是严格管控野外火源。

举办全省森林防火指挥员培训班　6月24~26日，河南省森林防火指挥员培训班在登封市举办，各省辖市林业局主管局长、防火办公室主任，各重点县护林防火指挥部指挥长（主管副县长）、副指挥长（林业局局长或主管副局长）和森林扑火专业队队长等130余名学员参加培训。国家林业局防火办公室蒋岳新处长、中国林科院森林防火首席专家舒立福博士、武警森林指挥学校灭火教研室主任、大校朴金波应邀为学员授课。重点培训了预警监测、应急通讯，地方政府行政领导负责制贯彻落实、森林火灾责任追究、具体责任追究案例分析，森林灭火紧急避险的组织指挥与实施、森林火灾扑救案例解析，风力灭火机具在森林火灾中的应用与保养检修等方面内容。省林业厅副巡视员谢晓涛在培训班开班仪式上讲话。

省政府调整省护林防火指挥部成员　8月1日，河南省政府发出《关于调整河南省人民政府护林防火指挥部成员的通知》（豫政文［2008］146号），对省政府护林防火指挥部成员作出调整：副省长刘满仓任指挥长，省军区副司令员杨武、省长助理何东成、省林业厅厅长王照平、省公安厅副厅长孙世海任副指挥长。指挥部成员包括省政府办公厅副巡视员郑林，省发展和改革委员会副主任张远达，省财政厅副厅长杨舟，省纪委常委刘卫华，省人事厅副厅长高勇，省林业厅副厅长弋振立，省建设厅副巡视员张代民，省旅游局副局长李亚白，省交通厅副厅长李和平，省农业厅副厅长于国干，省气象局副局长彭广，省广电局副局长费银普，省民政厅副厅长黄亚林，省通信管理局纪检组长赵会群，省卫生厅副厅长夏祖昌，省科技厅副厅长贾跃，省商务厅副巡视员郭京普，省教育厅副厅长李敏，省司法厅副厅长楚贡洲，省农开办副主任井剑国，郑州新郑国际机场管理有限公司副总经理王哲，郑州铁路局副局长杨贵钧。指挥部办公室设在省林业厅，省林业厅副厅长弋振立兼任办公室主任。

全国秋季森林火险形势会商会在河南召开　8月28日，全国2008年秋季森林火险形势会商会在河南召开，国家森林防火指挥部办公室副主任张萍参加会议并讲话，国家森林防火指挥部办公室预警处处长蒋岳新主持会议，中国气象局预测减灾司、中国气象局国家气候中心、国家海洋局环境预报中心、中科院大气物理研究所、总参气象中心、中国林业科学院森林保护研究所、黑龙江省森林保护研究所等单位专家参与会商，河南省林业厅副厅长弋振立致欢迎词。

召开秋冬季全省森林火险形势会商会　10月9日，省林业厅、河南省气象局联合召开全省秋冬季森林火险形势会商会，来自省气象局、省气象科研所、省气候中心、省气象科技服务中心的有关专家以及有关林业、森林防火、航空消防的专家共同分析了全省2008年冬2009年春的森林火险形势，一致认为2008年秋冬和2009年春季森林防火形势异常严峻，必须克服麻痹、侥幸心理，全面做好扑大火、打硬仗的准备。省气象局局长王建国、副局长彭广、省林业厅副厅长张胜炎参加了会商。

省政府召开全省森林防火工作电视电话会议　11月18日，河南省政府召开全省森林防火工作电视电话会议，全面安排部署2008年冬2009年春森林防火工作。省政府和各省辖市政府护林防火指挥部全体成员参加了会议，副省长、省政府护林防火指挥部指挥长刘满仓讲话，省政府护林防火指挥部副指挥长、省林业厅厅长王照平通报2008年春夏以来森林防火工作开展情况并对冬春森林防火工作提出安排意见，省气象局、南阳市政府、登封市政府介绍了做好森林防火工作的经验。

辉县市沙窑乡石门郊村森林火灾　11月26日，14时50分，辉县市河窑乡石门郊村发生森林火灾。接到火情报告，辉县市市委常委、统战部长许光敏带领辉县市森林消防大队30名队员以及50名乡村干部群众赶赴火场开展扑救，新乡市林业局副局长李建新带领指挥部办公室工作人员亦迅速到达。21时25分，市委常委、副市长、指挥长王晓然从外地赶往火场，途中向指挥部办公室作出启动新乡市森林防火抢险应急预案、召开森林火灾现场会的指示。副指挥长、市政府副秘书长闫玉福，副指挥长、市林业局长赵秀志随同前往。指挥部办公室、市政府应急办公室按照领导指示，迅速通知军分区、武警支队、消防支队、公安局、气象局、监察局、交通局、卫生局、移动公司等有关部门的领导于22时30分前赶到沙窑乡政府参加森林火灾扑救现场会，研究制定扑救森林火灾方案。22时30分至27日1时50分，王晓然在辉县市沙窑乡主持召开新乡市政府森林火灾扑救现场会，两级指挥成员单位及辉县市主要领导参加，听取火灾情况汇报，认真分析火情，制定科学扑救方案。27日7时，火场扑救人员达到600人。至10时05分，火场明火全部被扑灭。经查，本次火灾过火总面积约550亩，烧死烧伤树木2万余株。为扑救本次火灾，出动车辆80余台次，出动扑火人员600余人次。

火灾是由村民上坟烧纸引起。

伊川县酒后乡及江左乡森林火灾 12月24日，伊川县酒后乡及江左乡发生森林火灾。16时接到火情报告后，市护林防火指挥部办公室立即通知伊川县有关部门迅速启动乡级、县级扑救森林火灾应急预案，组织人员全力进行扑救。18时，由于突起大风，山火迅速蔓延，随时有失控危险。鉴于现场严重状况，市护林防火指挥部办公室迅速报请市指挥部主要领导批准，立即启动市级扑救森林火灾应急预案。晚18时至次日凌晨，市护林防火指挥部指挥长、市委常委、副市长高凌芝，副指挥长、市长助理李雪峰，副指挥长、副秘书长邢社军，副指挥长、市军分区参谋长王志平，副指挥长、市林业局局长张玉琪，指挥部成员、市林业局副局长张勤等有关部门领导相继赶赴火灾现场，与伊川县有关领导立即组成前线指挥部，全面负责火场扑救组织指挥工作。经450余名森林消防队员和当地干部群众奋力扑救，当晚19时左右，位于酒后乡火场田园村的一处火点被全部扑灭，1时左右，另一处位于路庙村的火点及位于江左乡塔沟村北山的火点，基本上得到控制；剩余山顶部分明火，由于大风天气及夜间地形复杂等原因，出于安全考虑，前线指挥部重新调整扑救方案，决定安排专人看守，其他扑火人员退居安全地带，于天亮后发起总攻。25日6时，由洛阳军分区参谋长王志平率领的驻洛71282部队4个营300余名官兵及当地200余名干部群众和森林消防队员重新集结，兵分两路，迅速赶赴火灾现场，其中一路直达江左塔沟火点，一路经过迂回扑向酒后路庙火点。在全体部队官兵、森林消防队员及当地干群的奋力扑救下，路庙、塔沟两处火场分别于8时20分和8时50分被彻底扑灭。9时，扑火人员开始有组织撤离，留守部分森林消防队员看守清理火场。此次火灾，经该县护林防火指挥部办公室实地核查，总过火面积52公顷，过火地类基本上为荒山荒草，部分地段有少量灌丛。火灾被扑灭后，市委、市政府于当日10时立即在伊川县召开全市森林防火工作紧急现场会，对当前森林防火工作做了进一步的安排部署。

林业调查规划与设计

一、概述

2008年，河南林业调查规划工作通过采取超前部署、提早行动、明确责任、细化规章、完善后勤、领导带头、民主决策、强化管理等措施，圆满完成了各项任务。

(一)各项工作开展情况

各项业务工作成效显著。主要是提交了“二个规章”、开展了“三项调查”、完成了“四项核查”、推进了“五项常规”工作、出台了“十三项办法”。

“二个规章”，即《河南省林木覆盖率指标调查与考评办法》、国家林业局下达的国家工程建设标准《农田防护林工程设计规范》；“三项调查”，即河南省第七次森林资源连续清查的技术培训、指导、检查、验收及成果上报，全省雨雪冰冻灾害森林资源损失调查评估和林权制度改革若干课题调查（调研）；“四项核查”，即林业生态省建设工程的核查验收、林业生态县建设验收、省辖市林业（农林）局2008年度目标综合核查、中德财政合作河南农户林业发展项目监测；“五项常规”工作，即年度飞播造林任务、林业工程咨询工作、59起涉林案件林业司法鉴定工作、主持河南林业工程建设协会的日常工作、政务公开工作；“十三个办法”，即《河南林业生态省重点工程检查验收办法》(包括九项工程检查验收办法)、《河南省雨雪冰冻灾害森林资源损失调查评估技术操作细则》、《河南省第七次森林资源连续清查技术操作细则》、《河南省森林资源流转及评估办法》、《中德财政合作河南农户林业发展项目监测办法》。

干部队伍建设切实加强。经林业厅批准，对河南省林业调查规划院内设机构进行了调整，新增了2个科室，规范了部分科室名称，38位同志晋升了职务，18位同志调整了工作岗位，使全院中层干部结构得到了优化，干部队伍的工作积极性和活力进一步显现。在干部调整中始终做到：严格执行《党政领导干部选拔任用工作条例》、充分发扬民主、认真把握干部选拔任职条件、积极推进干部交流轮岗。同时，加强了优秀专业技术人才的培养。2008年，有2名同志获得教授级高级工程师任职资格、6名同志获得高级工程师任职资格、5名同志获得工程师任职资格，3名同志通过考试获得注册类监理师、工程师、会计师任职资格。

综合管理水平明显提高。首先，管理制度进一步完善。印发了《在职职工再教育奖励办法》等10余项规章制度确保各项工作紧张有序、快速高效地开展。其次，内务管理进一步严格。坚持按章办事，全院招待用餐、用车、车辆维修、水电等费用得到严格控制，工程和物品采购实行"阳光作业"，严格遵守财务纪律。其三，办公设备进一步改善。完成了各科室办公室房间调整及大批办公用品的配置等工作。其四，保障能力进一步提高。81号院内绿化、卫生、水、电、暖、闭路电视、安全保卫、卫生保洁、花卉更新等综合管理工作得到加强。所有车辆全年安全行驶，档案资料整理井然有序，报刊信函分发准确及时。其五，对外宣传进一步扩大。编发简报13期，印发1600余份。通过努力，中国绿色时报、国家林业局网站和省林业厅政府网站等媒体加强了对规划院的报道。在《河南日报》刊登规划院改革开放30周年成绩宣传专版（12月18日7、8版），营造了良好的舆论氛围。

党的建设做到求真务实。加强了政治理论学习。院党总支组织全院干部职工深入开展了"新解放、新跨越、新崛起"大讨论活动和学习实践科学发展观活动。在专题活动过程中，院里结合工作实际，创新学习形式，丰富学习内容，实行以点带面，发挥了示范作用。

加强了党风廉政建设。完成了院总支及所属三个支部的换届选举工作。实行"一岗双责"和"一票否决"，认真执行责任追究制度。层层分解落实党风廉政建设责任目标，做到了一级抓一级、层层抓落实。

严格了干部廉洁自律。提高了民主生活会质量，对国庆等节日期间的廉政建设作出了专门部署。通过经常性、多种形式的党风、党纪和廉政教育，使全体党员进一步认识到了廉政建设的重要性，提高了新形势下拒腐防变能力。

（二）工作措施特点

针对2008年规划院工作任务艰巨、意义重要、责任重大的实际，院里在工作时间、工作质量、问题处置、内务管理方面狠下工夫，力求实效。

在时间上抓得"紧"。院领导根据工作实际全面考虑、统筹安排了2008年度工作任务，紧张有序地开展了各项工作。如：2月4日（农历腊月二十八日）、2月12日（农历正月初六），院领导成员和许多技术人员两次讨论、修改林业生态省建设工程检查验收办法，2月19日及时上报省林业厅，并以正式文件印发各地。

一年来，无论是"三伏"炎夏天，还是"三九"寒冬日，抑或是节假日，全院职工人员加班加点，确保了各项工作的按时完成。

在质量上要求"高"。《河南林业生态省建设重点工程检查验收办法》等15项办法（细则）的制定，都经过拟稿、讨论、修改、再讨论、再修改等许多环节，数易其稿，从结构、语言、标点符号、引用标准等方面进行了认真推敲。在各类调查和核查中，不但注重加强对技术人员的业务技术培训，而且注重加强他们的思想政治教育和纪律作风整顿，制定了《林业调查规划设计质量事故责任追究暂行办法》并严格执行。在内业汇总中，规划院及时召开协调会议，统一时间、统一技术标准，确保了各项核查和调查工作成效。在工程咨询设计方面，总工办加强了咨询成果的审核把关，提高了质量水平。

在处置上把握“严”。2008年是林业生态省建设规划实施第一年。各地在工程自查上报材料和工程实施中存在工程项目重复上报、统计汇总出入大、核查任务量繁重等问题。对此，各工程核查组边核查、边请示、边上报。发现问题后，院多次召开领导班子和部分高级技术人员会议，提出解决意见。然后，根据研究意见及时向林业厅领导和厅生态省工程协调领导小组报告，并及时把厅领导指示精神和问题解决办法传达给每个核查人员，要求认真执行林业厅的决定，不允许有任何变通，确保了这些问题的处理在技术标准和操作规程方面的统一。

在实战上承受“苦”。一类森林清查和生态省工程核查的外业工作均在5~9月的炎热多雨天气进行。工程技术人员迎风雨、战酷暑，晴天几身汗、雨天几身泥，没有丝毫退缩。核查期间，大家每天野外工作达10个小时以上，晚上回到住地，又要加班加点整理当天的调查资料，付出了艰辛和汗水。如：在森林清查外业调查时，为了准确调查洛阳市嵩县的1808号样地，院森林清查指导人员同市、县技术人员一道，周转反折，准确引线，找到样地。由于地形极其复杂，调查进行异常缓慢，他们饿了吃方便面，渴了喝山泉水，困了就在山上野外宿营，紧紧张张地工作了5天才将各项因子调查完。在审核各地生态省工程上报材料、整理森林清查外业表格、汇总生态省核查成果等工作中，院领导成员和技术人员一起，放弃节假日休息，晚上加班至深夜，一遍又一遍地核对大量数据。

在管理上注重“实”。在日常管理工作中，无论是内设机构的调整、科级干部的选拔，还是管理制度的完善、优秀人才的培养；无论是81号院综合管理，还是各种调查设备的购置，都坚持从调查规划院的工作开展和长远发展出发，注重经济效益和社会效益协调发展。对厅党组安排的各项工作和院里的重大事项，调查规划院都及时召开院长办公会议，做到充分讨论、民主决策，提高了各项决策的科学性和措施制定的针对性。

在紧张工作之余，为丰富职工业余文化生活，充分做到劳逸结合，院党总支组织全院职工开展了形式多样的文体活动，促进了和谐单位建设。

二、纪实

省林业厅考核院领导班子履行2007年度职责情况 1月4日，省林业厅副厅长王德启等领导亲临规划院，对规划院完成2007年工作目标任务情况和领导班子成员履行职责情况进行考核。院长曹冠武代表规划院领导班子作了2007年度工作情况的报告，院党总支书记雷跃平作了党风廉政建设情况的报告。院领导田金平、肖武奇、赵建新、郭良等出席会议。

林业工程咨询工作 1~12月，完成了79个项目（工程）的可行性研究、总体规划、初步设计工作和82项工程使用林地的调查、报告编制工作。

规划院召开2007年度工作总结表彰会议 2月4日，规划院召开2007年度工作总结表彰会议，回顾2007年度工作成绩，部署2008年度工作任务。厅领导谢晓涛出席会议并讲话。院领导曹冠武作工作报告。会议由院党总支书记雷跃平主持。院领导田金萍、肖武奇、赵建新、郭良出席会议。会议传达了全省林业生态省建设工作会议和全省省辖市林业局长会议精神，表彰了2007年度先进科室、先进个人、获得国家和省工程咨询优秀成果奖的项目负责人、考取全国注册咨询工程师的技术人员。

院领导春节前夕走访慰问老干部及困难职工 2月5日（农历腊月二十九日），院领导曹冠武、雷跃平、田金萍、肖武奇、赵建新、郭良带领有关科室负责人，走访慰问离退休老干部、困难职工共计27人，给他们送去了节日慰问品、慰问金。

规范和调整内设机构工作进展顺利 2月15日~3月31日，依据省林业厅《关于省林业调查规划院规范和调整内设机构的批复》（豫林人文［2008］7号）精神，规划院对内设机构进行了调整，设立了林业工程咨询与决策专家委员会，保留原有16个科室，新增2个科室，规范了部分科室名称，调整、任命科级干部45名。调整后，院18个内设机构分别为：工程标准与质量管理办公室、总工程师办公室、办公室（含工会）、人事科、计划财务科、森林资源评估和管理站、图书资料室、林业经济开发办公室、林产工业与园林景观设计所、综合调度科、飞播营造林管理站、生态质量监测站、野生动植物与湿地监测站、林业工程咨询设计所、外资项目监测站、林业信息管理中心、营造林核查管理办公室、林业工程监理所。

2008年党风廉政建设和反腐败工作 3月3日，规划院召开全体职工会议，传达《河南省林业厅2008年党风廉政建设和反腐败工作意见》（豫林监［2008］号）精神，部署全院2008年党风廉政建设和反腐败工作。院总支书记雷跃平主持会议。院长曹冠武发表讲话。院领导田金萍、肖武奇、赵建新、郭良出席会议。

《河南林业生态省建设重点工程检查验收办法》印发 3月，省林业厅以豫林调［2008］22号文件印发《河南林业生态省建设重点工程检查验收办法》。该办法由规划院组织36名工程技术人员历时50余天编制完成，内容包括山区生态体系建设工程等9项工程的检查办法，为林业生态省各项工程建设、验收的标准和依据。

全省森林资源雪灾损失调查评估工作 3~7月，规划院编制了《河南省雪冰冻灾害森林资源损失调查评估实施细则》，培训雪冰冻灾害森林资源损失调查评估学员40余名。规划院工程技术人员分赴信阳、南阳、三门峡、洛阳等11个市78个县（市、区）、国有林场、自然保护区、森林公园，现地组织培训和指导雨雪灾害森林资源损失调查评估工作，并针对性地开展典型调查，做出客观、全面、准确的评估。

举办全省“创建林业生态县”县级自查培训班 4月上旬，按照省林业厅的部署，省林业工程建设协会、省林业调查规划院在郑州举办了全省林业生态县县级自查培训班。开班仪式由曹冠武院长主持。省林业厅副巡视员谢晓涛在开班仪式上发表讲话。本年度拟创建林业生态县的林业局负责人、技术人员、规划院培训上挂及聘用人员共140人参加了培训。

开办中德财政合作河南省农户林业发展项目监测培训班 4月28~30日，中德财政合作河南省农户林业发展项目监测培训班在郑州举行。培训由国际造林监测专家夏德博士（Dr.SHADE）和项目首席专家斯蒂文先生（Mr.STEVEN）主持，培训采取室内和室外相结合的方式，来自省林业厅项目办公室、林业调查规划院及鲁山、嵩县、南召、卢氏4县林业局的30余名技术人员参加了培训。

河南省开展第七次森林资源连续清查 4~7月，规划院培训市、县技术人员1200多名；历时90余天，指导各地完成森林清查样地外业调查10355个；完成了41475个遥感样地判读工作，顺利通过国家林业局华东院的验收并评定为优级。

积极开展“送温暖、献爱心”活动 5月，四川汶川特大地震发生后，全院职工弘扬团结互助、扶贫济困的传统美德，在工会的组织带领下，积极开展了捐款捐物活动，前后两次共捐款135450元，交特殊工会费10000元，捐赠帐篷66顶、新棉被31床、衣物227件。

举办河南林业生态省建设重点工程质量稽查培训班 5月28~30日，河南林业生态省建设重点工程质量稽查培训班在郑州举办。来自省林业厅相关处室和单位的学员认真学习了《河南林业生态省建设重点工程检查验收质量稽查办法》、《河南林业生态省建设重点工程检查验收办法》和地形图及GPS在林业中的应用等知识，并到惠济区进行了现地实习，为顺利开展林业生态省建设重点工程质量稽查工作打下良好基础。

省委巡视组莅临规划院视察指导工作 5月22日，省委巡视组孙金全、靳功学、王丰一行，在省林业厅纪检组长乔大伟一行陪同下，亲临规划院视察工作，并召开了座谈会。院领导曹冠武、雷跃平、田金萍、郭良、郑晓敏和副科以上干部参加了座谈会。

全省飞播造林作业 6月21日~8月4日，飞播营造林工作站在精心设计、充分准备的基础上，全面推进了飞播造林施工作业，共作业面积24.8万亩（其中宜播面积20.5万亩），是省林业厅下达2008年度20万亩任务的124%。

省级精神文明单位年度复查 7月5日，市、区两级精神文明建设委员会对规划院省级文明单位创建工作进行了年度复查。在听取汇报、实地考察后，复查组认为，规划院的精神文明创建工作领导重视，机制完善，制度健全，措施得力，符合省级文明单位复查验收标准。

“新解放 新跨越 新崛起”大讨论活动 7~10月，规划院按照省委八届八次全会和《河南省林业厅开展“新解放、新跨越、新崛起”大讨论活动实施方案》要求，广泛开展大讨论活动。

河南林业生态省建设工程核查 7月20日~10月30日，规划院抽调110余名工程技术人员，分两个批次，历时3个月，完成了18个省辖市165个单位（县、市、区、国有林场）、涉及8个重点工程约155.5万亩的核查任务，以及内业数据的汇总、统计及核查报告的撰写工作。

两个项目荣获全国林业优秀工程咨询成果奖 7月，中国林业工程建设协会公布了2008年度林业优秀工程咨询成果奖获奖名单（林建协［2008］22号），《河南林业生态省建设规划》获一等奖。由规划院自主研发的《河南省森林资源规划设计调查信息管理系统》（计算机软件）获全国林业优秀工程咨询成果三等奖。

深入开展学习实践科学发展观活动 10月7日，规划院通过建立“六有”学习制度（学习有计划、有笔记、有体会、有交流、有考勤、有检查）、倡导“六带”务实学风（领导带头学、带着问题学、带着任务学、带着感情学、带着压力学、带着目标学），确保学习实践活动取得实效。

2008年林业生态县省级检查工作 10月11~28日，规划院抽调100多名工程技术人员，组成25个检查验收组，依据《河南省林业生态县检查验收办法》（豫林办［2006］136号），对符合申报条件的中牟、新密、栾川、嵩县、西峡、卢氏、桐柏等25个县（市、区）的林业生态县建设进行全面检查验收。

完成中德财政合作河南省农户林业发展项目省级监测 10月，由规划院承担的中德财政合作河南省农户林业发展项目省级监测工作全面展开。该项目在河南省嵩县、鲁山、卢氏、南召4县实施。2008年度上报面积5996.9公顷，抽查面积2236.4公顷，占上报面积的37.29%。此次监测共涉及32

个乡（镇）72个行政村274个小班。

省司法厅直属司法鉴定机构2008年度行风考核 11月14日，省司法厅法制仲裁和司法鉴定处一行3人，到河南林业司法鉴定中心对行风建设进行考核。

省辖市林业（农林）局2008年度目标综合核查 12月15~23日，抽调96名工程技术人员组成18个核查组和6个质量检查组，对2008年度各省辖市的林业精品工程、科技示范园、征占用林地、森林采伐限额执行情况等项目进行了核查。

林产工业与景观设计所获河南省“青年文明号” 12月，共青团河南省委、河南省青年文明号活动组委会下发《关于命名和认定2007年度河南省青年文明号、青年岗位能手的决定》(豫青联[2008] 77号)。规划院林产工业与景观设计所获河南省“青年文明号”。

推荐全省森林资源连续清查工作先进集体、先进个人 12月，规划院向河南省人民政府推荐，在2008年开展的第七次森林资源连续清查工作先进集体、先进个人名单。

完成《河南省林木覆盖率指标调查与考评办法》编制 12月，完成《河南省林木覆盖率指标调查与考评办法》的编制工作。

林业科研

一、概述

2008年，河南省林业科研工作坚持以邓小平理论和“三个代表”重要思想为指导，深入学习贯彻科学发展观，全院干部职工团结奋进，开拓创新，扎实工作，在科学研究、创新能力建设、科技开发创收、服务中心工作等方面均有新的进展，取得显著成绩，圆满完成了全年工作目标任务。

（一）科研工作全面推进

在过去的一年里，河南省林业科学研究院（简称林科院）新争取国家及省、市各类研究项目32项，科普项目13项。其中国家林业公益性行业科研专项项目“适宜房顶绿化的高效节水型木本植物良种选育研究”单项经费197万元，河南省重大公益项目“生物质能源资源开发应用研究与示范”单项经费200万元。同时，承担了郑州市森林生态城生态监测体系建设项目，投资总额324万元。

全年验收、审定项目7项，其中“948”项目“欧洲李高产、优质、抗病新品种及加工技术引进”、“温室害虫天敌生产和释放技术引进”通过国家林业局验收；国家林业局重点项目“楸树新品种区域化试验”、“中国黄连木良种选育与试验示范”、“刺槐优良无性系抗逆性区试”通过由国家林业局委托省林业厅组织的验收；国家林业局标准项目“连翘丰产栽培技术规程”通过国家林业局审定。“河南省杨树黄叶病病因及发生规律研究”获得突破性进展，通过专家现场验收。

“华北石质山地水分特征及旱地造林技术研究”和“木通属植物种质资源收集、类型划分与果胶提取技术研究”均获2008年度河南省科技进步二等奖。“温室害虫天敌生产和释放技术”、“无花果品种筛选、高产栽培及产品加工利用技术”通过河南省科技厅鉴定；“杜鹃栽培技术规程”等5个地方标准通过河南省审定。新承担并实施科普传播工程项目13项，举办技术讲座36场，发放技术资料8000册，先后派出科技人员18人次参加了科技厅组织的三场大型科普活动。

（二）科研基础设施建设成绩斐然

一是成功申请到河南省大型仪器购置资金120万元和实验室建设经费50万元，购置了流式细胞仪、凯氏定氮仪和冷冻切片机，目前已经通过政府统一采购，购置合同签订完毕。二是完成省科技厅对重点实验室验收的准备，包括对实验室各种规章制度进行修改完善和上墙，对走廊内的宣传展板根据最新科研成果进行了改版更新，对新引进仪器设备操作规程予以补充，编制完成汇报材料。三是加强了河南林业生态定位观测体系建设，已完成全省林业生态定位观测站建设总体规划设计和站点布局，启动了郑州、禹州、西平、灵宝等站点的建设工作，首批资金470万已到位。四是完成林科院网络机房整修及硬件设备更新工作。五是完成林科院图书资料室搬迁、装修及更新书架等工作。

（三）林产品质检工作迈出新步伐

首次作为牵头单位编制的《流通领域人造板商品质量检测实施方案》，通过国家工商总局审定，并在全国实施。完成人造板等定检与委托检测125个批次，共抽检森林食品等新扩检项目30个批次，并与浙江省质检站开展了比对试验，进一步巩固和完善了检测能力。开展了科研项目委托测试工作，共协助完成科研项目检测1200多个数据的测试。开展了国家林业局林产品测试中心的申报准备工作，借鉴外省的申报情况与经验，基本完成了有关申报材料的起草。加强了人员培训，有2位同志获得全国工业产品生产许可证国家注册审查员资格证书。

（四）科技开发工作成效明显

一是高质量完成“郑州市石榴种质资源保护小区”造林工程。施工区位于荥阳市广武镇楚河汉界历史名胜区，跨越4个行政村，造林地沟壑纵横，水浇条件极差，施工总面积达8500余亩，总投资3000余万元。这是郑州市委、市政府的重点工程，也是林科院首次承揽的超千万元的绿化工程。为了确保高标准、高质量的完成该工程，林科院组织了大批的中层干部和技术力量，制定了周密的项目实施方案，克服了种种困难，顺利完成造林任务，造林成活率达到85%以上，成为2008年郑州市同类工程的样板，受到领导的好评。实现了林科院科技开发的历史性突破。二是完成春季苗木生产与销售工作。按照年初制定的生产销售计划，春季嫁接灰枣苗近20万株，薄壳核桃苗近5万株，在人手少、时间短、任务重的情况下，销售新郑灰枣、紫薇、杨树、黄杨等苗木近15万株，销售收入30余万元，并向造林工地提供紫薇、大叶女贞、法桐等苗木1万余株，有力地支持了工地苗木栽植，并进一步降低了工程建设的成本，提高工程利润。

（五）对外合作交流不断拓宽

一年来，对外合作交流工作取得显著成绩。先后有四川、重庆、广西、中南林业科技大学等院所、高校的林业专家、领导来林科院开展学术交流与技术合作。与日本和歌山大学、韩国国家林业研究所开展了板栗、核桃品种交换，与加拿大生物质能源开发公司开展了文冠果栽培种植技术研究。邀请中国工程院院士尹伟伦和奥地利林学专家来林科院作学术报告，对提高科研水平，开阔科技人员视野，起到了积极推动作用。由于林科院在对外科技交流中成绩突出，被省人事厅和省外国专家局授予“引智先进集体”称号。

（六）成功举办林科院建院五十周年系列庆典活动

为了总结林科院成立50周年的业绩，组建了庆祝建院50周年活动筹备领导小组及办公室。先后编制了《五十周年纪念画册（1958~2008）》、《科研项目及成果汇编（2004~2008）》、《河南省林木种质资源保护与良种选育重点实验室》等资料，印制了纪念建院50周年邮政贺年卡。邀请奥地利农业大学皮特勒教授来林科院作学术报告，举办河南省林科院第二届青年优秀论文评选等系列活动。同时于12月19日上午，隆重举行了建院50周年纪念活动，林科院在职职工、退休老同志及多方嘉宾参加了庆典仪式。参加庆典仪式的领导有省林业厅厅长王照平、副厅长丁荣耀、省科技厅副厅长彭亚芳等。王照平厅长、彭亚方副厅长分别发表讲话。对林科院50年华诞表示祝贺，对50年来林科院为全省林业建设所做的积极贡献给予了充分的肯定和高度的评价。同时，针对目前林业发展的新形势，对今后的工作提出了新的要求和希望。

二、纪实

林科院“郑州市森林生态建设石榴种质资源小区项目”全面启动 2月13日，由林科院豫林科技园林公司中标的“郑州市森林生态建设石榴种质资源小区项目”全面启动，项目总投资3000余万元，总造林面积8000余亩。

对外科技交流工作获得殊荣 4月10日，由于林科院在对外科技交流中成绩突出，被省人事厅和省外国专家局授予“引智先进集体”称号。

向四川地震灾区开展“爱心捐助”活动 5月14日，积极按照上级有关部门的号召，迅速行动，林科院向四川地震灾区开展“爱心捐助”活动。院全体党员、干部职工及退休老同志两次捐款累计达102046元，列全厅前列，充分体现了“一方有难，八方支援”的精神。

林科院党总支被河南省委授予“全省‘五好’基层党组织”荣誉称号 6月29日，林科院党总支被河南省委授予“全省‘五好’基层党组织”荣誉称号。

林科院党总支获得林业厅直党委表彰 7月11日，林科院党总支被林业厅直党委授予2007年度“‘五好’基层党组织”和“‘五好’基层党组织标兵”荣誉称号。

“河南省林业生态效益价值评估（2007年）项目”通过省政府组织的评审 10月19日，由林科院等单位完成的“河南省林业生态效益价值评估（2007年）项目”通过省政府组织的评审。2007年河南省林业生态效益达3929亿元。

林科院获准承担河南省重大公益性科研计划项目 11月6日，在省财政厅、省科技厅组织的2009年度河南省重大公益招标中，林科院申报的“河南省黄连木、椋子木、蓖麻等生物质能源研究开发及示范”项目中标，经费200万元。

河南省林业生态定位网络建设项目正式立项 11月11日，经省林业厅批准，林科院申报的河南省林业生态定位网络建设项目正式立项，项目总投资470万元。

创建省级文明单位获得成功 11月14日，林科院被省委、省政府授予“省级文明单位”荣誉称号。

奥地利自然资源和应用生命大学教授应邀作学术报告 11月17日，奥地利自然资源和应用生命大学教授皮特勒先生应邀在林科院作题为“新技术在促进林业可持续发展中的重大作用”学术报告。

林科院“郑州市森林生态建设石榴种质资源小区项目”通过第二次复查验收 至11月底，郑州市森林生态建设石榴种质资源小区项目通过第二次复查验收，造林成活率达到90%。

举办建院50周年院庆活动 12月19日，林科院隆重召开建院50周年庆典大会及系列庆祝活动。

种苗、花卉和经济林建设

一、概述

2008年是河南林业生态省建设规划实施的第一年，全省造林任务600万亩，创历年新高。河南省经济林和林木种苗工作站紧紧围绕河南林业生态省建设这一中心任务开展工作，圆满地完成了年度各项工作目标。

（一）圆满完成年度生产、建设任务

2008年全省共完成大田育苗42.8万亩，占年度任务30万亩的142.7%；完成容器育苗1亿袋；采收各类林木种子128万公斤，占年度任务100万公斤的128%；新发展经济林16.5万亩，占年度任务15万亩的110%。

林木种质资源建设取得良好成效。利用400万元林木种质资源省级专项资金，积极开展珍稀濒危及名特优品种的收集保存工作，建设总面积3079亩，保存树种、品种46个。其中原地保存林750亩，异地保存林2329亩（包括收集区1029亩，繁殖圃1070亩，示范林200亩，采穗圃30亩）。

省级林木种苗示范基地综合楼主体竣工。

（二）坚持“创新机制、公平竞争、阳光操作、择优扶持”的原则，保证优质种苗培育工作顺利完成

优质种苗生产扶持政策面向全省国有、集体、民营等各种所有制的林木种苗生产单位，作为公共资源与市场经济接轨的一次尝试。我们采取多种措施，以确保扶持资金使用效果。一是逐级申报，层层筛选；二是公平评选，网上公示；三是签订协议，明确责任；四是技术指导，强化服务；五是严格验收，跟踪稽查。一系列有效措施保证了扶持政策的顺利实施，大大调动了广大林农育苗的积极性，达到逐步调节树种结构、满足林业生态省建设多样化苗木需求的目标。2008年全省198个生产单位签订了优质林木种苗培育协议，共培育63个树种、6100万株优质林木种苗。

（三）及时发布种苗信息，做好种苗余缺调剂

为配合造林工作的开展，全省各级种苗管理部门建立种苗信息快报快传制度，明确专人收集、整理、发布种苗信息。今春造林季节，省经济林和林木种苗工作站在河南林业信息网先后发布种苗信息5期，调剂苗木1.6亿株，调剂种子20万公斤。

（四）加强种苗执法，进一步规范种苗执法行为

一是把好种苗市场准入关。继续做好“一签两证”发放工作，上半年全省共发放生产许可证512份，经营许可证460份，标签2万余份。二是严把造林质量关。春季造林时期，以省林业厅名义下发了关于对全省工程造林苗木质量抽检的通知，由省林木种苗质量监督检验站派出3个工作组，对新乡、安阳、洛阳、三门峡、开封、商丘等6市18个县的工程造林苗木进行了抽检。共抽取苗批60个，苗木合格率达90%以上。其他省辖市也开展了自查活动，抽检苗批211个，涉及53个县。三是搞好业务培训，进一步提高种苗执法水平。在郑州举办了一期林木种苗管理检验培训班，来自各省辖市及重点县从事种苗管理和检验的骨干人员以及部分重点种苗生产企业的技术人员参加了培训。四是加强调查研究。上半年，省经济林和林木种苗工作站组成3个检查组采取听汇报、查档案、与种苗生产经营者座谈以及现场查看等方法，先后对安阳等8个省辖市的林木种苗法制建设、机构建设、种苗质量监督、种苗市场监督及林木种苗扶持政策落实情况进行了检查，进一步提高了各地的种苗执法意识和执法水平。

（五）加强林木种苗工程项目管理，确保建设质量和成效

坚持“严管林，慎用钱，质为先”的原则，切实抓好种苗工程建设。一是于7月4日，配合林业厅计财处召开了2008年度种苗工程建设项目初步（作业）设计评审会，从技术路线、技术方案、资金管理等方面对种苗工程项目进行评审。二是按照国家林业局《关于开展全国林木种苗工程项目检查工作的通知》精神，组织全省对2000年以来国家批复建设的林木种苗工程项目进行全面自查。三是于9月下旬，组织技术人员对2006年和2007年投资的项目进行重点检查。这一系列的措施，对提高种苗工程建设质量和成效起到了积极作用。四是积极争取国家对河南省种苗工程投资力度。结合河南省林业生态省建设需要，按照保重点、保在建、保收尾的原则，在考察论证的基础上筛选上报了一批林木种苗工程项目。争取种苗工程建设资金499万元，其中中央投资385万元。

（六）做好品种审（认）定工作

组织专家对2008年申报的25个林木品种及优良乡土树种进行了现场考察，如期召开了年度林木品种审定会，共24个林木品种 (含4个乡土树种) 通过审定。

二、纪实

召开全省林木经济林和林木种苗工作站长会议 2月22日，全省省辖市林木经济林和林木种苗工作站长会在郑州召开。会议对2008年度林木种苗工作目标、工作重点进行了部署，并根据全省造林实际，将年度育苗任务由25万亩调增为30万亩。会后，各市、县种苗管理部门认真贯彻全省经济林和林木种苗工作站长会议精神，积极落实育苗用种、育苗物资及育苗地块，确保了年度育苗任务的顺利完成。

国家下达河南省林木种苗工程投资499万元 2月27日，国家发展和改革委员会、国家林业局下达2008年林木种苗工程中央预算内专项资金投资计划（发改投资 [2008] 231号），批复河南省郏县侧柏良种基地等6个项目总投资499万元，其中：中央预算内385万元，地方配套114万元。

对全省工程造林种苗质量进行抽检　3月24日~4月10日，根据《河南省林业厅关于对全省工程造林苗木质量抽检的通知》，省经济林和林木种苗工作站派出3个工作组，对新乡、安阳、洛阳、三门峡、开封、商丘等6市18个县的工程造林苗木进行了抽检。共抽取苗批60个，苗木合格率达90%以上。其他省辖市也开展了自查活动，抽检苗批211个，涉及53个县。

组织开展种苗执法检查　4月，河南省经济林和林木种苗工作站组成3个检查组采取听汇报、查档案、与种苗生产经营者座谈以及现场查看等方法，先后对安阳等8个省辖市的林木种苗法制建设、机构建设、种苗质量监督、种苗市场监督及林木种苗扶持政策落实情况进行了检查，进一步提高了各地的种苗执法意识和执法水平。

举办全省林木种苗管理检验培训班　5月28~30日，来自各省辖市及重点县从事种苗管理和检验的骨干人员、重点种苗生产企业的技术人员共76人参加了全省林木种苗管理检验培训班。培训内容有种子、苗木检验，执法管理，种子的采收、加工，良种申报，种质资源建设等。培训结束后，省经济林和林木种苗工作站组织了林木种苗质量检验员考试。省林业厅为成绩合格人员颁发了林木种苗检验员证。

第八届中原花木交易博览会在鄢陵举办，河南省经济林和林木种苗工作站受表彰　9月28~30日，第八届中原花木交易博览会在鄢陵举办。本届花博会由国家林业局和省政府主办、省林业厅和许昌市政府承办，办展规格高、规模大，参展人数多。河南省经济林和林木种苗工作站代表林业厅在组织布展、召开花木高层论坛方面做了大量工作，被组委会授予“突出贡献奖”。本届花博会共展出花木产品1600多种，国内外2600多家客商参会参展，签约项目85个，签约金额138亿元。来自美国、荷兰及北京林业大学、中国农业大学的10余位专家教授在花木高层论坛上发表演讲，广大国内外客商、嘉宾互相交流，共谋产业发展大计。

《河南林木良种》一书出版发行　10月，《河南林木良种》一书出版发行。该书由河南省经济林和林木种苗工作站组织专业技术人员编写，主要内容是对2000年以来河南省审定的107个林木良种的品种特性、适宜种植范围和栽培管理技术进行总结，是对河南省林木育种成果的集中展示，对于全省种苗生产有着很强的指导作用。

河南省财政厅、林业厅下达2008年林业生态省建设优质林木种苗培育扶持资金　12月9日，河南省财政厅、林业厅联合下达了《2008年林业生态省建设优质林木种苗培育扶持资金的通知》(豫财办农［2008］325号)，决定对全省18个省辖市的198家国有、民营、集体等各种所有制的林木种苗生产单位下达扶持资金1200万元。2008年为河南林业生态省建设开局之年，也是优质林木种苗培育扶持政策在河南省实施的第一年。经过林业生态省建设优质林木种苗培育予以扶持的品种公示、任务下达、合同育苗、检查验收等工作程序，较好地完成了优质种苗培育工作。2008年可为林业生态省建设提供各类优质苗木6000余万株，优良树种、生物质能源树种、珍稀濒危树种等苗木生产比例得到提高，育苗的树种结构更趋合理。

召开2008年度林木品种审定会　12月27日，河南省2008年度林木品种审定会在郑州召开。省林木品种审定委员会主任委员、林业厅党组成员、副厅长丁荣耀出席会议，并对今后一个时期林木品种选育、审定和推广工作提出明确要求。本次审定会通过审定的选育（调查）单位和品种为：中国农业科学院郑州果树研究所选育的华玉苹果、中农金辉油桃、春蜜桃、春美桃、早红蜜杏，中国林业科学院经济林研究开发中心选育的中仁1号杏、味厚杏李，河南科技大学选育的玉西红蜜桃、双红艳桃，鹤壁市林业技术推广站选育的寿红桃，内黄县兴农果树栽培有限公司选育的内选1号杏，河南省林业科学研究院选育的新郑早红枣，桐柏县林业局选育的桐柏红油栗，中美园艺研究推广合作中心申报的吉塞拉8号樱桃砧木，焦作市林业工作站申报的博爱八月黄柿，林州市林业局选育的红花椒；河南省国有郏县林场申报的郏县侧柏种子园种子，商丘市林业技术推广站、民权林场选育的白皮千头椿，河南省林业技术推广站申报的中豫黑核桃Ⅱ号，新乡市林业技术推广站选育的豫新柳，济源市林木种子站申报的济源臭椿，平顶山市林木种苗工作站申报的舞钢枫杨，商丘市林业技术推广站、宁陵县林业技术推广中心选育的宁陵白蜡，安阳市林业技术推广站申报的安阳黄连木，共24个林木品种。

森林病虫害防治和检疫

一、概述

2008年，河南省林业有害生物防治工作在厅党组的高度重视和正确领导下，坚持“预防为主，科学防控，依法治理，促进健康”方针，认真组织实施国家级工程治理项目，严格实行目标管理和重点治理，加强能力建设，加大执法力度，各项工作都取得了较大进展，完成了年度目标任务。

（一）林业有害生物发生防治及“四率”指标完成情况

2008年共发生各种林业有害生物783.72万亩，发生率为12.12%；成灾面积7.01万亩，成灾率1.08‰，低于国家林业局下达的7‰的指标；应施监测面积114773.7万亩次，实际监测面积111681.2万亩次，监测覆盖率达97.31%；2008年预测发生面积824.3万亩，测报准确率95%，高于国家林业局下达的83%目标任务；完成防治面积643.6万亩（飞机防治达107.1万亩），其中无公害防治面积505万亩，防治率82.12%，无公害防治率78.4%，高于国家林业局下达的76%的目标任务；全省育苗面积60万亩，其中实施产地检疫55.8万亩，林木种苗产地检疫率93.1%，高于国家林业局下达的91%目标任务。

（二）测报工作稳步推进

据统计，全省有测报站点1261个，其中中心测报点158个（国家级中心测报点38个、省级中心测报点11个），一般测报点1103个。有专职测报员618人，兼职测报员1878人。全省严格落实联系报告制度，认真做好森林病虫害防治信息系统维护、森林病虫害防治软件应用、电脑联网及森林病虫害防治数据汇总上报等环节的工作，保证森林病虫害防治数据上报的及时性、准确性，保证国家及省内各级森林病虫害防治部门对病虫情基本面的把握，为防治决策服务，提高了重点防治效果。近年来，河南省的杨树病害种类越来越多，危害愈来愈严重。为详细掌握杨树病害的真实发生危害情况，全省自9月份开始，历时一个月，完成了杨树病害普查。全省共设置4739个标准地，监测代表面积1400万亩，通过外业调查、内业整理汇总等工作，查清了杨树病害的种类、分布及危害情况，拍摄了大量杨树病害照片，制作了大量病害标本，积累了大量的数据和资料，为河南省今后制定防治杨树病害预警方案、实施重点治理等工作提供了科学依据。截至12月底，全省各测报站点全年发布病虫情报1963期，8万多份。省森林病虫害防治检疫站全年共发送林业有害生物预报、虫情动态等22期，向中国森林病虫害防治信息网投稿22次。

（三）重点针对危险性林业有害生物，加强了检疫工作

2008年，全省加大检疫执法力度，在全面开展产地检疫、调运检疫、复检的同时，开展了全省林业植物检疫管理规范年活动，对产地检疫、调运检疫、执法行为、检疫资料管理、提升综合素质等方面进行具体的要求。从活动开展情况看，各地收到了良好的效果。同时，通过召开专题培训会议，培训检疫性林业有害生物防治知识，开展了美国白蛾、松材线虫病、苹果蠹蛾、枣食蝇等检疫性林业有害生物专项普查活动。在美国白蛾专项调查中，在濮阳市台前县发现疑似美国白蛾，分别上报了省政府和国家林业局。10月5日，国家林业局植树造林司吴坚总工程师赴台前县进行现场考察，并召开了由有关市、县政府、业务主管部门和森林病虫害防治机构人员参加的美国白蛾防控座谈会。10月9日，国家林业局林业有害生物检验鉴定中心派人赴台前县采集标本进行了鉴定，认定在台前县发生危害的害虫就是美国白蛾。截至10月底，濮阳市共药物防治20余万亩（包括辐射防治），绑草把防治越冬老熟幼虫0.46万亩。

（四）森林病虫害防治体系建设进一步得到加强

全省共有森林病虫害防治机构数量为158个，技术人员1186人。有专职检疫员688人，兼职检疫员669人。2008年，镇平县、唐河县、范县、滑县、柘城县、虞城县、沈丘县、正阳县、光山县、息县、信阳市浉河区、漯河市召陵区等12个县（区）达到省级标准站建设标准。截至2008年底，全省已建成省级标准站107个，国家级标准站30个。应急防控体系建设得到加强。光山县、息县积极争取财政资金，购置防治机械、农药，建立了森林病虫害防治队或防治公司；泌阳由县财政出资，每乡都配备一辆防火、防治车；濮阳市财政投入100万元，购置了车载式大型喷雾机6部。据统计，全省配备背负式喷雾器4383部，担架式喷雾器362台，喷烟机111台，大型喷药车17辆，车载喷药机13部，森林病虫害防治专用车67辆，摩托车77部，组建机动防治专业队30个，并已建成漯河市防控中心、罗山县防治公司、内黄县等森保公司以及登封市、濮阳县等30个林业有害生物防治专业队，全省已基本形成社会化服务体系，大大增强了各级森林病虫害防治部门的应急防治能力。

（五）开展无公害防治，控制重点部位病虫灾害，逐步实现林业有害生物灾害的可持续控制

一是禁止使用毒性高、杀虫谱广、污染环境的药剂，对于零星分散、传导性较强的林木提倡采用根际注药、阻隔杀虫等方式防治，对集中连片、不能用飞机防治喷药的林地提倡采用放烟、喷烟或喷粉方法防治，有天敌、条件适宜的地方提倡采用生物措施防治，防治药剂选用高渗苯氧威、苦烟乳油、灭幼脲、四霉素、BT粉剂等无公害药剂，大力推广杀虫灯防治技术。二是对于树体高大、集中连片的平原林区或山区，提倡采用大规模飞机喷药防治。为提高防治效果、降低防治成本、扩大无公害治理力度，省森林病虫害防治检疫站多次召开飞机联防会议，协调、解决飞防中出现的问题，防治用药采用阿维灭幼脲、苯氧威、森得保等生物及仿生制剂。2008年，焦作、新乡、鹤壁、济源、郑州、安阳、南阳、商丘、三门峡、驻马店、信阳、许昌12个省辖市开展了飞机防治工作，作业面积107.1万亩。

二、纪实

林业有害生物防治工作获得好成绩 3月，国家林业局对2007年林业有害生物防治绩效考核结果进行通报，河南省林业有害生物防治工作综合考评第二名，总得分为98分（林造发 [2008] 47号）。

省林业厅、气象局联合通知做好有害生物监测预报服务工作 5月16日，省林业厅、省气象局下发文件（豫林防 [2008] 103号），要求各地做好林业有害生物监测预报气象服务工作。

签署林业有害生物监测预报合作协议 5月，河南省林业厅、河南省气象局签署了“林业有害生物监测预报合作协议”，遵照“信息共享、合作研究、优势互补、平等互利、联合发布、服务林农”原则建立了合作关系，利用气象预报栏目向公众预报林业有害生物发生危害情况。

举办全省林业有害生物防治知识竞赛 6月，省森林病虫害防治检疫站组织开展了全省首届林业有害生物防治知识竞赛活动。18个省辖市和河南农业大学植物保护学院、省林业学校、省森林病虫害防治检疫站共21个代表队计84人参加，信阳市代表队获得团体第一名，郑州市、许昌市代表队获得团体第二名，南阳市、河南农大植保学院、商丘市代表队获得团体第三名。

国家林业局植树造林司总工赴台前考察美国白蛾情况 10月5日，国家林业局植树造林司总工程师吴坚赴台前县就当地发现的疑似美国白蛾情况进行现场考察，并与有关市、县政府和业务主管部门及森林病虫害防治检疫机构人员就美国白蛾防控问题进行了座谈。

国家林业局对台前疑似美国白蛾采集标本进行鉴定 10月9日，国家林业局林业有害生物鉴定中心派人赴台前县采集标本进行鉴定，认定台前县有害生物普查中发现的疑似美国白蛾就是美国白蛾。

获得省级文明单位称号 11月，河南省森林病虫害防治检疫站被中共河南省委、河南省人民政府命名为省级文明单位。

林业技术推广与乡站建设

一、概述

2008年，河南省林业技术推广站围绕“推动科学发展，坚持科技创新”这一主题，把加强全省林业科技推广体系建设作为科学发展的重点，把实施国家、省重点科技推广项目建设作为科学发展的载体，强化科技示范与推广、中试网络、重点工程区林业站建设和林政案件稽查工作，圆满完成了年度目标任务。

（一）全力推进林业技术推广体系建设

为认真做好《河南省人民政府关于深化改革加强基层农业技术推广体系建设的实施意见》（豫政[2007] 78号）的贯彻落实工作，年初召开了全省省辖市林业技术推广站站长座谈会，交流经验，查找不足，研究措施和办法。在全省林业局长会议上王照平厅长对认真贯彻豫政 [2007] 78号文件精神作了部署，并对加强全省基层林业技术推广体系建设工作提出了具体要求。同时，按照省人大对“一法一办法”贯彻落实情况进行专题调查的要求，组织人员深入基层开展调研，写出了专题调研报告，并向省人大作了专题汇报。按照国家林业局下达的年度林业技术推广中心站项目建设任务，组织人员督促实施，完成了国家林业局2007年度为河南省商丘市梁园区等8个市县推广站配置的127台（套）设备发放工作，并向国家林业局申报了12个市、县推广站作为2009年科技推广中心站建设项目计划。

（二）促进新品种、新成果引进与中试工作

为加快全省林业科技推广中试基地网络建设，在充分论证的前提下，因地制宜地规划了全省中试网络，划定了6个区域，并且启动了其中4个区域基地建设的前期筹备工作。先后引进“中豫青竹复叶槭”、“黑核桃2号”等良种及GGR系列植物生长调节剂10~12号等6项科技成果进入中试基地开展扩展试验。新品种、新技术中试、示范区和资源保存扩繁区建设稳步推进，共栽植各类树木8万余株。主持完成的“复叶槭新品种选育及栽培技术研究”项目获省科技进步二等奖，“黄连木种子小蜂发生规律及综合防控技术集成研究”项目通过省科技厅组织的专家评审及成果鉴定。

（三）狠抓国家和省级科技推广等项目实施工作

作为技术依托单位，发挥科技支撑作用，认真抓好国家和省级林业技术推广项目的组织实施工作。在国家林业局下达的中原主干路网水土保持技术示范与推广重点推广项目实施地商丘市，完成主干路网水土保持示范林6公里，达到预期效果，并通过国家林业局科技司组织的专家组验收。承担的国家林业局“黄连木等能源林高效培育技术研究”项目，完成了试验与示范林建设的年度任务。制定的“黄连木栽培技术规程”行业标准已通过国家林业局组织的专家审查，并上报国家林业局审批、公布。结合承担的省科技扶贫项目开展送科技下乡活动，组织专业技术人员到实施地开展培训与指导3次，举办科技讲座12次，培训林农8000人次，印发林业技术资料13000余份；为解决“技术棚架”问题，编印了《河南林业科技推广》12期，印发8000余份，免费向全省推广系统和一批林业专业户无偿发放。同时，积极申报中试与星火、日本政府贷款河南省造林项目科研课题、科技成果与转化等项目8个。

（四）重点工程区林业站建设步伐加快

按照国家林业局的要求，为确保重点工程区林业站建设项目物资配备和管理到位，实行了省、市、县三级项目管理责任制，由国家林业局统一采购配发河南省修武、扶沟等6个县170台（套）办公自动化设备，86台业务设备，48辆交通工具等设备已全部分配到位。配合国家林业局林业工作总站完成了对河南省2007年度重点工程区林业站建设项目的检查验收工作。同时，完成了2009年重点工程区林业站河南项目的筛选和推报工作。

（五）加大林业行政案件稽查力度

为提高林业行政案件稽查督办工作质量和案件办结率，更好地发挥在林业生态省建设中的保障作用，按照“谁接报、谁负责”的稽查督办工作原则，全年共受理领导批办、上级督办、群众来信、来访等重大林业行政案件23起，其中，林权争议件1起，国家林业局督办件8起，省纠风办批转件1起，厅纪检组批转件1起，群众来信举报12起，已办结上报、反馈案件22起，督办中1起，案件办结率达95%。

二、纪实

编辑《豫石榴1号栽培管理技术》教育专题片　5月，按照省委宣传部、省林业厅关于开展送科技下乡的要求，组织专业技术人员认真做好省现代远程教育“豫石榴1号栽培管理技术”专题片的拍摄、编辑工作，并完成制作任务。

张玉洁荣获省直机关“十佳自主创新共产党员”称号　6月26日，省委省直工委作出《关于表彰省直机关“十佳优秀共产党员”和“十佳自主创新共产党员”决定》（豫直文［2008］33号），省林业技术推广站张玉洁被评为省直机关“十佳自主创新共产党员”。

组织开展调研活动　11月3~14日，组织人员赴有关地市针对《基层林业机构建设在生态省建设中的地位和作用》、《河南省生态能源林现状与科学发展战略探讨》、《河南省林业系统贯彻落实农业技术推广法及实施办法情况调研》三个课题开展了调研工作。

“复叶槭新品种选育及栽培技术研究”项目获省科技进步二等奖　11月24日，由省林业技术推广站主持完成的“复叶槭新品种选育及栽培技术研究”项目获省科技进步二等奖。证书号[2008-J-051-D01/07]。

“黄连木种子小蜂发生规律及综合防控技术集成研究”项目通过省科技厅成果鉴定 12月30日，由省林业技术推广站主持完成的“黄连木种子小蜂发生规律及综合防控技术集成研究”项目通过省科技厅组织的专家评审及成果鉴定（豫科鉴委字2008第1020号）。

河南省退耕还林和天然林保护工程管理

一、概述

2008年，退耕还林和天然林保护中心认真落实科学发展观，以提高退耕还林工程、天然林保护工程和公益林管理质量为目标，努力抓好各项工作落实，较好地完成了各项工作任务。

（一）顺利完成了年度退耕还林工程造林任务

2007年度国家下达河南省退耕还林工程荒山荒地造林任务80万亩，退耕还林和天然林保护中心及时编制了《河南省2007年度退耕还林实施方案》，经国家林业局审批后，于2008年4月底之前全面完成。根据省林业调查规划院2008年度河南林业重点工程核查报告，退耕还林工程荒山荒地造林年度计划任务完成率为96.92%，上报面积合格率94.77%。

（二）成功组织了退耕还林工程年度省级复查任务

为检查河南省退耕还林质量情况，5月中下旬，退耕还林和天然林保护中心组织省辖市、县工程技术人员54人，分成27组，历时20天，对2002年至2004年退耕地还林保存情况、2004年荒山荒地造林保有情况、2007年荒山荒地造林任务完成情况等共136个县24.4万亩的面积进行省级复查。复查结果：合格率全部在95%以上。

（三）顺利完成巩固退耕还林成果专项规划编制工作

根据《国务院关于完善退耕还林政策的通知》精神，按照国家发展和改革委员会等五部、委、局的要求，退耕还林和天然林保护中心开展了巩固退耕还林成果专项规划中补植补造和后续产业发展两项子规划的编制工作。根据此项规划资金量大、涉及部门多、政策对林业系统限制较多的情况，省退耕还林和天然林保护中心及时召开了省辖市和县级共130多人的培训会，学习讨论有关办法、规定；同时又派出三个指导组，到重点省辖市和重点县进行指导。河南省的巩固退耕还林成果总体规划已由国家五部、委、局于11月3日正式批准实施。

（四）圆满完成退耕还林工程阶段验收工作

根据《国家林业局关于开展退耕还林工程退耕地还林阶段验收工作的通知》(林退发［2008］25号) 精神，8月份，省退耕还林和天然林保护中心和省林业调查规划院共同组织市、县技术人员，完成了全省41.16万亩补助期满退耕地阶段验收工作，并及时上报国家林业局申请重点核查。经国家林业局华东林业规划院重点核查：河南省退耕还林原补助到期面积保存率99.4%，管护率达100%，建档率100%，确权发证率为90.66%，成林率为82.2%，分别比全国平均数高0.3、3、0.1、6.5、20个百分点。

（五）有序开展退耕还林工程的各项管理工作

一是按照生态省建设的总体要求，退耕还林和天然林保护中心抽出三名技术骨干，参加了全省2008年度县级造林作业设计的统一审定工作，纠正了少部分县造林项目重复的问题；二是和财政厅农财处一起于7月份对17个县的退耕还林补助政策落实情况进行了抽查，为财政厅兑现补助政策补助提供了依据；三是高度重视退耕还林信访工作，截至12月10日，共接到信访件70件，其中国家林业局转办6件，来访33件，来信22件，来电9件，办结70件，办结率达100%。

（六）强化天然林资源管护网络建设

为保护好天然林保护（以下简称为“天然林保护”）工程区内的森林资源，省退耕还林和天然林保护中心组织各县（市、区）在继续巩固完善已建立的县、乡、护林员三级管护网络的同时，强化了护林员管理，加强了护林员举报案件登记制度和深山区护林员修枝抚育考核制度的落实工作，强化了对农民兼职护林员的业务技能和各种实用致富技术的培训，共培训护林员1650人次，提高了护林人员素质，提升了管护工作水平。

（七）全面完成天然林保护工程封山育林计划任务

本年度天然林保护工程封山育林年度计划12.86万亩，涉及10个县（市）。省退耕还林和天然林保护中心组织各有关工程县（市、区）完善措施，切实把握好设计、种苗、施工、验收、报账等关键环节，按照省林业厅批复的施工设计，积极开展工程建设施工工作。截至年底，已全部完成国家下达的年度封山育林建设任务。11月国家追加的8万亩封山育林计划已落实到5个工程县，其编制的作业设计已经专家审定后批复实施，预计到2009年2月底前完成施工任务。

（八）如期开展天然林保护工程年度检查工作

根据国家新制定的天然林保护工程“四到省”核查办法，省退耕还林和天然林保护中心认真组织各工程县开展了天然林保护工程县级自查工作。4月下旬，组织5名业务人员，历时20余天，对10个工程县2007年度天然林保护工程实施情况进行全面检查。9月，又配合西北林业规划院完成了国家林业局对河南省的年度核查任务。

（九）认真落实省级公益林补偿面积

2008年，河南省省级公益林补偿面积由2007年的120万亩增加到480万亩。为扎实做好省级公益林补偿工作，省退耕还林和天然林保护中心组织各地公益林管理部门和实施单位狠抓“两个落实”：一是落实补偿面积。按照《河南省森林生态效益补偿基金管理办法》的规定，认真核实面积，完善有关手续，将补偿面积落实到了乡、村和小班。经过认真细致的工作，到年底省级公益林补偿范围涉及12个省辖市、51个县级实施单位，补偿小班共计14274个。在国有林区落实补偿面积150.97万亩，集体林区248.45万亩，个体林区80.58万亩。二是落实管护责任。在落实补偿面积的同时，各地管理部门与所属的实施单位签订了管护合同，实施单位与护林员或林农个人签订了护林合

同。除个体林区的补偿面积由林农个人负责管护外，省级公益林区共选聘护林员2668名，其中国有林区721名、集体林区1947名。在“两个落实”的基础上，各实施单位编报了《省级森林生态效益补偿基金实施方案》，为实施公益林生态效益补偿奠定了基础。6月11日，省财政厅和林业厅按照补偿标准联合下拨省级补偿基金2400万元。

（十）积极组织实施公益林建设项目

按照《河南省森林生态效益补偿基金管理办法》的规定，组织、指导县级实施单位全面完成了公益林建设项目实施方案的编报及审批工作，共有36个县级实施单位编报公益林建设方案50余件，护林设施建设、林业有害生物防治、林区道路维护等建设项目160多个。全省本年度用于公益林建设项目的开支为1260多万元，营造生物防火林带1.53万米，购置扑火机具300多件，垒砌防火墙2700多米，防治林业有害生物23万多亩，购置资源档案管理设备100多套，补植补造4.2万亩，中幼龄林抚育3.6万多亩，修建护林标牌350多个、围栏1.4万多米，修缮（建）护林房700多平方米，埋设界桩100余根。这些建设项目的实施，在一定程度上提高了公益林建设质量和管理水平。

（十一）严格考核公益林目标管理工作

10月下旬至11月中旬，省退耕还林和天然林保护中心对列入补偿范围的15个省辖市的年度公益林管理工作目标完成情况全部进行了考核。本次考核，共抽查县级样本28个、乡级样本61个，小班面积40.19万亩。同时对其他23个县级实施单位2007年度公益林建设项目和5个县级实施单位2004、2006年度未验收的6个公共管护支出项目一并进行了核查。

二、纪实

完成年度退耕还林造林任务　1月4日，国家发展和改革委员会下发2008年中央预算内投资和国债投资计划的通知（发改投资［2008］65号）。河南省退耕还林工程80万亩，其中荒山荒地人工造林45万亩、封山育林35万亩，4月底全部完成；中央预算内投资6950万元。

国家林业局退耕还林办公室副主任刘树人检查退耕还林工程管理　1月19~24日，国家林业局退耕还林办公室副主任刘树人、汪飞跃和曹海船副处长来豫开展退耕还林工程管理实绩核查，先后检查了新密市和登封市。

省财政厅、林业厅印发河南省完善退耕还林政策补助资金管理办法实施细则　2月2日，河南省财政厅、林业厅下发通知，印发《河南省完善退耕还林政策补助资金管理办法实施细则》（豫财办农［2008］13号）。

召开全省巩固退耕还林成果专项规划编制工作座谈会　2月25日，省林业厅退耕还林和天然林保护中心在郑州召开全省巩固退耕还林成果专项规划编制工作座谈会。会议主要学习国家六部委《关于做好巩固退耕还林成果专项规划编制工作的通知》（发改农经［2007］3636号）等有关文件，研究讨论林业系统“巩固退耕还林成果专项规划”编制提纲，部署安排退耕还林工作。参加人员有退耕地还林任务的省辖市林业（农林）局主管局长、退耕还林办公室主任和部分重点县林业局主管局长和退耕还林办公室主任，共计130余人。

举办生态效益补偿县级实施方案编制业务培训班 4月15~16日，省退耕还林和天然林保护中心举办全省森林生态效益补偿县级实施方案编制业务培训班，对基层业务骨干就补偿面积落实原则，护林员的选聘办法，以及补偿资金的使用与管理等业务知识进行了全面系统的培训。

国家林业局通报天然林资源保护工程“四到省”考核结果 4月，国家林业局下发了《关于2006年度天然林资源保护工程“四到省”考核结果的通报》(林天发［2008］68号)。在国家林业局2007年组织的对河南省2006年度天然林保护工程建设目标、任务、资金、责任到省的考核中，我省列全国第二名。

完成2007年度退耕还林工程省级复查工作 5~6月，完成了河南省2007年度退耕还林工程省级复查工作，复查结果：2007年度荒山造林面积核实率100%、上报合格率95.01%。历年退耕还林地保存情况补助未到期保存合格率97.73%、补助到期保存合格率95.34%。2004年荒山造林保存情况，保存合格率96.01%。

下达森林生态效益补偿基金 6月19日，《河南省财政厅 河南省林业厅关于下达2008年省级森林生态效益补偿基金的通知》(豫财办农［2008］114号）下达年度省级补偿基金2400万元。

下达中央预算内退耕还林工程资金 7月1日，下发《2008年退耕还林工程中央预算内投资计划的通知》(豫发改投资［2008］834号)，下达退耕还林工程资金6950万元。

召开全省退耕还林工作会议 7月2日，全省退耕还林工作会议在郑州召开。会议主要通报上半年退耕还林有关情况，安排部署下半年退耕还林工作。

安排部署退耕还林工程阶段验收工作 7月25日，在郑州召开全省退耕还林工程阶段验收工作会议，主要内容是传达全国退耕还林工程阶段验收工作会议精神、部署安排河南省阶段验收工作、讲解《退耕还林工程退耕地还林阶段验收办法》。培训人员110余人。

完成《河南省巩固退耕还林成果补植补造专项规划》和《河南省巩固退耕还林成果后续产业发展专项规划》 7月至8月，组织完成了《河南省巩固退耕还林成果补植补造专项规划》和《河南省巩固退耕还林成果后续产业发展专项规划》编制工作，并通过国家有关部门验收、批复，两项规划资金共计11.4亿元，其中补植补造资金1.13亿元、后续产业发展资金10.27亿元。

中国国际工程咨询公司对河南省巩固退耕还林成果专项规划进行评估审查 8月22~26日，中国国际工程咨询公司对河南省巩固退耕还林成果专项规划进行评估审查。参加评估人员有中资公司农林水部的何军副主任、吕相海项目经理。专家组的杨秋林教授、张洪江教授、周泽福研究员、林聪教授、倪元颖教授、严昌荣研究员。中国国际工程咨询公司对濮阳县、伊川县开展巩固退耕还林成果专项规划编制情况进行现场调研。

国家林业局华东林业调查规划设计院对我省退耕还林工程进行阶段验收 9月1日至10月17日，国家林业局华东林业调查规划设计院组织10名工程技术人员，对河南省退耕还林工程退耕地还林进行了阶段验收。核查主要结果为，2000~2003年度补助期满退耕地面积保存率依次为99.4%、98.6%、99.7%、99.4%，四个年度加权平均值为99.4%，确权发证率90.66%，建档率100%，成林率达到82.2%。

召开全省林业生态效益补偿工作现场会 9月5日，全省林业生态效益补偿工作现场会在西峡召开。会议全面总结了河南省开展公益林管理和生态效益补偿的基本经验和教训，参观了西峡县公益林管护现场，进一步明确了建设步骤和建设标准，全省的资源管理和资金管理工作水平明显提升。

财政部拨付2008年退耕还林粮食补助资金 9月26日，财政部下发《拨付2008年退耕还林粮食补助资金的通知》(财农 [2008] 254号)。应给与粮食补助面积为335.54万亩（还生态林331.62万亩、经济林3.92万亩)、拨付资金60088万元。

省公益林管理办公室组织年度管理目标考核 10月27日~11月12日，省公益林管理办公室对列入补偿范围的15个省辖市的年度公益林管理工作目标完成情况全部进行了考核。本次考核共抽查县级样本（包括县、市、区、省辖市直属的国有林场或自然保护区管理局）28个、乡级样本(包括乡、镇和县管国有林场）61个，小班抽查面积40.19万亩。同时对其他23个县级实施单位2007年度公益林建设项目和5个县级实施单位2004、2006年度未验收的6个公共管护支出项目一并进行了核查。核查结果表明，绝大多数实施单位都如期完成了年目标任务。除公益林资源管护全部到位外，在51个县级实施单位承建的105个核查项目中，除个别县的个别建设项目因故未能实施或正在实施(未竣工）外，绝大多数建设项目已如期完工。

林业产业及林业外资项目管理

一、概述

2008年，河南省林业产业发展中心在林业厅党组的正确领导下，以邓小平理论和“三个代表”重要思想为指导，认真贯彻落实科学发展观，紧紧围绕《河南林业生态省建设规划》，树立和谐发展的理念，推进河南省林业产业发展，圆满完成了年度目标任务，取得了明显成效。

（一）认真落实平安河南建设，积极推进林业产业发展

指导协调林业产业发展，认真落实平安河南建设，完成林业系统安全生产和食品安全相关协调工作。部署了“春节”、“清明”、“五一”、“中秋”、“十一”期间的全省林业安全生产工作，组织完成了全省林业系统尾矿库安全生产大检查工作；参与完成了省政府组织的安全生产百日督察专项行动；参与完成了全省停工停产煤矿检查验收工作，检查验收矿井30个，历时30多天。按照国家林业局和省政府的要求，及时上报了林业系统安全生产工作基础数据和阶段性总结，全年林业系统未发生安全生产责任事故。进一步规范全省木材经营加工许可证的管理工作，发放《木材经营加工许可证》5000份。配合河南林业信息网的改版，先后15次更新了河南林业信息网产业办相关栏目，充实了新项目介绍、名优林产品介绍、速丰林建设进展、林业企业信息等内容。全年完成林业产业总产值527亿元，同比增长21%。

（二）以速丰林工程大径材培育项目为依托，强化速生丰产林基地建设

一是积极推进林纸、林板一体化规划项目的实施，指导全省新造以工业原料林为主的速丰林35万亩，为年度计划的109%。二是组织实施了速丰林工程大径材培育项目。该项目利用中央预算内资金90万元，在新县林场和扶沟林场新造杨树及杉木大径材3000亩。目前已完成新造1200亩，中央预算内资金90万元已经到位。三是完成了2009年度大径材项目申报工作。按照国家林业局《关于报送2008年国债投资建议计划和2009年中央政府投资林业计划草案的通知》要求，结合本省速丰林工程大径材规划，已将2009年度大径材项目培育建议计划按时上报国家林业局。四是组织完成了全省速丰林造林企业和造林大户基础数据统计上报工作。按照国家林业局的统一部署，组织各省辖市对全省速丰林造林企业和造林大户进行了认真调查统计，并将调查报告报国家林业局。五是按时完成了每个季度向省政府报告全省林纸一体化工程项目进展情况和速丰林基地建设情况。

（三）科学管理，认真组织实施外资营造林项目

一是规范项目管理。完成了德援项目《管理实施办法》、《财务管理指南》、《设备管理办法》、《档案管理办法》、《造林指南》、《监测指南》；印制了土地承包合同、造林管护合同、育苗合同、封山育林合同、抚育间伐合同等。

二是完成了项目的部分采购。按照既定办法和程序完成了德援项目摩托车、办公家具、数码设备和外业设备等物质的采购，日元项目第一包"交通工具"已完成招标采购，春节前争取到位；第二包"办公设备"已委托招标公司采购，各项手续已经完备。

三是加强项目培训。2008年是德援项目实施的关键之年，与国际国内项目咨询专家一起开展项目管理、咨询服务和技术培训工作，全年共接待国内外咨询专家51批次，其中国际咨询专家22批次，国内咨询专家29批次在项目区工作237天。全年共举办各类培训班381期，培训17300人次，其中省级培训22期500人次，县、乡培训79期，3000人次，村级项目农户培训276期13800人次，日元项目培训班4期，培训县乡项目管理人员1060人次，共发放技术资料、宣传册5.5万份。

四是申请了日本小渊基金孟津二期项目，争取资金1800万日元。

五是完成了外资项目的年度检查验收、提款报账、年度财务决算、审计及全省项目单位审计意见整改等工作。在县级自查基础上，会同省林业调查规划院对项目年度造林进行了检查验收，2007年度报账资金全部拨付各项目单位，2008年度报账资料已审核上报，50%的回补资金已经到位。

六是组织完成了日元项目科研课题21项。为了提高项目的营造林技术和实施质量，根据项目计划开展了项目科研课题的审定，通过网上招标的办法对科研课题进行公开招标、申报，邀请省发展和改革委员会、省财政厅、厅监察室等单位对所选课题进行审定，确定了21个项目科研课题。

七是接受德国复兴信贷银行（Kfw）和日本国际协力银行对德援项目及日元项目的年度检查或考察。项目管理专家分别实地检查了南召县、嵩县、原阳、登封等项目县造林现场，与省、市、县林业、财政部门和当地政府进行了座谈交流，考察团对河南省林业项目建设所取得的成绩给予了充分肯定和高度评价。

八是完成了河南省世界银行项目林受年初雨雪冰冻灾害债务调查及豁免。从2月份开始摸底调查，组织各级项目管理部门对受灾林地进行逐块登记，并与财政部、国家林业局、省财政厅、省审计厅以及国家林业局调查规划院、华东林业调查规划院一道，到受灾项目区进行实地踏查，就该部分项目林债务向财政部、国家林业局和国家审计署进行了确认，起草了专题报告，有望争取河南省债务豁免5918万元。

九是完成了世界银行贷款造林四期项目幼林质量摸底调查和实施经验成效总结评价信息调查，安排部署了项目的后期管理工作，按照分类指导的原则，提出了项目的后期管理方案，并组织各项目单位开展了项目标志牌建设，建标志牌272块。省林业厅通报表彰了郑州市林业局等25个单位和刘彦斌等100名同志分别为"河南省实施世界银行贷款造林项目先进单位"、"河南省实施世界银行贷款造林项目先进个人"。

另外，接待了美国记者对河南省世界银行贷款造林项目的采访。经世界银行介绍，5月份美国绿色新闻社记者到河南省项目区进行实地采访，结合奥运会报道中国在节能环保方面做出的贡献和取得的成绩，美国媒体对河南省利用世界银行贷款实施造林项目取得的生态经济效益给予高度评价。

组织了中日青年义务植树活动。在豫的留学生、企业的日籍技术员，以及日本国际协力银行的官员等100多人参加了这次活动，省内外多家媒体进行现场采访，扩大了日元项目的影响，增进了两国之间的友谊。在日元项目区开展了中日合作种基盘育苗技术推广工作。全年组织完成日元项目、德援项目营造林92.3万亩，完成投资2.7亿元，其中外资1.5亿元。

二、纪实

省林业厅、财政厅联合印发《中德财政合作河南省农户林业发展项目实施管理办法》、《中德财政合作河南省农户林业发展项目财务管理指南》 1月11日，省林业厅、省财政厅联合印发了《中德财政合作河南省农户林业发展项目实施管理办法》（豫林项［2008］9号）（豫财办债［2008］1号），作为项目生产和财务管理的纲领性文件。

省林业厅、财政厅联合举办日元贷款河南省造林项目会计核算培训班 1月16~18日，省林业厅、省财政厅联合在郑州举办了日元贷款河南省造林项目会计核算培训班。各省辖市林业（农林）局项目办公室主任、财政局债务科长，各项目县（场）林业局、财政局相关财务人员共300余人参加了培训。省财政厅、省林业厅、省审计厅有关领导、专家分别就项目会计核算、财务报表、资金拨付、财务管理、项目审计等方面作了专题培训，日本国际协力银行北京代表处也派代表出席了会议并就项目有关业务流程进行了讲解。

省林业产业发展中心获“河南省思想政治工作先进单位”荣誉称号 2月13日，中共河南省委下发《中共河南省委关于表彰思想政治工作先进单位和优秀思想政治工作者的决定》（豫文［2008］18号），省委决定授予100家单位“河南省思想政治工作先进单位”荣誉称号，省林业产业发展中心获此殊荣。

组织审定日元项目科研课题 2月28日，林业厅项目办公室组织有关专家对日元项目科研课题进行审定。为了提高项目的营造林技术和实施质量，根据项目计划需要结合生产开展科研推广活动，提高项目的科技含量和管理水平，厅项目办公室通过网上招标的办法，对科研课题进行公开招标、申报，邀请省发展和改革委员会、省财政厅有关领导和相关专家等对所选课题进行审定，确定了21个项目科研课题。张胜炎副厅长主持了审定会议。

河南省组织开展世界银行项目林遭受年初雨雪冰冻灾害债务调查及豁免工作 2月，组织开展了河南省世界银行项目林遭受年初雨雪冰冻灾害债务调查及豁免工作。2~3月开展摸底调查，组织各级项目管理部门对受灾林地进行逐块登记，向国家林业局、财政部进行了汇报，会同财政部、国家林业局、国家林业局调查规划院、华东林业调查规划院、省审计厅进行了核查，就该部分项目林债务向财政部、国家林业局和国家审计署进行了确认，起草了专题报告，有望豁免债务5918万元。

日本国际协力银行检查团对河南省日元贷款造林项目进行年度检查 3月11~13日，日本国际协力银行检查团对河南省日元贷款造林项目进行了年度检查。实地检查了原阳、延津、登封项目区造林现场，与省、市、县林业、财政部门和当地政府进行了座谈交流，考察团对河南省日元项目实施工作给予了充分肯定和高度评价。

组织开展了中日青年义务植树活动 3月12日，省林业厅组织开展了中日青年义务植树活动。组织在校大学生、在豫日本留学生、中日合资企业青年100多人在黄河北岸原阳日元项目区造林3000多棵，省林业厅副厅长张胜炎、日本国际协力银行官员出席了本次活动，省内多家主流媒体进行现场采访，扩大了项目的宣传，增进了两国之间的友谊。

国家林业局外资项目管理中心王志高副主任来河南省检查指导工作 3月19~24日，国家林业局外资项目管理中心王志高副主任对河南省淅川、西峡、桐柏、固始、信阳南湾林场等实施的外资造林项目进行检查，并为河南省实施新外资项目提出了指导性意见。

德国复兴信贷银行（Kfw）林业发展项目检查团对河南省德援项目进行评估检查 4月15~19日，德国复兴信贷银行（Kfw）林业发展项目检查团对河南省德援项目进行了评估检查。项目管理专家实地检查了南召县、嵩县等项目县造林现场，与省、市、县林业、财政部门和当地政府进行了座谈交流，会签了年度检查备忘录。

印发《中德财政合作河南省农户林业发展项目档案管理办法》、《中德财政合作河南省农户林业发展项目设备物资管理办法》 4月28日，省林业厅印发《中德财政合作河南省农户林业发展项目档案管理办法》和《中德财政合作河南省农户林业发展项目设备物资管理办法》的通知（豫林文[2008] 22号），对项目档案和物资设备管理进行了规范。

举办中德财政合作河南省农户林业发展项目造林监测培训班 4月28~30日，省林业厅项目办公室在郑州举办了中德财政合作河南省农户林业发展项目造林监测培训班。该培训班由国际造林监测专家夏德先生（Mr.SCHADE）和项目首席技术顾问石迪文先生（Mr.STEVENS）主讲，省德援项目监测中心、各项目县技术人员50余人参加了培训。

美国绿色新闻社记者来河南省世界银行林业项目区进行实地采访 5月4~6日，经世界银行北京代表处介绍，美国绿色新闻社记者对河南省世界银行林业项目区进行了实地采访。该新闻社是美国宣传林业环保等领域的主要媒体之一，本次来中国是结合奥运会报道中国在节能环保方面作出的贡献和取得的成绩。美国媒体实地参观了河南省鲁山、温县的世界银行造林现场，对河南省利用世界银行贷款实施造林项目取得的生态经济效益给以高度评价。

完成世界银行四期项目幼林质量摸底调查和实施经验成效总结评价信息调查工作 5月20日至8月20日，省林业厅组织完成了世界银行四期项目幼林质量摸底调查和实施经验成效总结评价信息调查工作，安排部署了项目的后期管理工作，按照分类指导的原则，提出了项目的后期管理方案，并组织各项目单位开展了项目标志牌建设，据统计，该项目建标志牌272块。

完成2009年度大径材项目申报工作 6月16日，组织完成了2009年度大径材项目申报工作。按照国家林业局要求，结合本省速丰林工程大径材规划，组织完成了2009年度大径材项目申报工作，争取项目资金150万元。

举办全省林业产业相关工作研讨会 6月19日，在郑州举办了全省林业产业相关工作研讨会。各省辖市林业局主管局长、产业办公室主任参加了会议。会议讨论了国家林业局下发的《林业产业政策要点》，国家林业局、国家统计局下发的《林业及相关产业分类（试行）》办法，部署了下半年产业工作。根据《林业及相关产业分类（试行）》办法，对此后林业行业产业统计工作进行了规范，对真实、全面地统计林业产值具有重要意义。

完成速丰林工程大径级材培育项目实施方案及造林作业设计评审工作 6月27日，省林业厅邀请河南农业大学及厅直有关单位专家组成评审委员会，对列入2008年国家预算补助的河南省国有新县林场和国有扶沟林场速丰林工程大径级材培育项目实施方案及造林作业设计进行了评审。认为两个林场的项目实施方案具有可操作性，并提出了细化和完善意见。

举办日元贷款河南省造林项目财务管理培训班 7月2~3日，省林业厅项目办公室在新乡举办了日元贷款河南省造林项目财务管理培训班，对各省辖市林业（农林）局项目办公室负责人，各项目县（市、区）林业局、计划单列林场项目会计共100余人，就项目财务管理、决算、审计等内容进行了培训。

组织德援项目国内外咨询专家对项目单位进行全面检查和咨询指导 7月8~18日，省林业厅项目办公室组织德援项目国际、国内财务咨询专家在鲁山县对各项目单位财务执行情况进行了全面的检查和咨询指导。国际、国内财务咨询专家对各项目单位的财务管理工作给予了充分肯定，就财务人员在执行《财务管理指南》过程中遇到的一些问题，给予了耐心的讲解和咨询指导。

完成日元项目年度检查验收工作 7~9月，省林业厅完成了日元项目年度检查验收工作。在县级自查基础上，省林业调查规划院对项目年度造林进行了检查验收，为报账提供了依据。

举办日元贷款河南省造林项目物资设备采购座谈会 8月14日，省林业厅项目办公室在郑州召开了日元贷款河南省造林项目物资设备采购座谈会。各省辖市林业（农林）局及项目县代表共80余人参加了会议。会议讨论了对项目拟采购物资的技术要求和技术参数，便于采购更适合基层需要的物资设备。

举办日本政府贷款河南造林项目营造林技术及病虫害防治技术培训班 9月2~5日，省林业厅项目办公室在郑州举办了日本政府贷款河南造林项目营造林技术及病虫害防治技术培训班。各省辖市林业（农林）局项目办公室主任、各项目县（市、区）林业局项目办公室主任和技术负责人、有关国有林场分管副场长和项目技术负责人200余人参加了培训。本次培训邀请了河南农业大学、河南省林业科学研究院的知名专家就苗圃管理、造林、中幼林抚育、病虫害防治等内容进行授课。

国家林业局对外合作项目中心批准实施洛阳小浪底造林项目 10月27日，国家林业局对外合作项目中心批准省林业厅上报的洛阳小浪底造林项目（日本小渊基金孟津二期项目），计划投资1800万日元用于小浪底地区造林绿化工作。

完成德援项目年度检查验收工作 10~11月，省林业厅完成了德援项目年度检查验收工作。在县级自查基础上，委托省林业调查规划院对项目年度造林进行了检查验收，作为报账重要依据。

举办日本政府贷款河南造林项目审计意见整改及年度报账工作培训班 11月4~5日，省林业厅项目办公室在郑州举办了日本政府贷款河南造林项目审计意见整改及年度报账工作培训班。

完成全省速丰林造林企业和造林大户基础数据统计上报工作 11月10~30日，厅产业中心完成了全省速丰林造林企业和造林大户基础数据统计上报工作。按照国家林业局的统一部署，组织各省辖市对全省速丰林造林企业和造林大户信息进行了调查统计，并将调查报告报国家林业局。

印发《关于表彰世界银行贷款造林项目实施先进单位和项目工作先进个人的决定》 12月26日，河南省林业厅印发《关于表彰世界银行贷款造林项目实施先进单位和项目工作先进个人的决定》（豫林项〔2008〕293号），授予郑州市林业局等25个单位“河南省实施世界银行贷款造林项目先进单位”称号，授予刘彦斌等100名同志“河南省实施世界银行贷款造林项目先进个人”称号。

计划财务处

一、概述

林业计划财务工作紧紧围绕学习和贯彻党的十七大、全国林业厅局长会议和全省省辖市林业局长等会议精神，大力加强思想政治学习，认真实践科学发展观，转变工作作风，加强党风廉政建设，严格按照年度工作责任目标，服从和服务于河南林业生态省建设，廉洁从政，依法行政，高效务实，按照岗位职责和年度工作计划有条不紊地开展工作，充分发挥计划财务工作的组织、协调、服务、监督四大职能，争取政策，落实投入，加强监管，保证各项资金安全高效运行，取得了较为显著的成绩。

（一）组织或参与编制完成了11项规划

完成了国家粮食战略工程河南核心区建设规划中的农田防护林体系建设规划、国家粮食战略工程河南核心区建设规划环境影响报告书、河南省雨雪冰冻灾害林业基础设施恢复规划、河南省雨雪冰冻灾害林业生态恢复规划、河南省黄土高原地区综合治理规划、河南省核桃产业发展规划、河南省国有林区道路建设规划、河南省国有林区棚户区改造规划等。完成了全国林地保护利用规划纲要、雨雪冰冻和地震灾后林业生态恢复与重建规划（2008~2015年）、河南省土地利用总体规划纲要（2006~2020年）等规划的修改工作。

（二）下达年度营造林生产计划及投资计划6项

协调以省政府办公厅名义印发了《2008年河南林业生态省建设实施意见》；编制了2009年中央预算内林业基本建设投资计划，共申请16大类68个项目投资30175万元；联合省发展和改革委员会编报了2009年重点防护林、湿地、种苗等项目的中央预算内投资计划；下达了2008年中央预算内林业基本建设投资，共15个项目1450万元；转发了9个中央财政预算内专项投资计划19272万元；下达了2008年林业贴息贷款计划4亿元和农业综合开发林业项目投资计划。

（三）完成林业生态省建设投资61.3亿元

2008年共争取国家和省级林业生态省建设资金28.52亿元，较2007年增加10.147亿元，增长55%，其中：中央投资14.855亿元，较2007年增加5.255亿元；省级6.065亿元，较2007年增加4.33

亿元；林业贴息贷款6.3亿元，较2007年增加4.1亿元；利用外资1.3亿元。市、县两级财政投入24.25亿元，较2007年增加17亿元。以上各项资金投资总量均为历年来之最。中央级和省级财政资金投入已于2008年底全部完成。

（四）组织完成11项基建项目的审查批复和竣工验收工作

组织完成了伏牛山国家自然保护区龙峪湾、五马寺、石人山管理局基础设施建设项目，鸡公山国家级自然保护区三期工程建设项目，宝天曼国家级自然保护区三期工程建设项目，黄河湿地洛阳管理分局二期工程建设项目，黄河湿地三门峡管理分局二期工程建设项目，豫南山区水土流失治理造林模式示范应用建设项目及信阳南湾采种基地建设项目，汝南宿鸭湖湿地保护工程项目及外方山、崤山重点火险区综合治理项目的初步设计审查和批复；完成了小秦岭自然保护区基础设施建设项目、伏牛山国家级自然保护区老君山管理局基础设施建设项目的竣工验收。

（五）完成了加强资金管理的15项工作

一是印发了《河南林业生态工程专项资金管理办法》（豫财办农［2008］53号）、《河南省2008年度林业科技兴林、林木种质资源和科技推广项目指南》、《河南省林业厅关于林业建设支撑保障体系省级资金安排及申报国家同类项目的意见》；二是完成了国家林业局重点工程稽查办对河南省十五期间的森林重点火险区综合治理项目的检查、省审计厅对王照平厅长的任中审计、省林业科学研究院“948”项目的检查、审计署对河南省开展的转移支付审计、省审计厅进行的2007年森林植被恢复费和育林基金审计的延伸审计等工作；三是完善了考核体系，印发了《河南林业生态省建设财政资金落实责任目标考核办法》，修订了《育林基金征缴年度目标考核办法》，组织完成了对各省辖市的育林基金、林业生态省建设资金落实情况的考核；四是完成了省财政组织的政府采购专项检查工作，印发了《河南省林业厅关于加强政府采购工作的通知》。

（六）完成了加强计财基础建设的9项工作

一是完成2007年度林业行业财务、国有林场和国有苗圃的财务决算、基本建设决算、2009年省级财政林业综合收支预算、林业综合统计、重点林业工程经济社会效益监测等工作；二是组织完成厅直单位财务人员的继续教育工作；三是及时召开了全省林业计划财务工作会议；四是认真做好政府性基金和行政事业性收费项目的征收管理及财政对账工作、票据管理工作；五是完成了对省人大代表和省政协委员的九份提案的答复工作；六是完成了厅机关财务的日常工作。

二、纪实

印发《2008年河南林业生态省建设实施意见》 1月，协调省政府办公厅印发了《2008年河南林业生态省建设实施意见》（豫政办［2008］8号），对2008年度林业生态省建设的指导思想、建设任务、安排原则、建设重点和工作措施等作了明确规定和要求。

省财政批复林业厅2008年收支预算 1月，省财政批复林业厅2008年综合收支预算，共批复林业厅财政拨款支出60650万元，其中专项用于林业生态省建设资金57430万元，为历年来财政林业投入之最。

省政府表彰林业厅重点项目建设管理工作 2月，省政府印发《关于表彰全省重点项目建设先进集体和先进工作者的决定》(豫政 [2008] 17号)，对河南省的重点项目建设管理先进单位或个人进行表彰，厅计划财务处获得河南省重点项目建设先进集体称号，赵海林获得河南省重点项目建设先进工作者称号。

出台林业生态省建设专项资金管理办法 3月，联合省财政厅印发了《河南省林业生态工程建设专项资金管理暂行办法》(豫财办农 [2008] 53号)，规范了河南省林业生态省建设各级财政专项资金的管理使用和监督检查，以提高资金使用效益，确保林业生态省建设工程的顺利实施。

下达河南省林业灾后恢复重建资金 3月，针对1月份以来河南部分地区遭受严重的冰雪灾害的情况，及时下拨中央和省级林业救灾资金1060万元，确保灾区春季林业生产的恢复。

发布林业建设项目指南 3月，联合省财政厅发布《2008年度林业科技兴林、林木种质资源和科技推广项目指南》(豫财办农 [2008] 44号)，对河南省的林业科技兴林、林木种质资源和科技推广建设项目的申报程序进行规范，提高了各地项目申报质量。

省政府表彰林业厅全省行政事业单位资产清查工作 3月，省政府印发《关于表彰全省行政事业单位资产清查工作先进集体和先进工作者的决定》(豫政 [2008] 24号)，对全省各级行政事业单位资产清查管理工作进行表彰，厅计划财务处荣获全省行政事业单位资产清查工作先进集体。

召开全省林业计划财务工作会议 3月，在洛阳市召开了全省林业计划财务工作会议，刘有富副厅长出席会议并作了工作报告。会议传达了全国林业厅局长会议精神和全国计划财务会议精神，回顾总结了2007年全省林业计财工作，对2008年度计财工作做了全面部署。

完成政府采购执行情况自查工作 4月，按照省财政厅、省监察厅和省审计厅的要求，组织开展了厅机关和厅直属各单位政府采购执行情况的检查工作，对检查出的问题及时进行整改，印发了《河南省林业厅关于加强政府采购工作的通知》，并按要求将自查结果报送有关部门。

下达第一批林业生态省建设省级以奖代补资金 8月，联合省财政厅印发了《关于下达林业生态省建设省级以奖代补资金的通知》(豫财办农 [2008] 157号)，根据各省辖市营造林自查结果，下达林业生态省建设省级第一批以奖代补资金20583.316万元。

完成荒漠化监测项目绩效考评工作 8月，按照国家林业局要求，组织厅林业调查规划院对河南省承担的第三次全国荒漠化、沙化土地监测项目进行绩效考评，并将考评结果按要求上报国家林业局。

出台《河南林业生态省建设财政资金落实年度责任目标考核办法》 9月，按照省政府要求，制定印发了《河南林业生态省建设财政资金落实年度责任目标考核办法》(豫林计 [2008] 229号)，对考核的范围、方法和有关要求作了明确要求。

出台林业建设支撑保障建设资金分配办法 9月，在广泛征求各方面意见的基础上，首次制定出台了《河南省林业厅关于林业建设支撑保障体系省级资金安排及申报国家同类项目的意见》(豫林文 [2008] 42号)，对林业建设支撑保障建设各项经费分配、申报和管理使用等做出了明确规定和要求。

下达第二批林业生态省建设省级以奖代补资金 11月，根据省林业厅对各地林业生态省建设营造林核查结果，联合省财政厅印发了《关于下达林业生态省建设省级以奖代补资金的通知》(豫财办农 [2008] 269号)，下达林业生态省建设省级第二批以奖代补资金18911.54万元，全年共下达林业生态省营造林资金39494.854万元。

完成11项基建项目的审查批复和竣工验收工作 12月，组织完成了伏牛山国家自然保护区龙峪湾、五马寺、石人山管理局基础设施建设项目，鸡公山国家级自然保护区三期工程建设项目，宝天曼国家级自然保护区三期工程建设项目，黄河湿地洛阳管理分局二期工程建设项目，黄河湿地三门峡管理分局二期工程建设项目，豫南山区水土流失治理造林模式示范应用建设项目及信阳南湾采种基地建设项目，汝南宿鸭湖湿地保护工程项目及外方山、崤山重点火险区综合治理项目的初步设计审查和批复。完成了小秦岭自然保护区基础设施建设项目、伏牛山国家级自然保护区老君山管理局基础设施建设项目的竣工验收。

完成内部审计工作 12月，完成了国家林业局重点工程稽查办对河南省“十五”期间的森林重点火险区综合治理项目的检查、省审计厅对王照平厅长的届中经济责任审计配合工作、省林科院“948”项目的检查、审计署对河南省开展的转移支付审计、省审计厅进行的2007年森林植被恢复费和育林基金审计的延伸审计等工作。

人事教育与外事管理

一、概述

2008年，人事教育与外事管理工作始终坚持以人为本，以科学发展观统揽工作全局，按照“把握重点，攻克难点，统筹兼顾，全面建设”的工作思路，认真落实林业厅党组的决议决定，紧紧围绕服务全省林业建设这一主题，不断提高工作效率和服务质量，积极搞好对外交流与合作，认真组织开展“落实科学发展观”活动和“讲党性、重品行、作表率、树组工干部新形象”活动，促进了各项工作任务的顺利完成，为实现全省林业生态省建设目标提供了强有力的组织保证和智力支持。2008年河南省林业学校荣获了“中国林业教育学会职教分会先进会员单位”、“省模范职工之家”、“省民主管理示范单位”、“洛阳市社会科学研究先进单位”、“洛阳市优秀团委”、“洛阳市绿色社区”等荣誉称号。

（一）加强师德师风建设，提升教师精神状态

省林业学校高度重视师德教育，从抓教职工职业道德和行为规范入手，倡导“学为人师，行为世范”的师风，切实提高教职工队伍素质。在年初的冰冻灾害面前，在5.12汶川大地震后，在北京奥运会、残奥会举办之际，广大教师纷纷以不同的形式表达了关注、关爱和关心之情，伸出援助之手，奉献爱心，展现了学校教师的良好风尚。结合2008年教师节“学习英模教师，弘扬伟大师魂”的主题，修订了师德评价体系，开展了以“师德”为主题的演讲比赛，使广大教师受到一次深刻的师德师风教育。

（二）加强林业学校的专业和课程建设

经过充分论证，向省教育厅申报了市场营销、数控和电子应用技术三个高职专业，使省林业学校高职专业总数达15个。通过市场调研，对2008级中职教学计划进行了修订，按“2+1”模式制定了2008年招生的旅游英语和动漫专业教学计划。开展了校级精品课程申报评选工作，确定了9门课程为校级精品课程，目前已建成精品课程网，填补了学校课程建设上的一项空白。

（三）抓好实践性教学环节，着力培养学生实践能力

按照实践性教学大纲的要求圆满完成全年的实习任务，其中森林旅游专业在花会期间到公园进行带薪实习；2006级高职园林、城镇规划专业的学生利用暑假时间到苏州实习，高职园艺专业学生到许昌鄢陵进行综合实习，信工系也开展了多种形式的教学实习；改建了数控车间，购置了数台车床，改善了数控专业学生的实习条件，实行了半工半读式教学；孟津实习基地管理有序，满足了林业、园艺等专业的实习，各种实践性教学收到了很好的效果。在抓好专业课教学实习的同时，结合专业加强了学生“双证制”工作力度，组织学生参加相关专业资格证书考试，信息工程系组织学生参加OA认证、国际商务英语认证、森林旅游专业学生参加导游证考试、园林专业学生参加花卉工资格鉴定等，通过考取各种证书，提高了学生的就业竞争力。各教学系部利用课余时间全年共举办各类讲座、报告30余次，加强了与外界的交流，扩大了师生的视野。

（四）教科研工作有所突破

教育科研是一个学校的生命力所在，是教师队伍水平高低的重要体现。2008年，省林业学校向国家科技部申报的牡丹新品种引进948项目获准立项；向国家林业局申报的《河南省洛阳仁用杏示范基地建设项目》和《职工干部培训标准》课题已立项并开展工作；向国家林业局和省林业厅申报林业行业标准各一项；向省林业厅申报了“林业有害生物防控重点实验室”获得批准并拨付10万元专款。主持完成的《五角枫栽培技术规程》项目，通过了省林业厅专家组审定，专家评价该项目达到国内先进水平。向省教育厅申报了5个优秀教学论文和优秀教学成果等课题的鉴定，争取到洛阳市科技攻关项目一项，向洛阳市社科联申报并获准6个社科项目。另外，根据不完全统计，全校教职工2008年共在CN级刊物上发表论文138篇、在各种学术会议上交流论文25篇，参加编写统编教材25部、内部使用教材和实习指导书12部。2008年的教科研项目数量上有大幅度提高、质量上有新的突破，各种层次的科研课题项目丰富了教学内容，锻炼了教师队伍，提高了学校的整体科研能力。

（五）加强师资培训和学术交流，提高教师队伍水平

2008年是教育厅确定的“教师培训年”，省林业学校积极推荐教师参加上级组织的各种培训和学习，尽可能地为教师创造条件，提高教师的专业知识和教学技能。推荐3名教师参加国家级骨干教师培训，5名教师参加省级骨干教师培训；利用学校培训基地，60名教师参加了现代教育技术培训；同时转专业培训2名教师、其他教师进修培训10名。加强与兄弟学校的业务往来，先后有安徽阜阳教育学院、河北政法职业学院、印度三所大学等高校来访，就教学、管理、服务等方面进行切磋交流，取长补短，共同提高。

（六）加大招生就业工作力度，以出口带动入口，成绩显著

招生和就业是学校发展的两张大牌，关系到学校的生存与发展，通过省林业学校广泛宣传和广大教职工的辛勤工作，2008年高职报到新生1188人，中职和五年制大专共报到646人，共录取新生1834人，超过年初确定的1500人的招生任务，使当年招生人数和在校生人数双双创造了历史新高。2008年学校毕业生1500余人，面对严重的金融危机，就业市场的低迷，学校就业服务任务相当艰巨。省林业学校加强学生就业环节的指导，将就业指导工作纳入到每一名教师的工作范围，制定了《就业指导工作意见》，每名教师都分配了就业指导任务，加强了学生的联系。在倡导自谋职业的同时学校积极走访用人单位，推荐毕业生，面向社会广开就业渠道。2008年共举办招聘会30余场，开展就业指导讲座7次，提供就业岗位600余个，截止到12月23日学生就业率为64.7%，就业率较往年同期有所下降。

（七）开展多种文体活动，丰富校园生活

充分发挥学生社团"自我管理、自我教育、自我服务"的功能，利用课余时间组织了丰富多彩的文体活动。通过举办迎新晚会、校园文化周等大型活动，举行了包括文艺、体育、竞技、娱乐、技能展示等专题活动，锻炼了学生队伍，展现了学生的风采，丰富了学生的业余生活，营造了良好的校园文化氛围。组织了500多名学生参加北京奥运会火炬传递活动，激发学生的爱国情感，增强学生的光荣感和责任感。加强对学生社团的引导，鼓励他们创造性地开展工作，学校的"励志学社"在全国4000多个学生社团中以总排名第49名的优异成绩被评为"全国百佳社团"。

（八）努力做好成人教育、培训工作

严格按照教育厅关于函授站评估指标的要求，精心组织，扎实工作，在完成自评的基础上，省教育厅组织专家组进驻省林业学校进行复评，对评估工作给予了高度的评价。最终北京林业大学成人教育学院河南分院被评为"优秀函授站"，南京森林公安高专河南函授站被评为"合格函授站"，为学校下一步的成人函授教育工作奠定了良好基础。广泛进行成人教育招生宣传工作，积极组织生源，今年录取北林函授新生133人，其中本科86人、专科47人，基本上完成了招生计划。组织了两期林业职业技能培训考核工作，共鉴定中级工500多人，提高了在校学生的双证制比例。经过申请和努力争取，省林业学校成为"洛阳市阳光培训基地"，为以后农民工培训提供了很好的平台。

（九）加强基础设施建设，努力改善办学条件

经过扎实细致的工作，省林业学校申报的园林实训中心项目获省发展和改革委员会立项，该项目建筑面积4000平方米，投资598万元，其中省财政拨付300万元，这也是学校10多年来争取的数额最大的一个基建项目。目前前期准备工作基本完成，文物钻探、地质分析工作正在进行。该工程的建成，将极大地改善学校的实验实习条件。

（十）组织开展了教师节慰问活动

9月份，组织有关人员分别到省内3所中等林业学校进行慰问，并给教师们捐赠了慰问金，同时，对14名全省中等林业学校优秀教师进行了表彰。

（十一）努力做好对外交流考察工作

2008年全年组织出国团组2个，顺利完成了出国考察和培训任务并安全返抵国内。一个是赴西欧森林病虫害检疫防治考察团组，共15人，在国外停留12天，另一个是赴日本河南省造林项目培训团组，共22人，在国外停留12天。

二、纪实

完成处级干部轮岗和干部调整工作　1~3月，完成了全厅机关事业单位处级干部轮岗和干部调整工作。干部调整使厅机关各处室局、厅直部分单位领导班子得到了加强，结构得到了优化，干部队伍的工作积极性和活力进一步显现。

配合省委巡视组做好工作　4月29日，根据省委的统一部署，省委第一巡视组进驻林业厅开展为期一个月的巡视工作。按照厅党组的要求，科教外事处积极主动配合巡视工作，圆满保障了省委

巡视组在林业厅的巡视工作。

完成援疆干部的选派工作　5月，认真做好河南省第六批援疆干部人选的确认选派工作，确定了厅机关高继强和省林业技术推广站张克勇2名同志为援疆干部人选，已顺利到任，分别任新疆阿克苏地区林业局副局长和阿克苏林科所副所长职务，任期三年。

完成2006年享受政府特殊津贴人员选拔推荐工作　6月，在个人申报、单位推荐、专家评审的基础上，经研究，决定推荐赵义民为林业厅2008年享受政府特殊津贴人员候选人。

宋宏伟被命名为第七批河南省优秀专家　7月4日，宋宏伟被中共河南省委、河南省人民政府命名表彰为第七批河南省优秀专家（豫文 [2008] 126号），并给予了10000元奖励。截至目前，省林业厅已有15人被省委、省政府命名为河南省优秀专家。

组织开展教师节慰问活动　9月，组织有关人员分别到省内3所中等林业学校进行慰问，并给教师们捐赠了慰问金。

开展职称评审工作　10~11月，组织完成了2008年度全省林业工程专业高级专业技术职务任职资格和全厅林业工程专业中级专业技术职务任职资格评审工作，全省有76名专业技术人员获批高级工程师任职资格。

完成“555人才工程”省级人选推荐工作　11月，在厅直有关事业单位推荐的基础上，林业厅人事教育外事处组织有关专家召开了省级学术技术带头人推荐评审会议，经研究，决定推荐尚忠海、申富勇两位同志为省林业厅的“555人才工程”省级人选。

机关党的建设

一、概述

2008年，在省委、省政府和厅党组的正确领导下，全厅各级党组织坚持以科学发展观为指导，认真贯彻落实党的十七大和十七届三中全会精神，围绕中心服务大局，以建设高标准的基层党组织为目标，以争创“五好”基层党组织活动为载体，全面加强党的思想、组织、作风、制度和反腐倡廉建设，不断增强党组织的创造力、凝聚力和战斗力，努力开创全厅党建工作新局面，为各项工作任务的圆满完成作出了积极的贡献，取得了明显成效。

二、纪实

举办了2008年春节联欢会 2月1日，成功举办了“河南省林业厅迎新春文艺汇演”，共评出一等奖2个，二等奖4个，三等奖6个，优秀奖4个，优秀组织奖4个。

组队参加“四运会” 4月，组队参加了省直机关第四届职工运动会。全厅108名运动员分别参加了四运会10个大项32个小项的比赛，分获男子飞镖比赛团体第八名，游泳比赛单项第四、五、七名，林业厅荣获由省体育局、省直工委联合颁发的单位体育道德风尚奖。

开展向汶川地震灾区爱心捐赠活动 5月，组织全厅开展了向汶川地震灾区的爱心捐助活动。截至10月底，全厅累计捐款719944元，捐赠棉被171床、棉衣1155件、帐篷66顶。其中，向河南省红十字会捐款205080元；向中共河南省委省直机关工作委员会缴纳特殊党费490284元；向省直工会划拨捐款23390元；向河南省民政厅交捐款1190元、捐献棉被171床、棉衣1155件、救灾帐篷66顶。

开展争先创优活动 6月，全厅开展了“七一”表彰活动，先后有21个总支、支部、70名党员、24名党务工作者分别被评为“五好”基层党组织、优秀共产党员、优秀党务工作者。部分先进单位和优秀个人受到上级党组织表彰，其中，厅党组书记、厅长王照平被评为省直机关2007年度“优秀机关党建工作第一责任人”；张玉洁被评为省直机关“十佳自主创新共产党员”；王学会获得由省直工会颁发的省直机关“五一”劳动奖章；厅办公室党支部、林科院党总支被河南省委表彰为全省分行业“五好”党组织。

完成了省级文明单位复查工作 7月，省直文明委对林业厅的省级文明单位进行了复查。林业厅精神文明办公室先后印制了《河南省林业厅精神建设资料汇编》上、下两册共1076页，制作精神文明建设宣传展板2块；编发精神文明建设简报23期，圆满完成了本次复查任务。

深入开展“新解放、新跨越、新崛起”大讨论活动 7月29日，全厅召开了“三新”大讨论活动动员大会，厅党组成员、纪检组长、厅直党委书记乔大伟主持，第九督导组组长朱惠灵作了重要指示，厅党组书记、厅长王照平作了动员讲话，厅党组成员、副厅长刘有富、王德启、张胜炎、弋振立、丁荣耀、副巡视员万运龙、谢晓涛等领导出席，自此为期近两个多月的“三新”大讨论活动拉开了帷幕。在活动过程中，林业厅的整改经验因务实、惠民、创新，先后被《河南日报》、省大讨论活动简报予以报道和转发。

团的工作成效明显 8月，在全省开展的青年“号、手”的表彰工作中，全厅有8名团员青年被命名为“省直青年岗位能手”，省规划院林产工业与景观设计所被团省委表彰为2007年河南省“省级青年文明号”，厅办公室王一品被团省委评为“青年岗位能手”。

理论创新成果显著 12月，在省直机关党建调研课题评选活动中，省林科院总支书记谭运德，省规划院总支副书记、院长曹冠武等2名同志的调研课题分别获得优秀研究成果一、三等奖，厅直党委被评为“课题调研先进单位”。

老干部工作

一、概述

2008年，林业厅离退休干部工作坚持以邓小平理论和“三个代表”重要思想为指导，深入贯彻落实科学发展观，按照党的十七大提出的“全面做好离退休干部工作”的要求，认真落实省委省政府和林业厅党组关于做好新形势下老干部工作的一系列工作部署和要求，围绕中心，服务大局，开拓创新，扎实工作，努力开创老干部工作和谐发展的新局面。

（一）切实加强老干部思想政治建设

以学习贯彻党的十七大精神和开展深入学习实践科学发展观活动为主线，积极组织引导离退休干部深入学习领会党的十七大精神和建设中国特色社会主义理论，深刻理解科学发展观的科学内涵和精神实质。充分发挥离退休干部党支部的阵地作用和老干部党员的表率作用，不断探索老干部党支部建设和思想政治工作的新途径、新方法。结合纪念建党87周年和纪念改革开放30周年，在全体老干部党员中开展“永葆先进性，永远跟党走”主题教育和征文活动，教育和勉励广大老干部坚定理想信念，珍惜光荣历史，永葆革命本色，进一步增强了老干部党支部的凝聚力和党员队伍活力。

（二）着力抓好老干部政治、生活待遇落实

认真学习贯彻中组部、人力资源和社会保障部《关于进一步加强新形势下离退休干部工作的意见》(中组发［2008］10号)，以全面做好离退休干部工作为目标，积极探索改进离退休干部服务管理方式。认真落实在职干部联系老干部制度，定期向老干部通报工作，邀请老干部代表参加重要会议和重大活动，认真落实老干部生活待遇和医疗保障政策，使老干部感受到党组织的关怀和温暖，为老干部老有所养、老有所医、安享晚年创造了舒心的环境。

（三）积极引导老干部为“两个文明”建设发挥余热

充分挖掘和利用老干部这一群体的智力财富和独特优势，支持老干部代表参与林业生态省建设和集体林权制度改革工作，发挥他们在普及林业科学知识、宣传依法治林、完善民主监督、培养年轻干部、弘扬先进文化和构建社会主义和谐社会中的推动作用和示范作用。厅机关及一些直属单位分别组织老干部参观考察工农业生产和林业工作，使老同志感受经济社会发展和林业生态省建设取

得的显著成果，进一步激发广大老干部参与和支持全面建设小康社会、促进中原崛起的热情。

（四）组织开展老年文娱健身活动，丰富老干部晚年生活

加强老干部活动场地设施建设，改善活动条件。举办了第12届“康乐杯”老年门球赛，组织老干部体育运动队参加省直机关第4届老年人运动会和迎奥运全民健身系列活动，开展“关爱老干部健康”活动和“健康杯”征文、“健康老干部”评选活动，组织老干部参加健康知识讲座和全厅职工春节联欢会，促进了老干部身心健康。

（五）加强老干部工作队伍建设，提高服务管理水平

组织老干部工作部门及工作人员开展深入学习实践科学发展观和“三新”大讨论，大力加强老干部工作队伍能力、素质建设。深入开展老干部工作“争先创优”活动，创新工作方式，丰富服务内容，努力把老干部工作部门建设成为让党放心、让老干部满意的老干部之家。

二、纪实

开展爱老助老活动 1月，元旦、春节期间，林业厅党组书记、厅长王照平及厅领导同志分头走访慰问离退休老干部，全厅深入开展为老干部“献爱心、送温暖”活动。各单位负责同志走访慰问离退休干部329人次，为老干部办实事、做好事282件，订阅报刊杂志960份，代办老年乘车证、优待证216份，申报疑难重症病例12件，帮扶老干部困难家庭及遗属36户，增进了新、老干部之间的情感交流，促进了和谐机关建设。

开展迎奥运健身活动 4月至8月，林业厅老干部体育工作协会组织开展老干部与奥运同行系列健身活动。林业厅老干部体育运动队参加省直机关第四届老年人运动会和全民健身与奥运同行千万老年人健步走活动，分别获得大会组织工作奖和老年体育工作先进单位称号。

林业厅召开老干部工作会议 4月24日，林业厅召开老干部工作会议，厅党组书记、厅长王照平对做好新形势下离退休干部工作提出新要求，厅党组成员、纪检组长乔大伟总结和部署工作。

离退休干部支援抗震救灾工作 5月，四川汶川特大地震发生后，全厅离退休干部积极响应中央和省委的号召，踊跃捐款支援四川灾区抗震救灾和恢复重建工作，先后两次为灾区人民捐款88500元。

进行光荣传统教育 6月3日，林业厅举行老干部光荣传统报告会。老干部代表侯尚谦同志向厅机关及直属单位团员青年、退伍转业军人和老干部工作人员进行党的优良传统和社会主义荣辱观教育，勉励年轻干部牢记“两个务必”、发扬“三大作风”，进一步增强做好本职工作的责任感和使命感，为建设林业生态省贡献力量。

开展纪念建党87周年和纪念改革开放30周年活动 7月，“七一”前后，厅机关离退休干部党支部在老干部党员中开展“永葆先进性，永远跟党走”主题教育和征文活动，纪念建党87周年和改革开放30周年，教育和勉励广大老干部坚定理想信念，永葆政治本色，进一步加强老干部党员思想政治建设。

野生动物救护

一、概述

2008年，河南省野生动物救护中心（简称救护中心）在林业厅党组的正确领导下，认真贯彻落实科学发展观，团结奋进，求真务实，扎实工作，圆满完成了年度工作目标任务。

（一）积极开展野生动物救护工作

全年共外出救护野生动物300余次，行程1万多公里，救护收容野生动物活体、死体3713只（头、条），其中国家一级保护动物金雕、东北虎等11只，国家二级保护动物非洲狮、小熊猫、猕猴、红隼、普通鵟、雕鸮等82只，省重点保护动物10只，国家一般保护动物3610只；对接收的伤、病、残野生动物及时治疗，精心护理，有效提高患病受伤动物的治愈率，救治成功率达到86%以上。对治愈的动物及时组织放生，共放生动物3105只，其中影响较大的为3月27日在鲁山石人山自然保护区举行的野生动物放生活动，新华社河南分社、大河报、河南电视台都市频道、河南商报等数家新闻媒体对此进行了报道，产生了较大的社会反响。

（二）科学饲养管理场馆内现有的国家重点保护野生动物

根据各种动物的生活习性，科学饲养管理场馆内现有的一百余只野生动物，合理配置饲料，按时定量投食，每天打扫卫生，定期进行防疫、消毒、驱虫，保证动物健康生长。同时，积极开展动物交配、受孕、繁育规律研究，提高动物繁育水平，全年成功繁育梅花鹿11只、猕猴2只。经批准，外调平煤集团二矿猕猴10只。

（三）认真做好全省野生动物疫源疫病监测工作，加强装备建设，不断提高监测水平

高度重视疫源疫病监测工作，采取多种措施，确保工作正常开展。一是报请林业厅同意，成立了疫源疫病监测科，配备2名专职工作人员，专门负责全省野生动物疫源疫病监测有关工作。二是认真做好疫源疫病信息收集及上报工作，全年共接收全省各地市疫情信息报告单15000余份，并按要求上报国家林业局和省高致病性禽流感领导小组办公室。三是加强疫源疫病监测值班工作，坚持24小时值班制度，密切关注全省各地市疫情信息，并配合厅保护处对全省各监测站值班情况进行电话抽查，督促各监测站做好值班工作。四是加强野生动物疫源疫病监测物资装备建设，建立了初检实

验室、监测信息档案室、应急物资贮备库。对监控设备进行全面维护，提高了监测水平。五是加强监测工作制度建设，制定了监测员岗位职责，完善了信息报告、设备、物资、档案管理等一系列规章制度，使监测工作更加规范化。六是完成了“省政府应急平台建设”有关野生动物疫源疫病监测站信息输入工作。

（四）完成全省自然保护区基本数据统计工作

在林业厅保护处的支持下，完成对全省25个自然保护区基本数据的统计和上报工作，并结合学习实践科学发展观活动对河南省自然保护区的现状进行调研，提出了发展对策，为自然保护区的科学管理奠定了基础。

（五）加强对外宣传工作

一是积极配合新闻媒体，搞好对外宣传工作，全年共接受各级电视台采访22次，在大河报、河南商报等平面媒体上报道21次。二是参与组织了河南省第27届“爱鸟周”和第14届野生动物保护宣传月等大型宣传活动，参加省妇联组织的省会保护妇女权益咨询活动。在郑州市动物园举办的启动仪式上，展出小型鸟类标本8件，布置宣传展板30块，制作悬挂宣传横幅2幅。三是加强“河南野生动植物保护网”网站建设，及时将中心工作动态、科普知识、媒体宣传报道等有关信息在网上发布，更新信息35条。

（六）进一步做好科普宣传工作

根据自身业务性质，充分利用现有资源普及野生动物保护知识。中心野生动物标本室制作展出有野生动物标本80余件，我们将其与中心院内的野生动物馆舍、动物医院等近30000平方米宣教场所免费对社会开放。策划了环保社团中心行等主题活动。在每周二的社会团体开放日和“爱鸟周”及野生动物保护宣传月期间，由专职科普人员对参观者进行系统讲解。同时，还积极与郑州师范专科学校等高校进行交流合作，作为其教学实习基地，为其开展教学、科研和学生实习等工作提供便利条件。全年接受科普教育人数达12000余人次。受到了前来指导工作的国家林业局纪检组长杨继平的好评。

（七）成功创建省级文明单位

救护中心自确定2008年开展省级文明单位创建工作以来，领导高度重视，主动加强与有关单位的沟通与联络，积极寻求指导和支持，干部职工齐心协力，按照省级文明单位标准，认真整理完善档案资料，努力学习掌握文明知识，逐项建设完善硬件设施，绿化美化办公楼院，积极开展职工思想道德教育、文娱活动、警民共建、向地震灾区捐款捐物及新农村建设帮扶等各种活动。通过开展文明创建工作，丰富了职工精神生活，改善了职工办公条件，提升了职工整体素质。2008年10月，救护中心顺利通过了省级文明单位验收，11月14日被省委、省政府命名为2008年度省级文明单位。

二、纪实

省公安厅副厅长李建中到救护中心视察工作　1月11日，省公安厅副厅长李建中在林业厅副厅长弋振立陪同下到救护中心视察工作。李建中厅长对救护中心实行预防为主、人防与技防相结合的综合防控措施，保护野生动物安全的做法表示赞同。

省委巡视组到救护中心检查指导 5月21日，省委巡视组孙金全组长一行3人在林业厅纪检组长乔大伟、副组长任朴陪同下到救护中心检查指导工作。

国家林业局纪检书记杨继平到救护中心视察工作 7月1日，国家林业局纪检书记杨继平在林业厅纪检组长乔大伟陪同下到救护中心视察工作。在视察动物场馆、标本室、观看多媒体演示后，杨继平书记对救护中心工作给予赞扬，并欣然题词："人与自然和谐的辛勤工作者"。

国家林业局新闻发言人、宣传办公室主任曹清尧到救护中心考察指导 7月2日，国家林业局新闻发言人、宣传办公室主任曹清尧到救护中心考察指导工作。

省人大农工委副主任张敬增视察救护中心 7月14日，省人大农工委副主任张敬增在惠济区书记张俊峰陪同下到救护中心视察工作。

野生动物救护中心支部印发开展"新解放、新跨越、新崛起"大讨论活动实施方案 7月29日，中共河南省野生动物救护中心支部印发了《河南省野生动物救护中心开展"新解放、新跨越、新崛起"大讨论活动实施方案》(豫护支［2008］5号)，安排用2个多月时间，在党员干部中开展"新解放、新跨越、新崛起"大讨论活动。

救护中心捐助帮扶村 8月25日，救护中心捐助帮扶村——惠济区常庄村多媒体电教设备一套，图书、光碟1000册（盘），价值3万元。

国家林业局动植物保护司动管处阮向东副处长检查河南野生动物疫源疫病监测工作 9月6日，国家林业局动植物保护司动管处阮向东副处长到救护中心检查野生动物疫源疫病监测工作。

"伏牛山野生杜鹃品种选育及培育技术及研究"课题通过省级鉴定 9月21日，由"河南省伏牛山太行山自然保护区管理总站"第一主持的"伏牛山野生杜鹃品种选育及培育技术及研究"课题通过省级鉴定。专家组认为，"该项目选题准确，路线合理，方法科学，数据翔实，结论正确，研究居国内同类研究领先水平"。

郑州市文明办公室对救护中心创建省级文明单位进行检查验收 10月15日，郑州市精神文明办公室刘跃庭副主任一行7人对救护中心创建省级文明单位进行检查验收。

野生动物救护中心支部印发开展深入学习实践科学发展观活动实施方案 10月21日，中共河南省野生动物救护中心支部印发了《河南省野生动物救护中心开展深入学习实践科学发展观活动实施方案》(豫护支［2008］8号)，安排从2008年10月中旬到2009年2月底，在处级干部和党员中开展深入学习实践科学发展观活动。

国家林业局野生动物疫源疫病监测中心检查河南野生动物疫源疫病监测工作 10月22日，国家林业局野生动物疫源疫病监测中心初冬处长到救护中心检查野生动物疫源疫病监测工作。

省野生动物救护中心获"2008年度省级文明单位"称号 11月14日，中共河南省委、河南省政府印发《关于命名2008年度省级文明单位和警告部分省级文明单位、撤销部分省级文明单位称号的决定》(豫文［2008］176号)，省野生动物救护中心被命名为"2008年度省级文明单位"，并授予奖牌。

森林航空消防

一、概述

2008年，河南省森林航空消防站（简称森航站）、森林资源数据管理中心在林业厅党组的正确领导下，认真贯彻落实《中共中央国务院关于加快林业发展的决定》，牢固树立建设河南林业生态省的责任感意识，发扬艰苦奋斗、团结协作的精神，顺利完成了各项工作，做出了应有贡献。

（一）航空护林工作开展顺利

一年来，森航站紧紧围绕《河南省人民政府办公厅关于进一步加强森林防火工作的通知》精神，在严峻的森林防火形势下，根据全省防火大局的需要，做好协同配合，安全高效飞行，形成卫星林火监测、航空巡护消防、地面扑火力量三位一体的防扑火体系，充分发挥航空消防护林的优势，及时有效地处置了接连发生的森林火灾，为实现森林火灾“打早、打小、打了”的目标，最大限度减小森林火灾损失提供了强有力的支撑和保证。航期内共安排飞行39架次、历时107小时4分，其中巡护32架次，实施火场侦察及吊桶灭火5架次。

（二）信息化建设工作全面推进

2008年，全省林业政务专网、全省电子公文传输系统扩建、全省视频会议系统扩容、全省森林资源数据库建设和厅局域网（内网）改造及安全体系建设已经按照项目方案展开初期建设，到2009年底项目将全面开展；河南林业信息网更新各类信息3546条，访问量逐步提升；全年共召开各类视频会议12次；顺利完成网上政务信息公开工作；共接受并回复厅长邮箱信件41封，河南省人民政府门户网站网上咨询25次；保证机房网络设备及全厅办公电脑正常运转，无安全事故；协助完成省保密局对林业厅今年的保密检查工作。接转承担了电子公文传输（不包括省委涉密公文）工作。厅局域网（内网）改造及安全体系建设已经有序地开展。河南林业信息网荣获全国农业网站百强“园艺林业类网站10强”称号。

二、纪实

河南省森林航空消防站正式组建　3月17日，王照平厅长主持召开第71次厅长办公会议，研究关于省森林航空消防站组建问题。省林业厅会议纪要豫林纪办［2008］3号确定：根据省编办批复，省森林航空消防站承担森林资源数据管理和航空消防两项职能，一个机构，两块牌子。

全力以赴开展各项筹建工作 4月7~30日，根据新建单位法人登记注册的有关程序和相关规定，进行机构法人申请登记、印章刻制及单位组织机构代码登记注册工作，同时拟定航空消防和森林资源数据管理中心的工作职责，以及航站各项规章制度，为森航站的正规化管理和制度化运作做了前期准备。

设置政府信息公开专栏 5月7~12日，在河南林业信息网设置政府信息公开专栏，发布河南省林业厅政府信息公开指南和政府信息公开目录，并一次性新公开政府信息360条。

森航站支部委员会召开第一届支部党员大会 6月16日，中共河南省森林航空消防站支部委员会召开第一届支部委员大会，并成立森航站精神文明建设领导机构。

赴西南航站考察学习 7月1日，省林业厅副厅长弋振立带领森航站王明印书记等一行6人赴国家林业西南航空护林总站进行考察学习。

更换卡巴斯基网络版杀毒软件 7月30日至8月3日，信息中心更换厅局域网网络版杀毒软件卡巴斯基并增加防病毒网关，运行情况良好。

与东方通用航空公司签订租机合同 10月20日，按照西南总站的统一安排，省森林防火办公室公室、森林航空消防站赴昆明与东方通用航空公司签订了租机合同。

信息化建设二期工程全面启动 11月10日，信息化建设二期工程包括全省政务专网、视频会议系统、电子公文传输系统的三级网建设和全省森林资源数据库建设全面启动。

冬季航空护林开航 11月12日，森林航空消防站冬航按计划正式开航，租用东方通用航空公司的一架M-171直升机于当天14时20分抵达洛阳机场。

冬季航护首飞成功 11月20日10：50，M-171直升机从洛阳机场起飞，在完成对101沿线林区的巡护任务后，于14：04安全降落，首飞成功

协助宣传森林防火 11月21日，应洛阳市林业局和汝阳县林业局请求，森林航空消防站在汝阳县举行了全省首次利用直升机在空中宣传森林防火活动，航护飞机将万余份森林防火传单投撒到县城重点村镇和人口密集区。

副厅长李军检查指导航护工作 11月28日，省林业厅副厅长李军在森林航空消防站王明印书记、袁其站主任的陪同下，到洛阳基地检查指导航空护林工作并给予充分肯定。

西南航空护林总站副站长史永林到洛阳基地检查指导工作 12月2日，国家林业局西南航空护林总站副站长史永林一行在河南省森林航空消防站王明印书记、袁其站主任的陪同下，到河南省森林航空消防站洛阳基地检查指导工作。

河南林业信息网在河南省省直单位门户网站评比中排名第5名 12月5日，河南林业信息网在2008年度河南省政府系统门户网络评比中排名第5名（豫政办文［2009］3号文）。

航空护林巡视首次发现火灾 12月7日，森林航空消防站航空护林巡视M-171正常巡护101航线，在西峡县西坪镇发现一起森林火灾，并对该火场进行侦察并上报侦察及处置，有效遏制了林火蔓延。

成功实施首次吊桶灭火　12月26日，执行巡护任务的M-171直升机从西峡县返回洛阳基地途中，在该县赵庄村发现一起林火，机组人员及时开展首次吊桶灭火作业并成功扑灭。

河南林业信息网入选全国农业网站百强榜，进入园艺林业网站10强　12月20日，河南林业信息网入选全国农业网站百强榜，进入园艺林业网站10强，荣获中国电子商务协会、中国互联网协会、农业部信息中心联合颁发的获奖证书。

郑州市

一、综述

2008年，郑州市各级林业部门以十七大精神为指导，以科学发展观为统领，在市委、市政府的正确领导下，紧紧围绕“加快建设森林生态城，全面启动林业生态市建设，着力打造全省生态环境首善之区”的奋斗目标，巩固“全国绿化模范城市”创建成果，奋力推进林业生态建设工作实现新的跨越，全市林业建设呈现又好又快发展的良好局面。

（一）“全国绿化模范城市”荣誉正式花落郑州

2006年，郑州市委、市政府决定用两年时间，争创“全国绿化模范城市”，经过全市上下两年的不懈努力，郑州市各项绿化指标均达到或超过了“全国绿化模范城市”规定的标准。2007年11月30日，全国绿化委员会下文授予郑州市等14个城市“全国绿化模范城市”荣誉称号。2008年4月3日，全国绿化委员会隆重召开表彰大会，市长、市绿化委员会主任赵建才代表郑州市上台领取了“全国绿化模范城市”荣誉奖牌。郑州市是本届全省唯一获得“全国绿化模范城市”荣誉称号的城市。2008年4月5日上午，郑州市委、市政府在市政府办公楼前隆重举行了郑州市荣膺“全国绿化模范城市”挂牌仪式，省委常委、市委书记王文超和市长、市绿化委员会主任赵建才亲自为郑州市挂上了“全国绿化模范城市”荣誉奖牌。绿城郑州再添亮丽名片，城市形象和品位得到再次提升。

（二）年度造林绿化目标任务超额完成

在继续实施森林生态城建设的基础上，按照省委、省政府关于建设林业生态省的战略部署，郑州市编制了《郑州市林业生态建设规划》，从2008年至2012年，利用5年时间实施林业生态市建设，计划在全市范围内完成林业建设总规模299.12万亩。2008年，全市共完成林业建设总规模75.98万亩，是目标任务70.74万亩的108%。其中完成新造林45.89万亩，园林苗木花卉5.66万亩，森林抚育改造14.43万亩，封山育林10万亩。森林生态城范围内2008年完成新造林25.86万亩。“跨越式发展八大工程”中涉及郑州市林业局的林业工程保障体系建设（林业有害生物防控中心、森林资源监测调查规划设计中心、森林防火防控中心）正在积极进行。

（三）全民义务植树活动深入开展

2月29日，省、市党政军领导到中牟林场参加义务植树，带动社会各界掀起了植树造林热潮。全市以各种形式参加义务植树的公民达351.6万人次，占应尽责人数371.13万人的94.74%，义务植树1152.6万株，全市共建成各种形式的义务植树基地102个。

（四）黄河湿地保护工作快速推进

2008年5月21日，郑州市政府组织召开了《郑州黄河国家湿地公园总体规划》专家评审会。评审委员会一致通过规划评审。规划将按照专家及各相关单位的修改意见进行深化和完善，尽快向国家林业局进行申报。6月25日，经过评标专家委员会审定，确定了保护区详细规划编制单位，保护区详细规划编制工作顺利推进。5月8日，市政府第105次常务会议审议通过了《郑州黄河湿地自然保护区管理办法》，标志着黄河湿地依法保护和管理已全面启动。目前，国家林业局已同意开展郑州黄河国家湿地公园试点工作。

（五）集体林权制度改革稳步推进

2008年初，郑州市政府出台了《关于深化集体林权制度改革的实施意见》，并召开了动员大会，林业体制改革工作在全市全面铺开。目前，第一阶段的成立机构、宣传发动、组织培训、制定方案等工作已经完成，第二阶段的实地核查、公示结果、勘界确权、登记备案等工作正在紧张有序进行。

（六）森林资源保护工作扎实开展

林业行政执法队伍与森林公安机关密切配合，不断提高自身建设，通过专项打击行动与日常执法相结合，对全市乱砍滥伐林木、乱侵滥占林地、乱捕滥猎野生动物等违法犯罪行为进行了严厉打击。共查处各类案件1103起，查结979起。森林防火工作在坚持落实行政领导负责制、加大森林防火宣传力度、强化防火值班、严格火源管理的同时，重点加强了基础建设和队伍建设，有效增强了森林火灾的预防和扑救能力。全市没有发生大的森林火灾。及时添置了喷药设备、防治药品，开展了飞机喷药防治林业有害生物工作，共飞行60架次，防治面积15万亩，有效地遏制了森林病虫害的蔓延，保护了生态建设成果。

（七）成功取得2010年第二届中国绿化博览会承办权

由全国绿化委员会主办的"中国绿化博览会"是中国绿化领域最高规格的国家级行业盛会，对于促进举办城市乃至所在省的城乡绿化和绿化产业发展有着积极的推动作用。为进一步促进郑州市城乡绿化和生态环境建设，着力打造河南省生态建设首善之区，河南省委、省政府，郑州市委、市政府决定申请举办第二届中国绿化博览会。2008年12月1日至3日，全国绿化委员会专家组一行9人莅临郑州市考察第二届中国绿化博览会申办工作。经过全市上下的共同努力，郑州市申办2010年第二届中国绿博会工作一举成功。

二、纪实

副市长王林贺调研郑州市林业工作　1月27日，郑州市跨越式发展生态建设工程指挥部第一副指挥长、副市长王林贺到市林业局进行调研，在听取了工作汇报后，王林贺副市长对林业局干部职工进行了慰问，同时重点对春节期间的森林防火工作提出了明确要求，要加强戒备，维护森林资源安全，确保林区群众过一个安乐祥和的春节。

郑州黄河湿地自然保护区管理中心开展2008年“2·2”世界湿地日系列宣传活动 2月2日，第12个“世界湿地日”期间，市林业局、湿地管理中心在市科技馆广场举办了主题为“健康的湿地，健康的人类”湿地日宣传活动暨黄河湿地知识图片展，呼吁身边人关注湿地，保护好珍贵的湿地资源。

郑州市召开2008年省会郑州全民义务植树暨林业生态市建设工作会议 2月21日，市委、市政府在市青少年宫隆重召开2008年省会郑州全民义务植树暨林业生态市建设工作会议。会上，王林贺副市长回顾总结了2007年全市造林绿化工作，对2008年度全民义务植树及今后五年林业生态市建设进行了安排部署。市长赵建才对全市造林绿化工作进行了动员，提出了具体要求。省林业厅副厅长弋振立出席会议并作重要讲话。

郑州市林业局召开种苗工作会议 2月25日，郑州市林业局召开了由各县（市）、区主管领导、重点苗圃的负责人参加的种苗工作会议。会议传达了省经济林和林木种苗工作站长会议精神，回顾了全市2007年的种苗工作，对2008年及近期要做的主要工作进行了安排。

省市领导参加义务植树活动 2月29日，省市党政军领导徐光春、李成玉、陈全国、叶青纯、曹维新、王文超、张程锋、徐济超、刘满仓、王平（省政协）、李英杰、龚立群、曹建新、刘孟合、赵金声、赵建才、白红战、李秀奇、康定军、王璋、杨丽萍、李建华、李保山、王平（市人大）、栗培青、魏深义、尚有勇、王旭彤、张发亮、王林贺、岳喜忠、王薇、朱专兴、高方斌、司马武当等来到中牟县林场西林区，挥锹铲土，与省市直属机关干部一起参加义务植树活动。省委书记、省人大常委会主任徐光春强调，进一步加强造林绿化，推进林业生态省建设。

郑州市在全省率先开展种苗产地检疫示范县活动 2月，郑州市在新密、登封开展种苗产地检疫示范县活动，以提高检疫执法水平，使这两地的种苗产地检疫率达到100%。该项活动被列入年度森林病虫害防治目标考核的重要内容，实行一票否决制。

郑州市林业局举办弘扬生态文化建设生态文明学术报告会 3月1日，市林业局利用周六休息时间特邀中国人民解放军郑州防空兵指挥学院蔡耘教授，为局系统170余名干部职工作了一场主题为“弘扬生态文化，在建设生态文明中奉献人生价值”的报告会。

郑州市完成主要害虫越冬后蛹期调查工作 3月7日，郑州市组织全市森林病虫害防治机构组织50余人集中20余天完成了主要害虫越冬后蛹期调查工作，掌握越冬蛹基数，为全年发生趋势预测与防控提供了科学依据。

郑州市首次举行“树葬”，112位逝者“落叶归根” 3月29日，郑州市首次举行“树葬”，112位逝者“落叶归根”。树葬活动的成功举行，为郑州广大市民提供了一个简便、省钱、全新的殡葬形式。

2008人共植“奥林匹克林” 3月30日，由河南省体育局、郑州市绿化委员会、河南电视台共同举办的共筑“奥林匹克林”大型公益植树活动，在新密市白寨镇白寨村的郑州全民义务植树基地举行。河南省人大常委会副主任王菊梅等省市领导和来自社会各界的2008名环保志愿者，共同植下了象征绿色奥运的“奥林匹克林”。

郑州市举办集体林权制度改革工作培训班 4月1~3日，郑州市在新密市举办了为期3天的集体林权制度改革工作培训班。

郑州市举行“全国绿化模范城市”挂牌仪式 4月5日，市委、市政府在市政府办公楼前隆重举行了郑州市荣膺“全国绿化模范城市”挂牌仪式，热烈庆祝本市取得“全国绿化模范城市”荣誉称号和奖牌。省委常委、市委书记王文超和市长、市绿化委员会主任赵建才亲手挂上了“全国绿化模范城市”荣誉奖牌。

中国科学院首席研究员考察郑州黄河湿地保护区 4月26日，中国科学院首席研究员、博士生导师、植物研究所植物生态学研究中心主任董鸣，研究员何维明等一行三人在郑州市林业局副局长朱选伟的陪同下考察郑州黄河湿地自然保护区。

郑州市举行第七次森林资源连续清查培训 4月23~29日，郑州市林业局举办培训班，对参加第七次森林资源连续清查的各县（市、区）80多名业务技术人员进行了培训。

国家林业局原副部长沈茂成视察郑州黄河湿地保护 4月29日，中国国有林场协会会长、原林业部副部长沈茂成一行四人视察了郑州黄河湿地自然保护区。

郑州市林业局召开全市林业宣传工作会议 4月29日，郑州市林业局组织召开了全市林业宣传工作会议。会议总结了2007年度全市林业宣传工作，并对2008年林业宣传工作作了安排部署。市林业局党委书记、局长史广敏充分肯定了全市林业宣传工作所取得的成绩，并就当前如何做好林业宣传工作提了具体要求。《中国绿色时报》策划部主任梅青就新形势下如何做好林业宣传工作作了精彩的辅导。

市生态建设工程指挥部指挥长王璋视察郑州黄河湿地保护区 5月2日，市委常委、市纪委书记、市跨越式发展生态建设工程指挥部指挥长王璋在市林业局史广敏局长的陪同下，视察了郑州黄河湿地自然保护区。

史广敏局长看望市林业局驻村工作队 5月5日，市林业局局长史广敏在惠济区区长黄卿等陪同下，到惠济区古荥镇曹村坡村看望了市林业局新农村建设驻村工作队。

市林业局召开黄河湿地自然保护区管理工作会议 5月7日，郑州市林业局在郑州黄河湿地自然保护区管理中心召开管理工作会议。

郑州黄河湿地自然保护区管理办法出台 5月8日，郑州市人民政府第105次常务会议审议通过了《郑州黄河湿地自然保护区管理办法》，该办法于2008年8月1日起施行。

市林业局系统向灾区人民献爱心 5月中旬，郑州市林业局机关及直属机构全体工作人员、离退体老干部为四川灾区捐款18000元。

市政协委员视察郑州林业生态建设 5月14~15日，郑州市政协组织部分市政协委员视察了郑州林业生态建设情况。

郑州市首次引进控水袋辅助造林 5月中旬，郑州市林业工作总站利用技术优势，首次引进5000个控水袋用于新郑始祖山荒山造林。这种技术的应用可使造林成活率达到90.5%左右，比普通造林的成活率提高11个百分点。

《郑州黄河国家湿地公园总体规划》通过专家评审 5月21日，郑州市人民政府召开《郑州黄河国家湿地公园总体规划》专家评审会，与会专家审阅通过了《郑州黄河国家湿地公园总体规划》，并建议规划编制组根据专家意见进行修改完善后尽早申报国家湿地公园。

市林业系统9万多元“特殊党费”支持抗震救灾 5月22日，郑州市林业局举行共产党员缴纳“特殊党费”活动仪式，以支援灾区抗震救灾。市林业工作总站、市苗木场、市森林公安分局、郑州黄河湿地管理中心和市木材检查站等局属机构党支部也都积极组织党员开展了缴纳“特殊党费”活动。经统计，局系统共有137名党员缴纳“特殊党费”，共计96336元。

郑州市林业局召开机关党员大会研究发展新党员和预备党员转正工作 5月22日，郑州市林业局机关党支部召开党员大会，研究发展新党员和预备党员转正工作。

郑州市林业局召开森林病虫害防治工作会议 5月23日，郑州市林业局召开了2008年森林病虫害防治工作会议。

郑州市林业局举办2008年度全民义务植树行政执法培训班 5月23~24日，郑州市林业局举办了2008年度全民义务植树行政执法培训班。

市领导康定军视察邙岭石榴种质资源保护小区建设工作 5月29日，省辖市正市长级干部、市生态建设工程指挥部副指挥长康定军在市林业局局长史广敏等人的陪同下，视察了邙岭石榴种质资源保护小区建设工作。

郑州市苗木场举办首届夏季运动会 6月6日，郑州市苗木场在北苗木基地举办了首届夏季运动会。

郑州市林业工作总站举办首次林业有害生物防治知识竞赛 6月10日，郑州市林业工作总站在黄河饭店成功地举办了一场主题为“灾害重在预防，确保森林健康；坚持科学发展，责任重于泰山”的林业有害生物防治知识竞赛。郑州市辖6县（市）、6区共有12个代表队参加了竞赛。

郑州市实施飞机喷药防治杨树食叶害虫 6月20日至7月5日，郑州市林业局组织“运五”型飞机对郑州市辖区内的连霍高速、京珠高速、机场高速等道路林，贾鲁河等河道林，黄河大堤南侧、国有中牟林场等片林以及部分农田林网等杨树食叶害虫发生较为严重的地方飞防60架次，防治面积15万亩。

郑州市第七次森林资源连续清查工作顺利通过国家林业局检查验收 6月11~17日，国家林业局华东林业调查规划设计院高工胡建全在省林业调查规划设计院副院长赵建新等陪同下，对郑州市第七次森林资源连续清查工作进行了检查验收。此次验收涉及本市中牟、荥阳、巩义、登封、新密、新郑6个县（市）的417个固定样地。

郑州市森林公安分局召开全市森林公安信访、稳定工作会议 6月24日，郑州市森林公安分局召开全市森林公安信访、稳定工作会议。会议传达贯彻了省辖市森林公安负责人会议精神，并对组织开展重点信访案件专项治理活动、加强“三基”工程建设、预防职务犯罪和维护队伍稳定等工作进行了安排部署。

市林业局召开纪念建党87周年暨党风党纪集中教育活动动员会 6月30日，市林业局召开纪念建党87周年暨党风党纪集中教育活动动员会。

《郑州林业志》续修工作正式启动 7月8日，郑州市林业局召开了林业志编撰工作动员会，标志着《郑州林业志》编撰工作正式启动。

郑州市林业局召开退耕还林工作会议 7月10日，郑州市林业局召开退耕还林工作会议。

郑州市林业局举办续修林业志培训班 7月16日，郑州市林业局举办续修林业志培训班，对各县市（区）参加修志的人员进行了培训。

郑州市林业局举办“喜迎奥运　文明参与”有奖知识竞赛活动 7月9~18日，郑州市林业局举办了“喜迎奥运　文明参与”奥运有奖知识竞赛活动。

郑州市林业局召开“继续解放思想、加快推进跨越式发展”大讨论活动动员会 7月29日，市林业局党委在黄河饭店召开由局系统全体人员参加的“继续解放思想　加快推进跨越式发展”大讨论活动动员会。

郑州市森林公安分局开展奥运安保暨枪支、弹药管理检查 7月31日，郑州市森林公安分局部署了郑州市奥运安保暨枪支弹药管理督察检查工作方案，并派出两个督察组对郑州市森林公安机关进行督察。

市林业局副局长曹萍检查市西黄刘木材检查站创建省双十佳文明服务窗口单位工作 8月1日，郑州市林业局副局长曹萍对市西黄刘木材检查站的执法工作和创建全省双十佳文明服务窗口单位工作开展情况进行检查指导。

省林业厅林政处对西黄刘市木材检查站进行检查指导 8月7日，省林业厅林政处副处长李建平等一行三人在市林业局曹萍副局长的陪同下，视察郑州市西黄刘木材检查站开展创建省双十佳文明服务窗口落实情况，并听取了工作汇报。

郑州市林业局召开灭虫药包及布撒器应用现场会 9月5日，郑州市林业工作总站在新密市举办了由全市森林病虫害防治检疫站站长和防治业务骨干30余人参加的灭虫药包及布撒器应用现场会。灭虫药包及布撒器的引用解决了在丘陵、山地等地形复杂、林木高大、森林茂密，人员不易到达、飞机不易喷施药剂的林区开展林业有害生物防治工作的难题，这在河南省尚属首次。

市人大领导视察黄河湿地保护区 9月18日，市人大常委会副主任栗培青、魏深义、王旭彤，市人大常委会副秘书长柴清玉、民侨外工委主任岳德常，在市林业局常务副局长王凤枝的陪同下，冒雨视察指导了郑州黄河湿地自然保护区保护建设、管理工作。

中国科协生态学会专家学者考察郑州黄河湿地自然保护区 9月19日，参加第十届中国科协年会的生态学会专家学者一行19人考察了郑州黄河湿地自然保护区。

中国科协林业专家学者考察郑州市生态林业建设 9月20日，参加第十届科协年会的近200名林业专家考察郑州市林业生态建设情况。

郑州市林业局在第八届中原花木交易博览会上喜获团体综合布展金奖 9月29日，第八届中原花木交易博览会落幕。在这次博览会上，郑州市林业局喜获团体综合布展金奖，郑州市苗木场的展品荣获了4项特色产品奖和2项优质产品奖。

郑州市林业工作总站网站正式开通 10月7日，郑州市林业工作总站网（http://www.lyzz.gov.cn）正式开通。

上海崇明东滩鸟类国家级自然保护区考察团到郑州黄河湿地保护区交流考察 10月10~11日，

上海崇明东滩鸟类国家级自然保护区管理处主任宋国贤一行7人到郑州黄河湿地自然保护区考察交流。双方就自然保护区的管理体制、立法保护、生态监测和巡护、资源保护、科研宣教、社区共管、生态旅游等方面进行了交流座谈。

市林业局荣获2008第二届中国·郑州农业博览会优秀组织单位奖　10月13~14日，农业部、河南省人民政府在郑州国际会展中心成功举办了“2008第二届中国·郑州农业博览会”。市林业局被组委会评为“2008第二届中国·郑州农业博览会”优秀组织单位奖。

郑州市林业局、郑州市气象局签署林业有害生物监测预报合作协议　10月16日，郑州市林业局、郑州市气象局在市林业局六楼会议室举行了林业有害生物监测预报合作协议签字仪式。

省会郑州举办第十四届“野生动物保护宣传月”活动　10月18日，市林业局联合河南省野生动植物保护协会，在郑州森林公园大众生态园举行省会郑州第十四届“野生动物保护宣传月”活动仪式。本次活动的主题是“倡导绿色生活、共建生态文明”。

郑州市召开集体林权制度改革工作汇报会　10月22日，郑州市人民政府召开全市集体林权制度改革工作汇报会，对下一阶段林业体制改革工作进行了安排部署。

史广敏局长视察湿地管理中心　10月27日，市林业局局长史广敏到湿地管理中心视察工作。

郑州林业产业发展中心召开尖岗常庄水库水源涵养林2008年冬季护林防火专题会议　11月3日，郑州林业产业发展中心在尖岗常庄水库水源涵养林项目部召开2008年冬季涵养林护林防火专题会议。

郑州市召开2009年度造林绿化工作电视电话会议　11月10日，市委、市政府召开了2009年度造林绿化工作电视电话会议。会议总结了2008冬以来郑州市造林绿化取得的成绩和经验，对2009年度造林绿化工作进行了部署。

国家、省、市三级政协委员视察生态建设工程　11月18日，市政协副主席舒安娜带领国家、省、市三级政协部分委员，对郑州市跨越式发展生态建设工程三年行动计划实施情况进行视察。

市领导康定军视察郑州黄河湿地自然保护区　11月21日，省辖市正市长级领导、市跨越式发展生态建设工程指挥部副指挥长康定军，在市林业局局长史广敏的陪同下视察了郑州黄河湿地自然保护区，并对加快黄河湿地保护提出明确要求。

郑州市召开申办第二届中国绿化博览会方案论证会　11月26日，郑州市申办第二届中国绿博会方案专家论证会在郑州黄河饭店举行。

郑州市林业局召开冬季造林工作督促会　11月28日，市林业局召开了由各县（市、区）林业局长，农经委副主任及高新区、经开区、港区林业主管负责人参加的林业工作会议。

绿博会考察团抵郑考察郑州市申办工作　12月1日，全国绿化委员会办公室司长韩国祥、上海建工集团副总裁陈敏等一行9人组成的绿博会考察团抵郑，对郑州市申办“第二届中国绿化博览会”工作进行为期两天的考察。

绿博会考察团听取郑州市申办陈述报告　12月2日，第二届绿博会专家考察团，听取了郑州市申办第二届绿博会的汇报。下午，第二届绿博会专家考察团实地考察了公园、郑东新区、社区、酒店等，详细了解郑州市筹备绿博会的有关情况。

绿博会专家考察绿博园选址　12月3日，第二届绿博会专家考察团对郑州市的城乡绿化和“绿博园”两处备选地址进行深入考察。

郑州市开展森林病虫害防治体系建设培训　12月8~10日，郑州市在登封举办了由各县（市）林业局主管局长、森林病虫害防治检疫站长、业务骨干和各区森林病虫害防治检疫站长参加的郑州市森林病虫害防治体系建设培训班。

郑州市西黄刘木材检查站荣获“河南省林业双十佳文明服务窗口”荣誉称号　12月16日，郑州市西黄刘木材检查站被河南省林业厅、河南省人民政府纠风办公室评为“河南省林业双十佳文明服务窗口”单位。

市林业局召开黄河湿地自然保护区管理工作会议　12月18日，郑州市林业局在黄河湿地保护区管理中心召开保护区管理工作会议，对保护区2008年各项工作进行了总结，并对2009年工作进行了安排部署。

郑州市林业有害生物防治目标管理工作连续五年被评为先进　12月25日，郑州市被省林业厅评为年度林业有害生物目标管理先进单位。这是本市连续第五年被省林业厅评为林业有害生物目标管理先进单位。

开封市

一、概述

2008年，开封市认真贯彻落实省委、省政府建设林业生态省的战略决策，全面实施《开封市林业生态建设规划》，努力推动林业资源培育、保护和利用协调发展，全市林业建设取得了显著的成绩。

（一）林业生态市建设成效显著

以农田防护林体系建设工程、防沙治沙工程、生态廊道工程、环城防护林工程、村镇绿化工程为重点，严格按省批复的总体规划和年度作业设计组织造林，加强制度建设和督促指导，推动了林业生态建设又好又快发展。根据省验收结果，全市核实合格面积28.39万亩，核实合格率133.8%，是省下达目标任务21.21万亩的133.8%。全市造林任务完成率居全省第4位。无论是造林数量还是造林质量均创历史最好水平。所有县（区）均超额完成了省目标任务，尉氏县完成造林面积是省目标任务的160%，禹王台区完成造林面积是省目标任务的8倍多。

按工程分，完成农田防护林体系建设工程14.93万亩，防沙治沙工程5.73万亩，生态廊道工程2.66万亩，环城防护林工程1.34万亩，村镇绿化工程3.73万亩，均超额完成了省下达的目标任务，全市的平原绿化水平进一步提高。

（二）制定制度，保障林业生态建设持续健康发展

市政府出台了《开封市林业生态市建设奖惩办法》、《开封市林业生态市建设综合考核办法》等文件，对组织领导、资金筹措、检查验收、奖惩等各方面工作都作了具体的规定，用制度来规范和推动林业生态建设，努力把生态建设纳入制度化、规范化轨道上来。

（三）创新机制，激发林业生态建设发展活力

开封市认真落实“树随地走，谁栽谁有”的政策，采取承包、拍卖等措施，解决了造林占地问题，调动了各方投资造林的积极性。禹王台区实行招标绿化和报账制，由专业绿化公司负责入市口等重点区域的绿化，包设计、包栽植、包管护，验收合格后按合同支付绿化费用，确保了绿化效果。顺河区政府对连霍高速公路绿化占地每亩补偿800元，连补4年。龙亭区采取乡政府与群众签订造林

占地补偿合同，对群众每亩补偿600元，连补4年，补偿资金以银行存折的形式发放，让群众吃上了“定心丸”。

（四）加强督察，强力推进林业生态建设

市委、市政府成立了5个督导组，市委、市政府秘书长带队，市委、市政府“两办”、督察室，市农林局副县级以上领导及有关技术人员参加，分包县区，每周一次，结果在媒体公布。对督察中发现的问题，市林业生态建设工作领导小组及时下发督办通知书，跟踪问效。各县（区）也都加大了督察力度。尉氏县四大班子领导分包乡（镇）和重点工程，责任到人。通许县设立了6个督导组、12个工作组、1个保卫组和1个宣传组，全力推动林业生态建设。顺河区区委书记和区长分包两个乡（镇），抽调18个正科级干部进驻全区18个村督导检查，有力地推动了林业生态建设。

（五）全民义务植树蓬勃开展，全民植树的氛围逐步形成

认真贯彻落实《河南省义务植树条例》，义务植树尽责率进一步提高，植树形式更加丰富多样。全市义务植树900多万株，新建义务植树基地11个，义务植树成活率达到85.6%，义务植树建卡率达到91%以上。各项指标均完成了省定任务。

3月植树月期间，各级绿化委员会采取各种有效形式广泛宣传《中华人民共和国森林法》和《河南省义务植树条例》，宣传开封市义务植树取得的显著成效，宣传义务植树活动中涌现的先进人物和典型事迹。市绿化委员会办公室开通了植树热线，规划了栽植纪念树的场地，为广大市民义务植树提供服务。《汴梁晚报》开辟了义务植树专栏，大力宣传义务植树的法定性、全民性、公益性。各县（区）出动宣传车400多辆（次），刷写标语1500多条、悬挂横幅700余幅，张贴义务植树宣传画1300余份，发放各种宣传资料3200份。市各局委、企事业单位还通过建板报、办专栏等形式宣传造林绿化，建设生态文明的意义。团市委组织河南大学、开封大学、黄河水院、化工技校等十多所学校学生和市青年志愿者共1700余人，在金明区义务植树基地参加植树活动，共植树11000余株。市政协等市直部分单位700余人到金明区义务植树基地进行义务植树活动。市检察院、市农发行、市国家安全局、市质监局、市计生委、中国人民银行开封分行等单位和部门，积极主动与市绿委办联系，缴纳绿化费，尽自己的义务。一些民营企业，纷纷栽植“庆典林”等纪念林。非公有制主体造林在全市林业发展中的比重不断增大，千亩以上的造林大户不断涌现。租地造林、承包造林、合作造林等绿化形式丰富多彩，全民动手搞绿化氛围已经形成，有力的推动了义务植树工作的深入开展。

（六）村镇绿化取得了突破性进展

为促进村镇绿化工作的开展，开封市制定《开封市村镇绿化规划》，明确了总体任务和年度要求。在全市搞了30多个高标准试点，绿化美化相结合，乔灌相结合，发挥了很好的示范作用。市、县政府先后召开了多次现场会，推广试点村的经验，指导整个的村镇绿化工程，有力地推动了全市的村镇绿化工作。2008年全市共绿化、美化村镇810多个，造林面积3.73万亩，是2007年村镇绿化造林面积0.6万亩的6倍多。全市的村镇绿化工程呈现出全面铺开、造林规模大、成效显著的特点，显著地改善了农村人居环境。

（七）汴西森林公园造林绿化任务圆满完成

汴西新区是开封市西部的高新技术开发区，为了提高开发区产业发展的环境容量，2008年市政府加大了绿化力度。采用20多个绿化树种，绿化、美化、彩化相结合，绿化面积6300亩。从规划、造林到验收，全过程引入了招标投标制、监理制、报账制，保证了造林成效。开封市新区的“城市绿肺”和城中森林公园已初步成型。

（八）林业育苗工作稳步发展

全市完成育苗任务1.18万亩，是省下达任务0.8万亩的147.5%。产苗量4010万株，出圃2588万株。其中泡桐34万株，中林46杨874万株，107、108杨育1493万株，2000系列杨91万株，国槐6万株，经济林141万株，为2009年的林业生态市建设储备了充足的优良苗木。

（九）严格执法，保护森林资源和野生动物

全市共查处林业行政案件431起，查处率达96%，行政处罚481人，为国家挽回经济损失100余万元。林业违法案件数量较往年略有下降，查处率有所提高。

全市开展了4次集中行动，共查处破坏野生动物案件10余起，查处无证经营户15家和违法经营3户，救护各类动物60余只。同时，加强柳园口湿地保护区疫源疫病的监测与防控，收救各种鸟类306只，为防控禽流感做出了贡献。

（十）加强森林病虫害防治

充分利用防控网络健全的优势，积极开展植物检疫、病虫害测报和防治工作。2008年，全市实施产地检疫1.06万亩，种苗产地检疫率达到90%，调运检疫木材11万立方米。全市共发生各种林木病虫害13.4万亩，成灾面积为4195亩，林木病虫害成灾率为3.4‰，无公害防治率为76.89%，均圆满完成了防治任务，有效遏制了各种林木病虫害的严重发生势头，保护了平原绿化成果。

（十一）林业产业持续发展，科技兴林取得新进展

以市场为导向，龙头企业为带动，积极延长产业链条，做大第一产业，做强第二产业，搞活第三产业。2008年，全市林业产业产值19.39亿元，是年度计划17.92亿元的108.2%，比2007年增长30%。其中，第一产业产值12.69亿元，占总产值的65.4%；第二产业产值5.46亿元，占总值的28.1%；第三产业产值1.25亿元，占总产值的6.4%。

引进了华美、美8苹果，绿宝石梨，突尼斯软籽、豫石榴4号、5号，日本斤柿，特早红513、极早518油桃等10余个经济林优良品种。推广了果品套袋技术、四季修剪管理技术、嫁接技术、双吉尔-GGR生根粉技术、化控技术、生物病害防治等新技术。

开展了湿地松、乌桕引进试验示范项目研究，营造湿地松试验示范林100亩，建立乌桕种质资源收集繁育圃100亩，增加了开封市树种资源，发挥了科技示范带动作用。

（十二）全面推进集体林权制度改革工作

开封市成立了集体林权制度改革领导小组及办公室，印发了《开封市人民政府关于深化集体林权制度改革的实施意见》。各县区精心组织，积极推进，共完成勘界23.5万亩；已确权21.2万亩；发证19.2万亩。目前此项工作正在进一步开展之中。

（十三）退耕还林工程通过阶段性验收，森林资源连续清查工作圆满完成

根据省林业厅的工作安排，组织各工程县对退耕还林工程第一轮补助到期的经济林进行了全面验收，摸清了底子，对保存率低、林种变化的地块进行了及时的变更，规范了作业设计，完善了档案，通过了国家林业局和省林业厅的验收。

圆满完成了2008年森林资源连续清查工作。全市共清查样地389个，顺利通过了国家林业局和省林业厅的验收。

二、纪实

市委召开常委会议，研究林业生态建设工作 2月1日，市委召开常委会议，专题研究林业生态建设工作。副市长李留心介绍了省委省政府建设林业生态省的背景以及开封市林业生态市建设的任务和工作重点。市委书记刘长春提出四个到位，即组织动员到位、政策落实到位、苗木准备到位、管护措施到位，力争通过三年的努力全市实现林业生态市规划目标。

市政府召开全市林业生态市建设工作会议 2月2日，开封市政府召开全市林业生态市建设工作会议，市长周以忠，市委常委、兰考县委书记黄道功，副市长李留心出席会议，各县（区）委书记、县（区）长、主管副县（区）长、林业局长，市直有关部门负责人参加了会议。市政府副秘书长王秋杰主持会议。

会上，市政府与各县（区）政府签订了目标管理责任书，各县（区）县（区）长是第一责任人、负总责。市政府印发了《开封市2008年林业生态市建设实施方案》，进一步明确了全市2008年林业生态建设的任务和重点。市长周以忠对全市林业生态市建设工作进行了全面安排。

市政府召开林业生态建设兰考现场会 2月26日，市政府在兰考县召开第一次生态建设现场会。市领导顾俊、黄道功、李留心等出席会议。会议通报了对各县（区）林业生态建设工作的督导检查情况，副市长李留心对各县（区）的林业生态建设工作做了详细的点评，市委副书记顾俊要求对林业生态建设工作进行再动员、再部署、再掀新高潮。

市林业生态建设工作领导小组办公室组织林业生态建设阶段性验收 3月2~3日，市林业生态建设工作领导小组办公室组成20个验收组，对5县5区开展了2008年度林业生态建设阶段性验收，每个县（区）全查一个乡，依据检查结果进行排序，并召开了现场会，推动了生态建设的均衡发展。

市政府召开林业生态建设尉氏现场会 3月4日，全市第二次生态建设现场会在尉氏县召开。市委书记刘长春作重要讲话，要求各县区抓住春季造林有利时机，做到六个落实，即落实责任、任务、资金、苗木、政策和管护，全面完成2008年的林业生态建设目标任务。

全国平原林业建设现场会在尉氏县召开 5月27日，全国平原林业建设现场会在开封市尉氏县召开。国家林业局局长贾治邦，副局长李育材、印红以及全国20多个省、自治区、直辖市林业部门负责人200多人参加会议。与会人员参观了尉氏县邢庄乡的治沙造林、大营乡的生态廊道绿化、张市镇万村的木材加工、贾鲁河滩的小网格造林，给予高度评价。之后，江西省、湖北省、黑龙江省等地组织考察团前来参观考察，交流经验。

市林业生态建设工作领导小组办公室组织林业生态建设全面验收 6月10~20日，市林业生态建设工作领导小组办公室组成50个验收小组，对各县（区）林业生态建设完成情况进行了全面验收。对5县抽查了上报面积的20%，各区上报面积全查。

检查结果显示，各县（区）上报造林面积30.92万亩，核实合格面积29.24万亩，合格率92%。

分县看，兰考县造林面积核实率最高，达到106.3%，通许县造林面积合格率最高，达到94.5%。分区看，顺河区造林面积核实率最高，达到118.6%，禹王台区造林面积合格率最高，达到99.4%。分工程看，村镇绿化工程造林面积核实率最高，达到108.4%;日元贷款工程造林面积核实率较低，达到97.6%。退耕还林工程造林面积合格率最高，达到99.6%;生态廊道工程造林面积合格率最低，达到75.2%。

尉氏县成功创建林业生态县　11月，尉氏县顺利通过省林业厅组织的验收，成为开封市创建林业生态县第一家。为了创建林业生态县，尉氏县政府把林业生态县创建工作纳入目标管理，实行责任制，制定了检查验收办法和奖惩办法，做到了责任落实到位、任务分解到位、措施落实到位，保障了各项任务的圆满完成。

洛阳市

一、概述

2008年是洛阳市实施林业生态建设第一年，全年完成造林51.91万亩，完成森林抚育和改造工程25.86万亩，完成林业育苗4.7万亩， 扩建环市区苗木花卉产业带5814亩，防治林业有害生物15.4万亩，森林火灾受害率0.22‰，查处各类案件2041起。开展了集体林权改革、森林资源连续清查等工作，市林业局被省委授予省级文明单位称号，林业生态建设、招商引资、新农村建设、森林资源清查等工作受到省、市表彰。

（一）林业生态建设

2008年是洛阳市林业生态建设的第一年，为此，洛阳市组织编制了林业生态建设五年规划，市委、市政府专门成立了高规格的领导小组，明确林业生态建设由各级党委、政府一把手负总责。市委、市政府先后召开十多次动员会、现场会，连维良书记、郭洪昌市长多次参加会议并作出重要讲话。市政府组织10个督察组对林业生态建设情况进行督察，市、县两级财政投入林业生态建设资金2.2亿元，栾川县、嵩县、伊川县、新安县、宜阳县等投资均超千万元，洛阳电视台、洛阳日报社开设专栏积极宣传林业生态建设，在全社会的共同努力下，全市全年完成生态林营造和林业产业工程51.91万亩，占省下达任务35.92万亩的144.5%。规划建成了16项规模大、标准高、质量好的市级林业生态建设重点工程，特别是洛栾快速通道绿化、伊河百里百米绿化、嵩县环湖绿化、宜阳香鹿山五期绿化等工程，造林面积均在5000亩以上，完成森林抚育和改造工程25.86万亩，占省下达任务25.6万亩的101%。嵩县、栾川、汝阳通过省政府林业生态县检查验收。各级各部门都将林业生态建设纳入年度目标管理和绩效考核，2008年市委、市政府拿出330万元，对7个先进县（市、区）、25个先进乡（镇）和30个先进行政村进行奖励。

（二）环市区苗木花卉林果产业带建设

2008年环市区苗木花卉林果产业带建设重点围绕郑西高铁和二广高速、西南环高速两侧，计划建设任务4445亩，涉及偃师、宜阳、伊川、洛龙、高新等5个县（市、区）。经过检查验收，实际完成5814亩，占目标任务的130.8%。2008年3月28日，驻洛全国、省政协委员视察环市区苗木花卉林果产业带，对此项工作给予了充分肯定。

（三）林业育苗

2008年全市完成主要造林树种林业育苗27086亩，占目标任务26000亩的104.2%；产苗量1.431亿株，可供当年用苗1.19亿株，基本满足全市造林需要；完成园林绿化及花卉类育苗20148亩，占目标任务20000亩的100.7%；产苗量为5864万株，可供当年用苗4492万株，基本满足城镇园林绿化需要。

（四）集体林权制度改革

洛阳市共有集体林地总面积1045.09万亩，省政府下达洛阳市2008年度的工作责任目标是完成60%即627.1万亩的集体林业体制改革任务。年初以来，市集体林权制度改革工作按照动员部署、宣传发动、调查摸底、制定方案、外业勘界、公示结果等步骤顺利推进。全市落实产权面积688.1万亩，占全市集体林地总面积的65.8%，占年度目标任务的109.7%；已发证面积492.4万亩，占全市集体林地总面积的47.1%，占年度目标任务的78.5%。

（五）森林防火

2008年全市共发生森林火警、火灾48起，占全省823起的5.8%，其中一般森林火灾16起，森林火警32起，受害森林面积138.8公顷，森林火灾受害率0.22‰，低于1‰的省定控制标准。先后在林区查处违章用火生产经营单位17家，查处违法个人41名，治安拘留5人，依法逮捕5人，有效遏制了野外违法用火行为的发生。在重点林区新组建了16支重点乡镇森林防火突击队，使全市森林消防突击队由原来的30支增加到46支，经过组织多期森林防火知识和安全自救知识培训，各级各类森林消防队伍的技术战术水平得到显著提高。同时，2007年冬以来，全市累计购置各种森林防火机具198台，二、三号工具7760把，扑火服装2380套，森林消防物资进一步充实，扑火救灾保障能力得到明显提高。

（六）林业有害生物防治

2008年洛阳市的森林病虫害防治“四率”指标为成灾率7‰、测报准确率为83%、无公害防治率为75%、种苗产地检疫率为91%。2008年全市共防治林业有害生物面积为15.4万亩，防治率达到86.5%，其中无公害防治面积为12.07万亩，无公害防治率达78.4%。育苗2.8万亩，实施产地检疫2.58万亩，种苗产地检疫率达到92.1%。7月份组织有关县（区）对连霍高速洛阳段、二广高速洛阳段、洛栾快速通道伊川段的通道绿化的杨食叶害虫进行了飞机喷药。此次飞防面积达2.6万亩，有效控制了森林病虫害蔓延及危害。

（七）林业执法

2008年以来，我们在全市森林公安系统组织开展了多项集中执法活动，主要有“抓逃犯、破积案、保平安”专项行动、“猎鹰二号”专项行动、“飞鹰行动”、“候鸟行动”、“严厉打击毁坏绿化树木和从快查处森林火灾”和为时半年的“严厉查处破坏森林资源案件，切实保护林农合法权益”等专项行动，截至2008年10月底，全市森林公安机关共查处各类涉林违法案1587起，其中刑事案件68余起，打击处理各类涉林违法犯罪人员1730人次，其中刑事拘留81人，逮捕34人，确保了林区社会治安大局稳定和各项森林公安工作的正常开展。全年全市森林公安机关共查处各类案件约2100起，有力打击了破坏森林资源的行为，为生态建设积极保驾护航。

（八）国家森林城市创建和国家牡丹园建设

2月市政府常务会议作出了创建国家森林城市的决定，市林业局按照市政府常务会议的研究意见，对创建工作进行了调研，根据创建标准分析了洛阳创建工作的优势和不足，提出了创建工作计划，并向省林业厅、国家林业局提出了申请。经努力争取，7月初，国家林业局复函表示支持对洛阳创建工作。市委、市政府成立了创建指挥部，从有关单位抽调20余人组成创建森林城市办公室，制定了创建森林城市工作方案，召开了动员会。10月份，市政府又召开了创建森林城市工作会议，分解下达创建森林城市工作任务。目前，全市的创建森林城市规划正在编制过程中。

2008年以来，洛阳市继续加大国家牡丹园基础设施建设力度，完善管理服务设施，规范运营机制。牡丹花会期间，积极开展“网上看牡丹”、“全国劳模免费游园赏牡丹”等十余项大型宣传活动，圆满完成国家、省级领导来洛参观考察，国内旅游交易会，市长论坛等重要接待任务，累计接待国内外游客21万人次，巩固了该园作为洛阳市牡丹观赏亮点的地位。

（九）退耕还林、天然林保护和重点公益林工作

组织各县（市、区）编制了《巩固退耕还林成果专项规划》，已经国家五部委批准实施。组织开展退耕还林政策落实情况检查，为全面掌握洛阳市退耕还林工程政策执行情况，科学管理、正确决策，进一步做好退耕还林工作提供了科学依据。依据《国务院关于完善退耕还林政策的通知》，根据国家林业局和省林业厅的部署，7月26日至8月15日，完成了对2000年退耕还生态林、2000年至2003年退耕还经济林的阶段性验收，验收面积93943亩。

组织各天然林保护工程县（区）、工程实施单位对富余职工分流安置、政社性人员情况、职工参加基本养老保险和社会统筹情况、职工参加四项保险情况、在岗职工年均工资增减变化情况、木材停伐减产和林木采伐管理情况、工程管理能力、资金管理和使用等工程建设内容进行了全面自查，并于5月中旬通过了省级验收。组织、指导各工程县（区）对天然林保护工程档案进行了完善，着重对电子档案进行了建设和完善，为天然林保护工程管理的规范化奠定了基础。

全年完成了94.9万亩省级重点公益林的申报和落实，整理完善了重点公益林小班实施数据库。对全市公益林护林员进行了年度考核和培训。对2004~2007年度下达的所有公共管护支出项目完成及资金使用情况进行了全面自查。

（十）新农村包村帮建

2008年，为做好新农村建设工作，市委、市政府为洛阳市林业局下达了100个村的对口帮扶工作任务。2007年冬以来，我们紧密结合洛阳农村实际，提出了“点面结合，示范带动”的对口帮扶建设模式，市林业局、市新农办共为12个市级绿化示范村和100个林业系统分包帮建村下拨建设资金419万元。对分包的100个新农村建设帮建村，突出林业生态村这一重点和特色，强力推进，起到比较好的带动作用。

洛阳市2001~2007年以来林业重点工程涉及的国家扶贫开发工作重点县共5个，分别是嵩县、汝阳、宜阳、洛宁、栾川。7年来，洛阳市实施的林业重点工程对国家扶贫开发重点县投资达3.3亿元，对贫困村和贫困户的脱贫致富起到积极的推动作用。其中仅退耕还林工程对重点县的直接投资就达到1.96亿元。

（十一）野生动植物资源保护和林业科技推广工作

组织开展了第27届“爱鸟周”、“野生动物保护宣传月”宣传活动。进一步完善野生动物疫源疫病监测站建设，建立国家、省、市、县级监测点11个。强化日常监测工作，实行零报告、日报告制度。组织重点县对其野猪、野兔资源状况进行全面调查统计。与卫生局、工商行政管理局、食品药品监督管理局联合下发《关于加强藏羚羊、穿山甲、稀有蛇类资源保护和规范其产品入药管理的通知》，对全市羚羊角、穿山甲片和稀有蛇类原材料的库存情况进行全面调查、核实和登记。

新建省级林业科技示范园区1处，制定了“山茱萸优质丰产栽培技术”地方林业技术标准。开展科技下乡活动，举办各种类型的技术培训班和技术讲座139次，共培训林业职工和林农16263人次，发放林业科普图书6839册。引进新品种30多个，引进推广新技术20多项。

另外，自4月中旬起，洛阳市林业局先后组织举办了6期培训班，培训技术人员360名，并组成36个工组，分赴8县1市7区开展，第七次森林资源连续清查工作，目前已全部完成949个样地调查任务。调查成果已上报省林业厅。

二、纪实

洛阳市林业局被授予“全国林业系统先进集体”荣誉称号　1月14日，在全国林业厅局长会议上，国家人事部和国家林业局联合发文表彰全国林业先进集体和劳动模范、先进工作者，洛阳市林业局被授予“全国林业系统先进集体”荣誉称号，全省获此殊荣的共有3家。

市政府组织召开全市环城绿化暨苗木花卉林果产业带建设专题会议　1月16日，市政府组织召开全市环城绿化暨苗木花卉林果产业带建设专题会议，参加会议的有偃师、孟津、伊川、宜阳、洛龙区、西工区、涧西区、高新区主管林业的副县（市、区）长、林业局长、农办主任，市林业局有关工作人员，以及宜阳县丰李镇、高新区辛店镇、洛龙区李楼乡、偃师市李村镇、伊川县鸦岭乡、孟津县平乐镇等工程涉及的重点乡（镇）的党委书记。会上，市林业局局长张玉琪宣读了洛阳市环城绿化暨苗木花卉林果产业带建设规划说明。市长助理李雪峰通报了前一阶段各有关县（市、区）的行动情况，对近期环市区绿化暨苗木花卉林果产业带建设工作进行了具体部署，明确了建设任务和市级补助政策。

洛阳市召开全市林业生态建设会议　1月28日，洛阳市政府召开林业生态建设工作会议，各县（市、区）县（市、区）长、主管县（市、区）长、林业局长、财政局长，市农经委、财政局、发改委、交通局、林业局、市委宣传部主要负责同志参加了会议。

洛阳市政府组织开展2008年春季林业生态建设督察　2月19日至3月31日，为全面落实2008年林业生态建设任务，提高林业建设质量和效益，洛阳市政府将派出13个督察组对各县（市、区）生态建设和森林防火工作进行督察。督察内容主要是：各地对林业生态建设的组织领导、宣传发动、任务分解部署情况，促进工作落实的主要措施，林业生态建设投资预算安排情况和资金到位情况，各项林业生态工程进展情况，森林防火措施落实情况。

召开2008年全市林业生态建设第一次现场会　2月22日，洛阳市召开2008年第一次林业生态建设现场会。会上，洛阳市人民政府市长郭洪昌提出：要进一步解放思想，提高认识；加快造林进度；完善造林措施，建立有效的奖惩机制；强化重点环节，多方式、多渠道筹集建设资金；浓厚造林氛围，充分调动方方面面的积极性，全面加快推进林业生态建设。

洛阳市领导对森林防火工作作出重要批示　2月29日14时45分，栾川县鸡冠洞景区以西500米山上发生火情。省委常委、市委书记连维良，市委常委、副市长高凌芝分别在登载该消息的《每日汇报》（第46期）上作出重要批示，要求认真做好防火工作，决不能再出现大的火灾。

《洛阳市森林公园管理条例》施行　3月1日，经河南省十届人民代表大会常委会第34次会议审议批准，《洛阳市森林公园管理条例》开始施行。2006年洛阳市人大将森林公园管理条例纳入立法计划，在林业部门配合下，在深入调研和广泛征求各相关部门意见基础上，条例更加完善、科学。《洛阳市森林公园管理条例》是洛阳市颁布的第一部林业法规。条例的出台对规范森林公园的审批、建设、管理、资源保护等具有重要意义。

洛阳市再次召开林业生态建设现场会　3月6日，洛阳市政府组织召开2008年春林业生态建设第二次现场会。各县（市）区党委主管领导、政府主管副县长（市）长、林业局长、各区主管副区长、农办主任（农林局长），高新区管委会主管副主任、农村办公室主任，市政府林业生态建设13个督察小组的组长、市林业局党组成员等参加了现场会。市委常委、副市长高凌芝，市人大副主任吴喜照，市政协副主席张素环，市长助理李雪峰等市领导和省政府督察组领导邓建钦等出席了现场会议。与会人员实地参观了伊川县鸦岭乡环城防护林带和苗木花卉产业带、伊河百里百米绿化工程、嵩县田湖镇陆浑村村庄绿化、饭坡乡常岭村生态经济林示范区和环陆浑库区绿化等造林现场。会上，伊川和嵩县作了典型发言，市长助理李雪峰通报了前一阶段全市生态建设工作情况，市委常委、副市长高凌芝对今后一个时期全市生态建设进行了安排和部署。

洛阳市召开森林防火电视电话会　3月20日，洛阳市政府召开全市森林防火电视电话会议，贯彻回良玉副总理在全国森林防火工作电视电话会议上的重要讲话精神，全面安排洛阳市春季森林防火工作。市长助理李雪峰主持会议，市委常委、副市长高凌芝作重要讲话，要求切实做好春季森林防火工作。

洛阳市召开春季林业生态建设第三次现场会　3月22日，洛阳市政府召开全市林业生态建设第三次现场会，会议中心内容是通报当前林业生态建设进展情况，查找问题，安排部署自查和管护等工作。市委常委、副市长高凌芝，市长助理李雪峰出席会议。

驻洛全国、省政协委员视察洛阳市环市区苗木花卉林果产业带　3月28日，驻洛全国、省政协委员视察洛阳市环市区苗木花卉林果产业带，市政协主席周宗良、市长助理李雪峰一同视察。委员们先后考察了宜阳县丰李镇西南环花卉苗木产业带绿化点、伊川县鸦岭乡西南环花卉苗木产业绿化点、偃师市李村镇提庄花卉苗木产业带新绿化点，并对环市区花木林果产业带建设情况提出了意见和建议。

洛阳国家牡丹园举办劳模免费游园活动　3月31日，中共洛阳市委宣传部、洛阳市总工会、洛阳国家牡丹园联合发布消息，第26届牡丹花会开幕之际，全国地级以上的劳动模范偕同父母、子女可免费来洛游园赏花。消息发布后，立即在全国引起强烈反响，《人民日报》、《河南日报》等百余家国内主流媒体争相报道。

国家林业局督察组来洛阳市督察森林防火工作 4月7~8日，以国家林业局保护司副司长严旬为组长的森林防火督察组一行三人来洛阳市督察森林防火工作。省林业厅副厅长弋振立，省护林防火指挥部办公室主任汪万森，洛阳市护林防火指挥部副指挥长、市长助理李雪峰，洛阳市护林防火指挥部副指挥长、林业局长张玉琪等陪同督察组一行，先后实地检查了嵩县陶村林场、王莽寨林场、天池山森林公园等重点林区，观看了嵩县第一森林消防队的实战演练，察看了森林防火检查站的值班检查情况，并听取了有关部门的汇报。

“中国牡丹初植地纪念碑”在洛阳国家牡丹园揭碑 4月8日，中国牡丹初植地纪念碑揭碑仪式在洛阳国家牡丹园园区北侧的凝碧池畔、凤鸣岗南侧隆重举行。纪念碑由洛阳国家牡丹园终身文化顾问、历史学家郑贞富设计并撰文，洛阳书法家林布书丹，洛阳雕塑家索望雕刻。碑体为汉白玉，碑座为青石。碑体长5000毫米，象征五千年的文明史；碑体宽1403毫米，象征洛阳牡丹1403年的栽培史和国家牡丹园1403年的建园史；碑体厚26厘米，象征26届牡丹花会；上刻56朵连枝牡丹，象征中华56个民族同根连枝、九州一堂；碑座为两朵牡丹雕塑，上边分别刻“黄河母亲”和“洛神”浮雕，象征“中华民族，根在河洛”。

国家林业局宣传办公室曹清尧主任来洛调研洛阳创建国家森林城市情况 4月12日，国家林业局宣传办公室曹清尧主任一行2人来洛调研洛阳创建国家森林城市情况，对洛阳在城市绿化和生态文化建设方面取得的成绩给予了充分肯定。

河南省牡丹芍药协会2008年年会在洛阳召开 4月15日，河南省牡丹芍药协会2008年会暨中国牡丹产业发展研讨会在洛阳神州牡丹园召开。中国花协牡丹芍药分会会长王莲英，河南省花协会长、省人大农工委主任杨金亮，省监察厅厅长白由照，省林业厅正厅级调研员张守印，省花木协会秘书长张兆铭等领导及协会会员60余人参加了会议。会上，省牡丹芍药协会会长陈树国教授总结了协会2007年的工作，神州牡丹园、隋唐城遗址牡丹园、中国花协牡丹芍药分会副会长、著名牡丹专家李嘉珏教授作了精彩发言，台湾名城造花有限公司董事长黄新传先生介绍了台湾农业协会运作经验，与会代表围绕牡丹产业化发展进行了交流和探讨，省花木协会秘书长张兆铭对参加第七届中国花卉博览会有关事宜进行了初步安排。

省林业厅厅长王照平高度评价洛阳林业生态建设 4月15~16日，省林业厅厅长王照平、副厅长丁荣耀带领全省冬春季植树造林现场观摩会全体人员参观了栾川、嵩县、伊川、宜阳4县的8个造林现场，对洛阳市2007年冬2008年春洛阳市的林业生态建设工作给予了高度评价，指出洛阳林业生态建设总体水平位居全省前列，一是领导重视程度空前，二是投资力度空前，三是造林规模空前，四是造林质量、标准空前，五是注重造林机制创新空前。

洛阳国家牡丹园承办“高贵的花朵”诗歌音乐会 4月16日，第26届牡丹花会文化活动之一的“高贵的花朵”诗歌音乐会在国家牡丹园举行。此次诗歌音乐会由市委宣传部、市文联主办，牡丹文学杂志社和国家牡丹园承办。主办方从全市作者创作的牡丹诗歌中精选出16首代表作品，进行了配乐。

洛阳市利用德国赠款造林项目接受德方专家检查 4月17~19日，在国家林业局、河南省财政厅和林业厅有关人员的陪同下，由德国复兴信贷银行项目经理和专家组成的中德财政合作河南省小农户林业发展项目检查组对嵩县该项目2008年度的执行情况进行了检查。检查组一行3人按照不同造林类型实地查看了大章乡小章封山育林、德亭乡庄科岭新造林、田湖镇上湾村用材林和饭坡乡青山村荒山造林4个现场，并对项目财务状况和内部档案管理制度进行了检查。在随后召开的项目座谈会上，县政府就项目进展情况向检查组进行了汇报，检查组对该项目前一阶段的工作给予了肯定，对下一阶段的工作提出了要求。双方还对一些技术问题进行了广泛交流。

洛阳市林业局被评为市绩效考核先进单位 4月18日，洛阳市委、市政府召开全市会议，总结2007年工作，表彰先进。洛阳市林业局被市委、市政府评为2007年度绩效考核先进单位。全市参加考核的单位一共117个，获先进单位的有18个。

中国林场协会会长沈茂成一行到嵩县调研 4月24日，中国林场协会会长、原林业部副部长沈茂成，中国林场协会秘书长赖炳辉等一行在省林业厅保护处处长甘雨、洛阳市林业局副局长宋聚成、嵩县政府副县长马德显等人的陪同下，到嵩县五马寺林场等地开展国有林场森林经营情况调研，对林场森林资源保护完好、生态旅游发展良好等给予了充分肯定。

洛阳黄河湿地珍禽摄影展 4月21~29日，牡丹花会期间，市林业局在人员较集中的地方举办了洛阳黄河湿地珍禽摄影展，共展出版面50余幅，发放宣传资料10余万份，参观人数达10万人。

市委书记连维良专题听取全市集体林权制度改革工作汇报并作重要指示 5月15日，省委常委、市委书记连维良听取了市林业局局长张玉琪就全市集体林权制度改革工作所作的专题汇报，研究了当前工作的推进情况，并对下一步工作提出了明确要求。

洛阳国家牡丹园与国家花卉工程技术研究中心签订牡丹科研合作协议 5月，国家花卉工程技术研究中心与洛阳国家牡丹园在北京林业大学签订科技合作协议，双方决定共建“国家花卉工程技术研究中心牡丹研发与推广中心”。北京林业大学园林学院院长张启翔、国家牡丹园主任张西方等参加签字仪式。

洛阳市完成飞播造林4万亩 6月23日，洛阳市雨季飞播造林工程拉开序幕，至6月28日，共飞行27架次，完成栾川八里沟、洛宁盐池、汝阳小白3个播区122个播带播种面积40553亩。飞播树种为侧柏、黄连、臭椿、荆条等。

国家林业局对嵩县第七次森林资源连续清查工作进行验收 7月3~5日，国家林业局华东设计院副院长何时珍一行对嵩县第七次森林资源连续清查工作进行了检查验收。省林业勘查规划设计院院长曹冠武、省林业厅林政处副处长李建平、洛阳市领导李雪峰、嵩县县长王琰君等陪同验收组实地检查了纸房乡、九店乡、黄庄乡3个森林清查样地，对嵩县森林清查工作表示满意。

全市林业系统开展2008年民主评议政风行风工作 7月，洛阳市林业局成立了政风行风评议领导小组和办公室，下发了《洛阳市林业局2008年民主评议政风行风工作实施意见》，就全市林业系统民主评议政风行风工作进行具体安排和部署。

市政府成立集体林权制度改革工作领导小组 7月5日，为加强对集体林权制度改革工作的领导，洛阳市政府根据《河南省人民政府关于深化集体林权制度改革的意见》的要求，下发文件（洛政文［2008］126号），成立了以市委常委、副市长高凌芝为组长，市政府市长助理李雪峰、市政府副秘书邢社军、市林业局局长张玉琪为副组长，市监察局、市法制局、市建委等十多个单位为成员的洛阳市集体林权制度改革工作领导小组。领导小组下设办公室，办公室设在市林业局，市林业局局长张玉琪兼任办公室主任，李玉明兼任办公室副主任。

洛阳市印发创建国家森林城市工作方案 7月27日，洛阳市政府印发《洛阳市创建国家森林城市实施方案》，提出了创建工作指导思想、工作目标、工作重点、工作步骤、保障措施。

洛阳市召开创建国家森林城市指挥部第一次成员单位会议 7月31日，市委副书记、市长郭洪昌主持召开洛阳市创建国家森林城市指挥部成员单位会议，通报前一阶段创建筹备工作情况，安排部署近期工作，并作重要讲话，要求各级各部门充分认识创建国家森林城市的重要意义，做好创建国家森林城市工作。市领导吴喜照、杜勇杰、李雪峰参加会议。

洛阳市召开雨季造林现场会 8月5日，洛阳市政府组织召开全市雨季造林现场会，各县（市、区）主管副县（市、区）长、林业局长（农办主任）参加会议。与会人员实地观摩了洛宁县小界乡山根村、罗岭乡贾沟村、前河村等雨季新造林和补植补造现场。会上，洛宁、嵩县、新安等县作了典型发言，市林业局张玉琪局长通报了全市雨季造林进展情况，市长助理李雪峰对下一步雨季造林工作进行了安排部署。

洛阳市林业局举办全市林业系统政务信息培训班 8月11~12日，洛阳市林业局组织举办全市林业系统政务信息培训班。副局长田晓峰亲自主持，各县（市、区）林业局办公室主任、信息员，各国有林场信息员，机关各科室、局属各单位信息员等60余人参加了培训。为提高培训质量，市林业局特邀市委信息科贾海修科长和焦璐副科长授课，主要培训内容有政务信息的作用、信息的类型、写作要领及如何发现信息、加工信息、上报信息等。

市政府召开常务会议学习《关于全面推进集体林权制度改革的意见》 8月15日，洛阳市政府召开常务会议，学习中共中央、国务院《关于全面推进集体林权制度改革的意见》。市政府发展研究中心对意见出台的背景、核心内容和洛阳集体林权制度改革工作情况进行了汇报。市委常委、常务副市长吴中阳主持会议并作重要讲话，强调要广泛宣传，加强领导，形成合力，切实做好该项工作。

洛阳市获2008年第八届中原花木交易博览会金奖 9月28~29日，在由国家林业局和河南省人民政府主办的2008年第八届中原花木交易博览会上，洛阳市副市长高凌芝和市长助理李雪峰、秘书长邢社军亲自指导，精心布展，共设室内展区36平方米，主要展出了偃师市花木、洛宁果品及木制工艺品、国家牡丹园的催花牡丹、洛阳全福食品有限公司的牡丹系列食品、开天辟地有限公司的银杏系列加工品；室外展区660平方米，以催花牡丹为主调，通过园林精品、植物配置布设了园林景观“洛阳园”，从而获得本次花博会的最高奖项——团体综合布展金奖，同时还获得了单项奖中的6个特色产品奖和优质产品奖。

洛阳林业生态建设项目资金纳入市财政预算通过人大决议 10月15日，洛阳市召开十二届人大常委会第三十八次会议，审议通过了《关于提请将洛阳林业生态建设项目还贷资金纳入市财政预算的报告》，决定将洛阳市林业生态建设项目5亿元人民币贷款本息纳入市财政预算。洛阳市周山森林公园管理处作为贷款平台，5亿元贷款采取一次性审批，每年贷款1亿元，从2008年起至2012年止，分5年完成，贷款期限为8年。

洛阳市集体林权制度改革工作现场会召开 10月23日，洛阳市林业局在嵩县召开全市集体林权制度改革工作现场会。市林业局全体党组成员、嵩县纪委书记刘三献和副县长马德显出席了会议。与会人员参观学习了嵩县何村乡桥头村及嵩县林业局的林业体制改革经验和做法，嵩县林业局作了典型发言。

洛阳市召开创建国家森林城市工作电视电话会议 11月6日，洛阳市政府召开创建国家森林城市工作电视电话会议，安排部署创建任务、机构建设、宣传和规划等工作。各县（市、区）常务副县（市、区）长、主管林业的副县（市、区）长及市直相关部门负责同志参加了会议。市长助理、市创建国家森林城市指挥部办公室主任李雪峰主持会议。市委常委、副市长、市创建国家森林城市指挥部副指挥长高凌芝作了重要讲话。

洛阳市召开森林防火工作电视电话会议 11月18日，洛阳市召开全市森林防火电视电话会议，贯彻全省森林防火电视电话会议精神，安排部署冬春森林防火工作。各县（市）主管副县（市）长及有关部门负责人在分会场参加会议，市政府护林防火指挥部成员参加主会场会议。市长助理李良龙出席主会场会议并作了重要讲话。

《山茱萸优质丰产栽培技术》林业地方标准发布实施 11月19日，《山茱萸优质丰产栽培技术》林业地方标准作为洛阳市地方最新林业技术标准，被批准发布实施。该标准于9月通过洛阳市林业局和洛阳市质量技术监督局组织的林业技术标准专家评审组的审定。

全省生态能源林建设现场会在新安县召开 11月20~21日，全省生态能源林建设现场会在新安县召开，省林业厅张胜炎副厅长、厅造林处师永全处长、全省18个地市林业局副局长、造林科长以及相关县市林业局副局长参加了会议。洛阳市市长李雪峰代表市政府致欢迎词，新安县张生伟县长汇报了本县生态能源林建设情况，参加会议人员参观了新安县黄连木育苗和造林现场。

国家林业局对洛阳市林业法制建设进行专项检查 11月27~28日，由国家林业局政策法规司副司长卢昌强带队的执法检查组一行三人对洛阳市栾川县的林业法制建设情况进行了全面检查。检查的主要内容有三项，即林业行政处罚情况、林业行政许可的实施情况以及“五五”普法的落实情况。检查方式有集中开卷考试、随机抽取林业行政处罚执法文书卷宗检查评析、深入行政执法点进行检查等。

全市冬季整地造林现场会在洛宁县召开 12月11日，全市冬季整地造林现场会在洛宁县召开。市长助理李雪峰，市林业局局长张玉琪，洛宁县县长孙君奎，洛宁副县长王全军、周永伟、县长助理刘慧宁，各县（市、区）主管县长（市长、区长）、林业局长（农办主任）参加了会议。洛宁县各乡（镇）书记或乡（镇）长列席了会议。会上，市林业局局长张玉琪通报了当前林业生态建设的有关情况，王全军副县长代表洛宁县作了大会典型发言，市长助理李雪峰对洛宁县冬季整地造林工作给予了积极评价。

市政府召开常务会学习新修订的中华人民共和国森林防火条例 12月12日，市政府召开常务会议，学习和讨论新修订的《中华人民共和国森林防火条例》。市委常委、常务副市长吴中阳强调学习森林防火条例的重要性，要求结合本市情况，做好森林防火工作。

洛阳市林业局荣获“宜昌林业杯”学习中央林业体制改革意见知识竞赛优秀组织奖 12月12

日，由国家林业局林业体制改革办公室、中国绿色时报社和宜昌市林业局联合开展的“宜昌林业杯”学习中央林业体制改革意见知识竞赛抽奖仪式在北京举行。在本次活动中洛阳市林业局荣获“优秀组织奖”，宜阳县林业局林业体制改革办公室主任彭现军获“优秀奖”。

全市森林防火工作紧急会议在伊川召开 12月25日，洛阳市政府在伊川召开全市森林防火工作紧急会议，会议由市长助理李雪峰主持，各县（市）区主管县长、林业（农林）局长、农办主任、防火办公室主任参加。高凌芝副市长在会上对当前森林防火工作进行了全面安排部署。

中国林业科学院专家来洛调研 12月24~26日，以中国林业科学院王成博士为组长，由6位博士组成的林业规划编制专家组，对洛阳市编制的创建国家森林城市总体规划进行调研。专家组先后参观了上清宫森林公园、洛浦公园、宜阳香鹿山森林公园、周山森林公园、伊川荆山森林公园、龙门山森林公园、隋唐城遗址植物园和城区绿化，与林业局、园林局、水利局、交通局、国土资源局、旅游局、规划局、环保局、农经委等负责创建森林城市的主管领导及相关技术负责人进行了座谈，就创建国家森林城市规划编制等问题交换了意见。

河南省部分市县集体林权制度改革工作座谈会在嵩县召开 12月26日，河南省部分市县集体林权制度改革工作座谈会在嵩县召开。郑州、洛阳、平顶山、安阳、鹤壁、新乡、焦作、三门峡、许昌、南阳、信阳、驻马店、济源13个省辖市林业局分管林业体制改革工作的副局长、林业体制改革办公室主任，嵩县、新密市等部分县（市）林业局局长参加会议，会议还专门邀请了林业体制改革任务较重的嵩县、灵宝、卢氏、栾川、南召、西峡6个县的县委领导参加会议。会议由省林业厅副巡视员谢晓涛主持，洛阳市人民政府市长助理李雪峰出席会议并致辞，省林业厅副厅长刘有富作了主题讲话。

安阳市

一、概述

2008年，安阳市紧紧围绕生态建设、农民增收两大任务和各项责任目标，以科学发展观为指导，坚持解放思想，切实转变作风，经全市广大干部群众团结一心，开拓进取，扎实工作，圆满完成了各项工作任务。全市共完成林业生态建设总规模34.86万亩，是省下达任务的107.66%；完成百亩以上连片“四荒”拍卖承包造林11.29万亩，是任务8万亩的的141.12%；完成了1211个村围村林建设，造林5.37万亩，分别是任务1100个行政村、4.48万亩的110.09%和119.81%；完成生态廊道工程3.29万亩，是任务2.99万亩的110.42%；完成环城防护林工程0.67万亩，是任务0.73万亩的92.2%；完成山区生态能源林、水土保持林、水源涵养林工程14.72万亩，是任务14.76万亩的99.71%；完成防沙治沙工程3.73万亩，是任务3.84万亩的97.25%；完成农田林网建设2.79万亩，是任务1.29万亩的216.51%；完成经济林和园林绿化苗木花卉1.93万亩，是任务0.77万亩的250.6%。参加义务植树达292.6万人次，完成义务植树986.2万株。

（一）林业工作取得的主要成绩

1. 产业发展

2008年，林业总产值达到23.3亿元，重点培育了建泰木业、龙翔花卉、明祥家具、尚品木业、南天门园林绿化有限公司等5家龙头企业。林木加工产业链基本形成，速生丰产林基地达到40余万亩，林州建成年产10万立方米人造板的建泰木业后，内黄年产10万立方米人造板的木材加工企业正在积极洽谈中。花卉苗木产业链快速推进，生产基地已达3.3万亩，龙翔花卉等具有国家二级资质的绿化企业已达24家。林果产业链正在形成，并积极招商引资，林果产量预计达40万吨，内黄县腾源饮品有限公司已建成投产，投资3000万美元的红枣深加工企业已经达成协议，正在积极筹建中。林州市生物菜油加工龙头企业——香港环球再生能源有限公司已建成投产，全部达产后年产量可达1.5万吨。全市新建各类林业高效精品园区13个，其中百亩园11个，千亩园2个，总面积达0.42万亩；完成果实套袋面积15万亩；完成高效林业开发6.01万亩。9月28~29日，在国家林业局和省政府联合举办的中原花木交易博览会上，安阳市成功签约5个项目，签约资金3亿多元。

2. 资源管护

森林防火工作。认真贯彻“预防为主，积极消灭”的工作方针，在全市26个重点乡（镇）开展了“安阳市森林防火重点乡（镇）规范化建设活动”，要求做到防火责任、防火资金、防火宣传、火源管理、火灾处置、火灾报告等6方面工作落实到位，使26个重点乡（镇）的森林防火工作逐步走上科学化、规范化、制度化。开展了“三重管理”，即做好“重点时期、重点区域、重点人群”的火源管理工作，加强火灾阴隔带建设，营造防火墙8000米，建立了森林火灾电子监控中心，确保了2008年安阳市没有发生大的森林火灾，受害率控制在0.39%。

幼树管护工作。“三夏”和秋收麦种等关键时期，人、畜、农机活动频繁，极易对新植幼树造成损害。为了保护好林业生态市建设成果，市政府专门下发《关于加强“三夏”期间幼树管护的通知》和《关于做好秋收麦种期间新植幼树管护的通知》，要求各县（市、区）做好新植幼树管护工作。市、县两级森林公安以“三夏”护绿专项行动为抓手，共查处各类涉林案件426起，处理各类涉林违法人员359人，严厉打击毁坏新植幼树行为。在“三夏”和秋收麦种等关键时期，市政府都成立督导组分赴各县（市、区）督导检查新植幼树管护工作落实情况，确保新植幼树的保存。

森林病虫害防治工作。以“预防为主，科学防控，依法治理，促进健康”方针为指导，大力推行“谁经营，谁防治”的责任制度及限期除治制度，针对栎叶瘿蜂、春尺蠖等主要害虫，做好病虫害预测、预报工作，并组织人员、机械等，有效防治病虫害的发生。针对杨树主要食叶害虫杨扇舟蛾、杨小舟蛾，市、县两级拿出50万元资金，进行飞防控制，防治面积9万亩。目前，全市没有发生大的森林病虫害，成灾率控制在了0.15‰。同时，西部山丘区黄连小蜂防治试验工作正在进行，1.2万亩的规模防治已经完成，并取得明显成效。

野生动物保护管理。共救护各类国家保护野生动物10只（头），并在野外放生，救护成功率达100%。全年共查处11起野生动物案件，案件查处率达100%。对查获的活体野生动物，选择合适地点全部予以放生，对死体野生动物按有关规定妥善处置。不定期组织野生动物保护执法人员在鸟类栖息地和候鸟停歇地、暂住地合理布设监测点，并坚持每日向省林业厅上报监测信息。全年未发现野生动物感染传播禽流感等野生动物疫病现象。

重点生态公益林建设。安阳市公益林共区划界定总面积46.87万亩，其中国家重点公益林16.37万亩，省级公益林30.5万亩，按《河南省公益林补偿基金管理办法》的规定，每年每亩4.75元的标准，每年可补偿安阳市国家重点公益林74.6万元，省级公益林可补偿144.8万元。对公益林区的护林员，严格选聘条件，培训上岗，年终考核，要求护林员每月巡山不得少于25天，并做好巡山日志，保证了公益林区没有出现乱砍滥伐、乱捕滥猎及非法征占用林地等破坏森林资源、野生动物资源现象，没有森林病虫害和森林火灾的发生蔓延。

3. 集体林权制度改革

安阳市集体林权制度改革涉及5县（林州市、安阳县、滑县、汤阴县、内黄县）1区（龙安区），11个乡（镇、办事处），1961个行政村，25.7万户，97.6万人。围绕年度集体林权制度改革目标，按照“让利于民、因地制宜、规范操作”的原则，精心组织、加强领导，找准突破、稳步推进，强化责任、形成合力，加强督导、严格考核，推进集体林权制度改革工作的稳妥开展，全市224.01万

亩集体林地已明晰产权160.5万亩。

4. 机关建设

制定了安阳市林业局2008年纪检监察工作方案，并逐级签订了领导干部廉洁自律责任书。完成了“领导干部廉政档案管理”软件平台的数据录入工作。出台了请销假、车辆管理等一系列长效机制，并加大了督导检查力度，加强干部职工纪律作风建设。认真开展了行政审批项目和收费项目清理工作。全局全年无违纪案件发生。深入开展“学习十七大精神主题党课”、“解放思想找差距、转变作风促发展”、“新解放、新跨越、新崛起”三次主题教育活动，做到活动有安排、有布置、有落实、出成效。通过三次教育活动扎实有效开展，全局干部职工进一步从发展意识、大局意识、服务意识上实现了思想大解放，从思想上、作风上、创新上、纪律上实现了较大转变，林业干部职工队伍创造力、凝聚力和战斗力进一步得到增强。2008年是林业生态市建设的开局之年，任务重，时间紧，全市林业系统干部职工不讲苦、不怕累，全身心地投入工作中去，圆满完成了各项工作任务，真正实现了两手抓、两不误、两促进。

（二）林业工作的主要特点

1. 切实加强领导，从组织上强力推进林业生态市建设

市委、市政府专门下发了《建设林业生态市的意见》和《2008年林业生态市建设实施意见》，实行了四大班子领导分包工作责任制。1月10日，市委、市政府召开大规模、高规格的林业生态建设动员会，市委书记、市长亲自动员、亲自部署，要求各县（市、区）春节前做到财政资金落实、树苗订购、户户合同签订、整地挖坑、专业队造林招标投标五个到位。市政府先后召开推进会、现场会，解决林业生态市建设中遇到的困难和问题，再次动员部署。张广智书记两次对林业工作作出重要批示，要求一定做好林业这篇大文章，充分发挥林业的生态效益、经济效益、社会效益，使林业在社会主义新农村建设中发挥更加显著的作用。张笑东市长多次深入林业生态市建设现场，调研督导村镇绿化、生态廊道、生态能源林等林业生态建设工作。

2. 加大奖补力度，从投入上强力推进林业生态市建设

对省安排的山区工程、围村林工程、环城防护林工程分别按照省安排资金的50%、100%、200%进行补助；对重点生态廊道、环城防护林和城郊森林公园建设项目给予占地补助，重点廊道每亩每年补300元，环城防护林和城郊森林公园建设每亩每年补500元，均连补4年；设立林业生态县（区）、林业生态乡（镇）、林业生态示范村创建工作奖，并将对在造林绿化工作中做出突出贡献的先进单位和个人予以隆重表彰。市、县（市、区）两级按照省要求安排林业建设经费13165.92万元，保障林业生态市建设顺利推进。

3. 实行户户合同，从管护上强力推进林业生态市建设

一是继续推进“四荒”拍卖造林体制改革，彻底解决林权和管护问题。2008年，全市完成“四荒”拍卖承包造林11.29万亩，涌现出千亩以上大户33户，500~1000亩大户48户，300~500亩造林大户8户，100~300亩大户34户。市政府提高奖补标准，调动了广大群众投身“四荒”绿化的积极性。林州市造林大户石延喜，继2006年投资5000万元建成建泰木业、2007年投资1000万元绿化1000亩荒山后，今年投资3500万元，承包万亩荒山发展经济林。2008年共拉动社会资金6465万元

投向林业事业和农田基本建设。二是对不适宜大户承包造林的，全市90%的“四旁”植树和农田林网建设，都采取“树随地走、户户合同、缺一补一、毁一罚十”的政策，彻底解决了“无主树”问题。

4. 严把造林“四关”，从技术环节上确保林业生态市建设顺利推进

市、县两级严把造林规划设计、整地挖坑、苗木质量、栽植技术四个关键环节，市政府办公室专门下发《关于严格植树程序、确保造林质量的紧急通知》，市林业局成立6个林业专家服务组，到各县（市、区）造林现场进行技术指导，确保造林质量。推广使用ABT生根粉，以提高造林成活率；多次召开造林质量现场会，解决造林中存在的质量问题；内黄县还成立了400多人的专业队，采取成活后验收合格再付款的管理办法；龙安区实行树坑统一验收、树苗统一供应、丘陵岗地浇水补贴，等等，全市普遍采取“大坑、大水、壮苗、三埋、两踩、一提苗”的造林方法，使全市造林质量较往年有很大提高。

5. 广泛宣传发动，从提高认识上确保林业生态市建设顺利推进

2008年林业生态建设的任务重，时间紧，涉及面广，工作复杂，为确保各项任务顺利完成，副市长葛爱美带领林业局等相关部门主要负责人，先后在市委常委会、市政府常务会、市长办公会上多次向主要领导汇报工作，取得了主要领导的支持。全市各新闻媒体多种形式宣传林业生态市建设的重要意义、政策措施、先进人物和先进典型，普及林业知识。通过大力宣传，全市广大干部群众提高了认识，了解了林业生态建设的政策，为林业生态市建设顺利推进打下了坚实的基础。仅3、4两个月《安阳日报》头版刊登林业生态建设的报道就多达22篇。

二、纪实

市长办公会专题研究林业生态市建设工作　1月4日，安阳市政府召开市长办公会，专题研究林业生态市建设工作。会议由市长董永安主持。常务副市长张笑东、副市长倪豫州、葛爱美等领导出席会议，市政府办公室、发展和改革委员会、财政局、林业局、建设委员会、国土资源局、交通局、水利局、规划局等部门的主要领导参加会议。会上，市林业局局长路明军就2008年林业生态市建设实施意见进行了汇报。有关单位主要负责人分别对全市林业生态建设提出了具体意见和建议。

市委常委会议专题研究安阳林业生态市建设工作　1月9日，安阳九届市委召开第三十二次常委会议，专题研究林业生态市建设工作。市领导靳绥东、董永安、赵微、张笑东、李连庆、王建勋、宋凤仙、李文斌、崔振亭、李光明、朱明、李宏伟出席会议；副市长葛爱美和市委、市政府有关部门的负责人列席会议。市委书记靳绥东主持会议。会议听取了林业局长路明军关于林业生态市建设情况的汇报，并由路明军传达了省委、省政府召开的河南林业生态省电视电话会议精神。

安阳市召开林业生态市暨国家园林城市建设动员大会　1月10日，安阳市召开林业生态市暨园林城市建设动员大会，安排部署全市林业生态市建设和国家园林城市创建工作。市委书记靳绥东，市委副书记、市长董永安、市委副书记林宪斋，市委常委、常务副市长张笑东，副市长倪豫州、葛爱美，市人大副主任尚天法，市政协副主席李晓煜等四大班子领导，市委各部委、市直各单位主要负责人，中央、省驻安单位负责人，各县（市、区）委书记、县（市、区）长、分管副书记、副县

（市、区）长，各乡（镇、办）党委书记，县（市、区）直有关部门的负责人共200余人参加了会议。会议由市委副书记、市长董永安主持。市委副书记林宪斋宣读了中共安阳市委、安阳市人民政府《关于成立安阳林业生态市建设指挥部的通知》；市政府副市长葛爱美、倪豫州分别就林业生态市建设和国家园林城市创建工作作了动员报告；市委常委、常务副市长张笑东宣读了中共安阳市委、安阳市人民政府《关于林业生态市建设2008年工作实施意见》；5县（市）4区县(市、区）长和开发区向市政府呈交了林业生态市建设目标责任状；靳绥东书记作了重要讲话。

张德全被授予“全国林业系统劳动模范”荣誉称号 1月14日，在全国林业厅局长会议上，人事部、国家林业局联合表彰了全国林业系统先进集体和劳动模范、先进工作者。内黄县林业局豆公林业中心站中级工张德全被授予“全国林业系统劳动模范”荣誉称号。

安阳市召开全市林业生态市建设工作推进会 1月29日，安阳市召开全市林业生态市建设工作推进会。各县（市、区）主管县（市、区）长、林业局长及市林业局、发展和改革委员会、财政局等有关单位领导参加了会议。葛爱美副市长作重要讲话。

市政协领导及工作人员参加义务植树 3月4日，市政协主席赵微、副主席董宝、乔国强、黄世华、李晓煜，秘书长李俊安和政协全体工作人员到龙安区马投涧乡牛家窑村参加义务植树。

市领导参加义务植树活动 3月5日，省政协副主席、安阳市委书记靳绥东，市委副书记林宪斋，市委常委、市纪委书记王建勋，市委常委、安阳军分区政委李光明，市总工会主席聂孟磊，驻安部队首长及市委机关工作人员到市东外环路，与文峰区干部、职工一起植树造林。市人大常委会党组书记、副主任李发军，副主任范萍等带领市人大常委会机关干部、职工，到107国道与殷都区北蒙街道办事处郭王度村交叉路段，与殷都区百余名干部、职工一起参加义务植树活动。市委常委、常务副市长张笑东，副市长倪玉州、葛爱美、高雁卿和市政府机关工作人员到北关区彰北街道办事处十里铺村，和北关区干部职工一起植树造林。

安阳市发现雌雄同株野生“能源树” 4月2日，安阳市林业专家在林州市东姚镇齐家村考察中，发现在200米村道上相对集中分布的7株树龄约在30余年的雌雄同株野生黄连木。安阳市西部山区有约120多万株成龄黄连木，但这种雌雄同株、集中分布的现象尚属首次发现，对黄连木品种选育、品种改良具有重要意义。

安阳市举办林业有害生物防治信息管理培训班 4月15日，市森林病虫害防治检疫站举办林业有害生物防治信息管理培训班。各县（市、区）森林病虫害防治检疫站固定专职报表测报员参加了培训。

安阳市林业局干部职工踊跃向四川地震灾区捐款 5月17日，市林业局组织了“心系同胞、情系灾区”捐款活动，为四川汶川大地震灾区募捐。全局干部职工捐款11555元。

安阳市组织林业植物检疫员培训考试 5月27日，为配合全省林业植物检疫管理规范年活动，根据安阳市林业植物检疫管理规范年活动实施办法的安排，安阳市森林病虫害防治检疫站举办了林业植物检疫管理规范年检疫员培训班，邀请有关专家对全市森林植物检疫员进行了《中华人民共和国行政许可法》、《中华人民共和国行政处罚法》、《中华人民共和国植物检疫条例》、《中华人民共和国植物检疫条例实施细则（林业部分)》、《中华人民共和国森林植物检疫技术规程》等法律法规和林业植物检疫执法程序、检疫有关技术培训。

荣获第八届中原花木交易会银奖 9月28~29日，在国家林业局、河南省政府主办，河南省林业厅、许昌市人民政府承办的第八届中原花木交易博览会上，安阳市荣获团体综合布展银奖。另外，安桂苗木、紫薇苗木、木槿苗木、殷墟大门、盆栽果树等5项分别荣获特色产品专项奖。

市林业局召开各县（市）区林业局长会议 10月22日，安阳市林业局党组书记、局长李博文主持召开各县（市）区林业局长会议。各县（市）区林业局长分别汇报了2008年的林业工作，李博文局长充分肯定了2008年工作并对今后工作提出了明确要求。

鹤壁市

一、概述

2008年，鹤壁市林业工作紧紧围绕建设“富裕、文明、和谐、生态”新鹤壁和建设林业生态市的奋斗目标，以“8322”绿化工程为重点，一手抓森林资源培育，一手抓森林资源保护。全市共投入造林绿化资金6690万元（其中市级1800万元，县级3280万元，乡级1610万元），完成造林绿化17.56万亩，其中生态林建设任务完成15.92万亩（水土保持林工程3.82万亩，生态能源林6.58万亩，防沙治沙1.56万亩，生态廊道1.15万亩，环城防护林0.66万亩，村镇绿化1.58万亩，林业产业工程0.55万亩），栽植各类树木1375万株，全面完成了省政府下达的造林绿化目标任务。山城区成功创建为林业生态县，市林业局在荣获省林业厅“2008年度目标管理优秀单位”称号。

（一）造林绿化

重点推进了“8322”绿化工程、林业生态建设工程和林业产业工程。林业生态建设工程突出了环城防护林和城郊森林、村镇绿化、生态廊道网络体系、生态能源林工程、防沙治沙工程、森林抚育和改造等重点工程。

“8322”工程是“八线”、“三带”、“两区”、“两点”工程的简称。“八线”即快速通道、大白线、淇浚线、山城区西环线、107国道、鹤濮高速、浚大线、老区至盘石头水库。“三带”即新老区连接带、淇河生态绿化带、环城防护林带。“两区”即城区绿化、盘石头水库景区绿化。“两点”即重点小城镇的绿化、新农村建设重点村的绿化，共完成廊道绿化350.5公里，植树133.8万株，绿化面积0.83万亩。

环城防护林和城郊森林工程以乔、灌、花、草等合理搭配，突出了乡土树种，增加了乔木量和森林斑块，提高了森林覆盖率。全市完成造林绿化0.64万亩。

村镇绿化工程重点搞好了围镇林、围村林及街道、庭院、空闲绿地、街心公园、乡村道路绿化。对居民庭院、街道和“四旁”等统一规划布局，充分利用村镇及其周围的可绿化土地，因地制宜发展用材林、经济林、防护林、风景林等各类乔灌花草。通过环村镇林带、生态片林、小绿地、小果园及“四旁”绿化，实现“三季有花，四季常绿”，建设生态村、生态乡镇，基本完成了8个重点乡

（镇）和150个重点村庄的绿化任务。全市完成村镇造林绿化1.18万亩。

生态能源林建设工程全市以黄连木为主，按规划的工程量大小和能源林树种分布情况分别在5个县（区）开展了造林活动。

防沙治沙工程按照生态县建设标准，根据沙区实际，因地制宜，因害设防，流动、半流动沙丘（地）全部营造防风固沙林，在一般泛风沙耕地营造了农田林网。全市完成防沙治沙造林1.56万亩。

全市结合森林公园和风景名胜区建设，共完成森林抚育和改造0.91万亩。

（二）义务植树

在第30个全民义务植树节来临之际，全市各级各部门紧紧围绕市委、市政府提出的创建国家森林城市和林业生态市的总体目标与要求，广泛动员，抓住春季这一植树的大好时机，全面掀起了全民义务植树的高潮。全市参加义务植树73万人次，义务植树346万株。为了保证全民义务植树活动的效果，市委、市政府于春季在快速通道两侧、淇河公园等地专门划定了义务植树基地，动员全市各行政事业单位、个人栽植“文明林”、“青年林”、“巾帼林”、“公仆林”、“记者林”、“长城林”、“思乡林”、“情侣林”、“状元林”等，各个纪念林由一名县级领导负责，林业局1~2名技术人员具体负责，各个基地已经全部完成。

（三）资源林政管理

开展了全国第七次森林资源连续清查工作。市、县（区）分别成立了清查领导小组，严格按照国家标准，组织60余名专业人员，对全市136个样地进行了详细的调查，全面查清全市森林资源现状和消长变化动态，高质量地完成了森林清查任务。

加强林地林权管理工作，2008年严格按照征占用林地有关法律法规，为京珠高速拓宽、石武客运专线、南水北调、煤化工项目等全市重点工程和大项目占用林地事宜提供调查、咨询、方案设计和报批等服务，既确保了全市经济社会建设的顺利开展，又保护了林地资源。

严格执行林木采伐审批制度，对允许采伐的单位和个人、林业部门切实做到采前踏查、采中检查、采后验收制度。“十一五”期间，全市年森林采伐限额为23282立方米，其中：淇县9862立方米、浚县11488立方米、淇滨区1322立方米、山城区312立方米、鹤山区298立方米。2008年，全市实际采伐8780.63立方米，其中：淇县6113.49立方米、浚县1851.8立方米、淇滨区810.42立方米、山城区0.8立方米、鹤山区4.12立方米。全市未发生超限采伐现象。

加强公益林建设和管理工作，扎实做好公益林补偿制度实施工作。狠抓公益林管理，2008年新增省级公益林6.28万亩。

抓好野生动物保护工作，开展了“爱鸟周”和“野生动物保护宣传月”活动。全市共发放保护野生动物宣传单20000多份，展出图片200多幅，悬挂条幅38条，出动宣传车50余辆次，举办讲座15次。活动期间，全市共查处乱捕滥猎案件9起，缴获捕鸟工具5件，放生斑鸠、麻雀等鸟类100余只，清理野味店23家，缴获捕鸟工具11件，放生鸟类70余只，处理违法人员57人。

（四）集体林权制度改革

成立市集体林权制度改革领导小组，以主管副市长为组长，发改委、监察、民政、财政、人事、国土资源、农业、林业、司法、法制、信访、档案、金融、保险等部门负责人为成员的集体林权制度改革领导小组，全面负责协调林业体制改革工作；林业体制改革小组下设办公室（办公室设在市林业局），具体负责全市的林业体制改革工作。科学制定林业体制改革工作方案，印发了《鹤壁市人民政府关于深化集体林权制度改革的意见》。全市各级林业部门及有关乡镇，通过悬挂过路横幅、墙体标语、印发宣传材料、召开乡村干部会、群众代表会等多种形式，宣传集体林权制度改革政策及目的意义，提高广大林农对林权改革的认识，营造全社会支持和参与林权制度改革试点工作的良好氛围。市、县（区）、乡（镇）政府通过召开动员大会，对林业体制改革工作进行动员部署。组织各级林业体制改革工作人员学习回良玉副总理、贾治邦局长在全国集体林权制度改革现场经验交流会上的重要讲话精神及《中华人民共和国农村土地承包法》、《中华人民共和国合同法》等有关林业体制改革的文件、法律法规和政策，集体林确权颁证程序、林权流转管理办法、林权纠纷调处、林权档案管理等业务知识，提高全体工作者的政策水平和业务能力。实行目标责任管理，市政府与各县（区）政府、县（区）政府与各乡（镇）分别签订了目标责任书，推动了林业体制改革工作的顺利开展

（五）森林防火和公安工作

鹤壁市下发了《关于认真贯彻落实温家宝总理关于森林防火责任制五条标准的通知》，市、县（区）在各个防火紧要时期都有针对性地进行了部署和督促检查。全市共建森林防火宣传通道11条，设宣传牌580块、宣传碑150块，印发防火宣传材料5000余份。与市电视台和气象局联系在天气预报节目里增加了森林火险等级预报，向市、县、区200多位指挥部成员、乡（镇）长的手机每周发布一次天气预报信息，在计算机里安装了火点监测软件，为迅速查找卫星监测到的火点提供了方便。在控制火源上，市、县（区）森林防火部门采取了宁紧勿松、宁严勿宽、堵塞漏洞、消除隐患的措施，严格各项用火审批制度，并将景区森林防火工作纳入森林防火工作内容。全年没有发生重大的森林火灾。

深入开展了“大学习、大讨论活动”，“政风行风评议活动”，“三考活动”，“三基”工程建设、“执法质量检查活动”和“加强枪支和队伍管理警示教育整顿”等活动，组织开展了“集中打击破坏、野生动物资源违法犯罪活动专项行动”，“严厉打击涉枪违法犯罪行动”，“林区禁毒专项行动”，“严厉查处破坏森林资源案件切实保护林农合法权益专项治理活动”，“飞鹰行动”，“猎鹰二号专项行动”和“候鸟三号行动”等林业严打斗争。全市共破获各类林业案件232起，其中刑事案件10起，刑拘14人，逮捕犯罪嫌疑人8人，移送起诉8人，林业行政案件222起，查结林业行政案件212起，林业行政处罚230人，收缴木材230立方米，整顿木材经营点52个，收缴各类野生动物1658只（头)。

（六）森林病虫害防治

强化了森林病虫害防治目标管理工作，继续推行了森林病虫害限期除治制度，完善了防治、测报、检疫三个网络，进行了松材线虫病、杨树病害、杨树黄叶病害、美国白蛾、苹果蠹蛾和枣实蝇等的专项普查工作，开展了杨树食叶害虫、杨树蛀干害虫、杨树病害、槐树害虫、泡桐病虫害、红枣、苹果等病虫害的防治工作，继续进行了飞机喷药防治，组织了检疫规范年活动。全市共发生林业有害生物16.55万亩，其中用材林发生10.87万亩，经济林发生5.68万亩；防治林木有害生物13.70万亩，其中防治用材林8.86万亩； 防治经济林病虫害4.84万亩。浚县发生草履蚧较重，市林业局向

县(区)发放了"拦虫虎"药剂，帮农民熬制防治药物，现场指导绑缚胶带和涂抹药剂，并指导对隔离下来的草履蚧进行喷药防治，共防治草履蚧2700亩。印发了技术宣传资料，局领导亲自深入第一线督导防治工作。

狠抓林业有害生物测报，组织开展草履蚧、杨树食叶害虫等林业有害生物的越冬前后及发生期病虫情调查，全市发布病虫情报20多期3500多份。开展木材、苗木、花卉、果品等检疫工作，全市检疫木材31688立方米，苗木400万株。

市林业局于7月6~7日对危害较重的107国道、新区北部防护林、大白线及新老区连接带等绿化树木组织了飞机喷药防治，共飞行5架次，防治1万亩。喷洒农药采用的阿维•灭幼脲，用尿素作为沉降剂。这是鹤壁市连续第三年开展飞机喷洒农药防治害虫。经过连续飞防，使全市重点受害杨树得到治理。

首次发现并铲除加拿大一枝黄花。市林业部门于10月21日首次发现淇滨区大白线刘庄段路旁废弃院落内，长有加拿大一枝黄花，大多有1~2.5米高，处于开花期，分布约15平方米、120株。市森林病虫害防治检疫站会同淇滨区林业局工作人员达到现场，组织将120株加拿大一枝黄花全部铲除并当场焚烧。市电视台和《鹤壁日报》记者进行了跟踪报道。其他地方未发现加拿大一枝黄花危害。

(七)林业科技推广和育苗

2008年，共推广太行山抗旱造林技术2.5万亩，在廊道绿化中推广该技术80公里，栽植树木300万株。大机械整地技术在全市新老区连接带和杨树速生丰产林建设中全面推广，共造林1.2万亩，栽植107杨100万株。市引进、推广的新树种、新品种有107杨、薄壳核桃、大叶无核枣、淇县无核枣等7个品种。

林业科技攻关包括开展黄连木种子小蜂防治试验、大叶无核枣丰产栽培试验、"寿重"桃选育并进行推广。开展了太行山植被恢复研究。省林业科学研究院农用林研究室项目，地点选择在鹤壁市南山，主要包括造林方法研究和造林树种配置、促进成林试验，该项试验正在进行中。

鹤壁市林业育苗工作以国有苗圃、市中心苗圃、罗庄园艺场、淇苑农牧公司、鹤壁宝马集团、蜀龙花卉苗木公司为龙头，以国家、省林业科研院所为技术依托，下联专业育苗户、育苗农户，走基地(公司)+农户的发展道路，辐射带动，规模发展，积极扶持育苗大户，初步建起了育苗生产体系。全市有大型育苗基地16处，其育苗面积占总面积的80%以上。引进、推广新品种，实现良种化育苗。分别引进、推广了苹果、薄皮核桃系列、桃树系列、杏李系列等新品种，目前全市良种育苗使用率已达到70%以上。2008年，全市林业育苗实际完成8443.5亩，完成容器育苗545万袋，总产苗量6203.6万株，主要育苗树种有：杨树2898亩、产苗量1318万株、黄连木549亩、产苗量418万株、雪松236亩、产苗量18万株、侧柏245亩、产苗量892万株；在总育苗面积中，完成省优质种苗培育213亩，产苗量202万株。

二、纪实

召开全市林业生态市建设工作会议　2月4日，全市林业生态市建设工作会议召开，市领导张俊成、王明德、曹章贵、徐合民、常六出席会议。会议由张俊成主持。会议传达了全省林业生态省建

设工作会议精神，对全市林业生态建设工作进行了安排。会上，市政府与各县（区）签订了目标责任书，各县（区）代表在会上作了表态发言。

鹤壁市召开林业生态建设现场会 2月29日，鹤壁市林业生态建设现场会在淇滨区召开，市领导张俊成、徐合民出席会议并讲话，各县（区）、乡（镇）主要负责人参加了会议。与会人员首先参观了淇县、淇滨区的造林绿化现场，淇县、淇滨区、浚县王庄乡等县（区）乡（镇）的有关人员在会上作了发言，介绍了各自的做法和经验。张俊成要求全市各级要抢抓机遇，全面完成春季林业生态建设任务。徐合民通报了目前全市春季植树造林情况，要求各县（区）采取有力措施，迅速掀起植树造林高潮，争取用20天时间，全面完成春季林业生态建设任务。

王训智调研春季植树造林工作 3月5日，省政协副主席、鹤壁市委书记王训智到淇县、山城区、淇滨区调研春季植树造林工作。市领导张俊成、钱伟、徐合民和有关部门负责人参加调研。王训智一行先后察看了淇县北阳镇、庙口乡，山城区鹿楼乡，淇滨区金山办事处等乡镇和办事处的植树造林情况，对淇滨区的做法给予高度评价，并要求在全市推广这一做法。

市领导及文明单位职工参加义务植树活动 3月12日，鹤壁市精神文明建设委员会和市绿化委员会组织省、市级文明单位职工在快速通道庞村段两侧开展营建文明单位纪念林活动，省政协副主席、鹤壁市委书记王训智和张锦同、郭润营、张俊成等市领导、21家文明单位职工2200多人参加了植树造林劳动，栽植树木6600多棵。

省冬春季植树造林观摩团莅鹤观摩林业生态建设工作 4月17日，省林业厅副厅长弋振立带领由南阳市、信阳市等8个市林业部门有关负责人及省林业厅有关人员组成的观摩团，到鹤壁市现场观摩冬春季植树造林和林业生态建设工作。市领导张俊成陪同。

鹤壁市委书记郭迎光考察林业生态建设工作 4月29日，鹤壁市委书记郭迎光带领有关部门负责人到煤化工项目建设工地、汇和镁业和新老区生态走廊考察。市委常委、市委秘书长钱伟，市委常委、常务副市长王明德，市人大常委会副主任韩玉山，副市长徐合民参加考察。

部署集体林权制度改革和林木管护工作 5月19日，鹤壁市召开林权制度改革和林木管护工作会议，对全市林权制度改革和林木管护工作进行了部署。副市长徐合民出席会议，并代表市政府与各县（区）签订了目标责任书。市政府印发了《鹤壁市人民政府关于深化集体林权制度改革的意见》。会上，淇滨区、淇县、鹤山区分别就林木管护、集体林权制度改革和建立特色林业发展模式等作了典型发言。市林业局有关负责人通报了全市林权制度改革和林业生态建设情况，要求各县（区）在年底前全面完成集体林权制度改革任务，切实抓好林木管护工作。

开展森林资源清查工作 6月初，鹤壁市林业局成立森林资源连续清查领导小组，组建以专业技术人员为主的调查队伍，组织开展了第七次全市森林资源清查工作，历时半个月圆满完成各项任务，顺利通过省林业厅组织的检查验收。

组织飞机喷药防治杨树害虫 7月6~7日，鹤壁市林业局对危害较重的107国道、新区北部防护林、大白线及新老区连接带等绿化树木实施了飞机喷药防治。本次飞防使用的运五飞机，每架次装载药液800公斤，作业时速160公里每小时，飞行高度距树冠15~20米，防带宽度50米。共防治4.6万亩，防治效果达90%以上。

市四大班子领导到山城区重化工基地义务植树 7月11日，鹤壁市委书记郭迎光、市长丁魏带领市四大班子领导及部分机关干部约480余人，到山城区西环线重化工基地开展义务植树，当日共栽植侧柏、火炬树5000余棵。

鹤壁市发现大片国家濒危野生植物——野生大豆 10月20日，淇滨区金山办事处下庞村村民李成金在淇河岸边发现一片数百平方米的野生豆类，经市科技局专家鉴定属国家濒危野生植物——野生大豆。野生大豆的蛋白质含量高达45.4%以上，比普通大豆高出5个百分点。野生大豆是世界珍稀物种、国家二级保护植物，与野生水稻同被列入国家濒危野生植物重点保护名录。此次发现，证明鹤壁市植物的多样性，丰富了河南省种子基因库，具有重要的经济价值和科研价值。

鹤壁市造林模范靳月英老人先进事迹“走上”银幕 10月，根据靳月英老人先进事迹拍摄的电影《黑妞的故事》(暂定名)，在淇县开机。该剧艺术性地再现了靳月英老人抗日支前、植树造林、助学拥军的感人事迹。

林业部门首次发现并铲除加拿大一枝黄花 10月23日，市林业部门在森林病虫害普查工作中，首次发现大白线刘庄段路旁废弃院落内，长有加拿大一枝黄花。市林业部门工作人员会同淇滨区林业局人员达到现场，组织将100多株，约15平方米的加拿大一枝黄花全部铲除并当场焚烧。

市人民政府对2008年度林业生态建设先进单位和先进个人进行表彰 11月10日，鹤壁市冬春季造林绿化动员大会在市人民会堂召开。会上，市政府决定对2008年度全市林业生态建设先进单位浚县白寺乡等3个一等奖乡（镇）、淇县庙口乡等4个二等奖乡（镇）、鹤山区鹤壁集乡等3个三等奖乡（镇），李峰等21名先进工作者，以及高代镇等3名荒山造林承包大户予以表彰。同时，奖励一等奖乡（镇）5万元、二等奖乡（镇）4万元、三等奖乡（镇）3万元、荒山造林承包大户5000元。这3名荒山造林承包大户分别是高代镇（淇县裕丰果业合作社）、张怪只（山城区石林乡李古道村）、李文学（鹤山区鹤壁集乡大吕寨村）。

鹤壁市青少年“保护母亲河、建设生态市”主题实践活动启动 12月9日，由鹤壁团市委、市林业局、市淇河生态保护与开发办公室、鹤壁新闻网（大河鹤壁网）联合举办的全市青少年“保护母亲河、建设生态市”主题实践活动启动仪式在淇河岸边举行，近400名青少年及青年志愿者参加了仪式及当天的植树活动。市委副书记李连庆在仪式上致辞并为青年绿化突击队授旗，随后还和大家一起参加了植树活动。

濮阳市

一、概述

2008年，濮阳林业以科学发展观为指导，以建设现代林业为主题，坚持用新理念引领林业，用新机制兴办林业，用新技术提升林业，用产业化推进林业，用优秀团队建设林业，紧紧围绕建设林业生态市，着力构建完备的林业生态体系、高效的林业产业体系和得力的林业执法保障体系，圆满完成各项林业工作责任目标。据核查统计，在工程造林方面，全市完成造林面积27.91万亩，分别占省下达责任目标14.52万亩的192.22%、市下达责任目标16.18万亩的172.5%，其中新建速生丰产林10万亩，防沙治沙工程林3.94万亩，退耕还林3万亩，外资造林3.11万亩，村镇绿化围村林建设2.93万亩，城郊森林建设0.48万亩，园林绿化苗木花卉0.35万亩，生态廊道网络建设4.1万亩；在森林抚育和改造方面，全市共完成森林抚育和改造5.12万亩，其中中幼林抚育4.23万亩，低质低效林改造0.8万亩。范县成功创建成林业生态县。绿色家园行动计划扎实推进，市定50个重点村基本达到绿色家园建设标准。完成“四旁”植树155万株；参加义务植树200.6万人次，义务植树1055.1万株。2008年，市林业局被省林业厅授予“目标管理优秀单位”称号，被市委、市政府授予“2007年度综合考评先进单位”、“2005~2007年党风廉政建设责任制工作优秀单位”、“目标管理优秀单位”、“服务农业农村工作暨新农村建设工作先进单位”、“全市城市五好基层党组织”等荣誉称号。2008年，江西、湖南、湖北、四川、海南等省内外十几个考察团到濮阳市进行参观考察。7月17日至18日，江西省委常委、副省长陈达恒率领由各市和有关县（区）及省直有关部门负责同志组成的平原林业建设考察团共60人，考察濮阳林业建设。10月31日至11月1日，第23届国际杨树大会在濮阳市召开现场会，来自16个国家的50余位知名林业专家莅临濮阳进行参观考察。人民日报、新华社、光明日报、经济日报、农民日报、中新社、科技日报、绿色时报、经济视点报、河南日报、大河报、河南电台、河南电视台、大河网等14家新闻媒体对此次现场会进行采访报道，对宣传濮阳悠久灿烂的历史文化和建市以来的发展成就，扩大国际间林业经济技术合作交流，提升林业科技水平，大力发展杨树产业、推进我市现代林业建设起到了重要作用，产生了深远影响。

（一）林业生态市建设

2007年，按照河南省林业生态省建设的规划部署，濮阳市在深入系统调研和广泛论证的基础上，编制了《濮阳市林业生态建设规划（2008~2012年）》，并上报省委、省政府同意。2008年是林业生态市建设开局之年，濮阳市按照“因地制宜，科学规划，重点突破，全面推进”的原则，以五年规划为框架，不断创新造林机制和造林模式，林业生态重点工程建设均完成或超额完成省、市下达的目标任务。

1. 各级党委政府高度重视，加强组织领导，落实目标责任，加大资金投入，抓好督导检查

2007年11月27日，全省林业生态省建设电视电话会议后，市委、市政府即召开会议，市委书记吴灵臣、市长梁铁虎对林业生态市建设进行动员部署。2008年以来，市委、市政府先后召开全市林业生态市建设动员大会、全市林业生态市建设督导组工作会议、全市林业生态市建设现场会议、全市春季植树造林现场观摩会议，周密部署和强力推进林业生态市建设工作。市委、市政府成立了由市长梁铁虎任组长的全市林业生态市建设工作领导小组，印发了《关于建设林业生态市的意见》、《濮阳市林业生态建设规划》等重要文件。逐级签订目标责任书，各县（区）政府和市发展改革委、财政局、农业局、林业局、水利局、河务局、交通局、建委等市直有关部门向市政府、各乡（镇、办）向县（区）政府递交了林业生态建设目标责任书。市、县（区）在财力比较紧张的情况下，按照省政府要求，落实林业生态建设资金8058.9万元，并在植树造林前，及时拨付一定的启动资金购买苗木。市交通、公路、河务等有关部门共投资900万元用于造林绿化。造林期间，市委、市政府成立了10个林业生态市建设工作督导组，分别由市级领导挂帅，市直10位正县级干部任组长，分包督导5县2区以及城市、公路、村镇的造林绿化。市、县（区）、乡（镇、办）各级党政主要领导深入造林施工一线检查指导，分管领导直接到一线指挥，有力加快了造林进程，提高了造林质量。

2. 树立正确导向，着力建设精品工程

制定印发了《濮阳市林业生态重点工程建设管理办法》、《林业精品工程建设奖惩标准》，规定连片造林面积必须在100亩以上，对苗木质量、挖坑标准和造林成活率保存率提出了严格要求。重点围绕生态廊道和防沙治沙等狠抓了精品工程建设，突出抓了以下几个环节：一是确定一个原则。在资金投向上，对生态廊道林带建设坚持“不补偿，不租地”，着力从改变造林模式上调动群众植树的积极性，把林业生态建设资金更多地用于植树造林。二是明确工作重点。按照“省道以上先行一步，县乡道路逐年展开”的原则，把大广高速、濮台公路、106国道以及县城的主出入口道路确定为建设重点，为生态廊道建设积累经验。三是强化部门绿化，形成工作合力。市政府与交通、公路、河务、水利等有关部门签订了目标责任书，明确了有关部门的生态廊道建设任务。四是提高建设标准。规定省道以上道路新植乔木米径要在6厘米以上，县乡道路新植乔木米径要在5厘米以上。在全市各级各部门的共同努力下，濮阳市生态廊道建设实现重大突破，大广高速高新区段两侧林带宽度都在100米以上，部分路段接近500米。

3. 严格技术标准，狠抓造林质量，强化责任追究

濮阳市坚持把造林质量放在首位，严格按照“统一划线定点、统一供苗、统一挖坑、统一栽植、统一浇水、统一涂白抹红”的要求，组织专业队伍进行施工。一是实行订单育苗制度。与本市育苗

大户签订育苗供苗协议，做到随起苗随造林，避免了长途调苗失水现象发生，并且要求在栽植前对苗木实行浸泡，切实提高造林成活率。二是狠抓栽植质量。坚持做到“三大一实”，即用大苗、挖大坑、浇大水，栽植后埋土踏实。苗木米径达到2厘米以上，苗高3.5米以上，对达不到标准的不予验收；挖坑60厘米见方，达不到标准的，不予发苗；栽后及时进行统一浇水和涂白抹红。三是加强督导检查。市、县（区）林业部门成立督导组和质量监督队伍，对苗木规格、挖坑质量、栽植质量进行现场查看验收，对达不到要求的全部一律拔掉，责令限期返工重新栽植。市政府规定工程造林成活率必须在90%以上。否则，按规定扣减市级奖补资金。四是落实责任，强化责任追究。认真执行《濮阳市造林绿化责任追究制规定》，纪检、监察等部门全程参与，对发生严重造林质量事故的严肃追究主要责任人的责任。

4. 立足濮阳实际，大力推广小株距、大行距农林复合造林模式

为有效化解林粮争地矛盾，减少植树造林的阻力，调动群众植树造林的积极性，实现林茂粮丰，濮阳市积极借鉴外地成功经验，大力倡导推广了2米×8米、2米×10米等小株距、大行距的农林复合经营造林模式，深受群众欢迎，为今后林业又好又快发展理出了好路子。据统计，全市80%的新造林采用了小株距、大行距的模式。

5. 认真落实领导办绿化点制度，充分发挥示范带动作用

濮阳市要求市、县（区)、乡（镇）党政正职和分管副职及市、县（区）林业部门一把手每人必须着力办好造林绿化示范点、村镇绿化示范点、林木抚育和林下经济示范点三个类型的示范点。造林绿化示范点规模要在500亩以上，采用良种良法，栽植规整，管护规范，成活保存率在95%以上。村镇绿化示范点要在抓好围村林建设和街道绿化的基础上，农户庭院栽植3~5株优质果树。林木抚育和林下经济示范点要求规模不低于200亩，切实加强对中幼林的集约抚育和技术改造，在林地发展养鹅、养柴鸡或种植食用菌。全市共建成造林绿化和村镇绿化示范点600余个，林木抚育和林下经济示范点建设成效显著，通过领导办绿化点，全市涌现出多处造林质量好、成活率高的千亩片林，培育了清丰县柳格乡东赵店村，范县濮城镇文西村、五零村，濮阳县子岸乡西掘地村等一批村镇绿化典型。

6. 抓好林木管护，巩固造林成果

造林结束后，各县（区）积极制定出台林木管护办法，加强幼树管理，进一步健全护林队伍，落实管护待遇，签订管护协议，明确管护责任。做到造管并重，切实提高新造林成活保存率。高新区在树木栽植后，立即进行逐户登记，明晰产权，按树权落实管护责任。濮阳县庆祖镇、南乐县梁村乡出台了责任追究办法，对造林地块实行建档立卡，与各农户签订造林责任书，根据造林成活保存率严格奖惩。

7. 及时组织开展林业生态建设工程造林实绩核查

为检查核实全市林业生态建设规划各项任务完成情况，濮阳市林业局组织11名技术骨干，分成三个工组，于4月中旬至5月20日，历时一个多月，对各县（区）所有的新造林进行了全面核查，随后，对造林核查工作质量进行了稽查，全面翔实地掌握了各项工程造林完成情况。核查、稽查结果显示，2008年全市工程造林面积核实率、成活率、核实合格率、精品工程率均为近年来最高。

（二）科技兴林

全市各级林业部门把科技兴林作为建设现代林业的重要支撑和基础性工作，大力引进推广先进适用的林果新品种、新技术、新模式，努力提高林业建设的科技含量和综合效益。一是加强林木新品种、新技术的引进工作。2008年，全市共引进林木优良品种26个，其中用材林品种6个，经济林品种20个。加强林业技术标准建设，结合濮阳市实际，制定了《扁核酸枣丰产栽培技术规程》。抓好大枣良种基地建设管理，涉及20余个品种，枣树造林成活率达到85%以上，种子育苗苗木长势良好。积极开展与中国林业科学院的科技合作，签订市院长期合作协议，重点抓好杨树修枝抚育管理、杨树萌芽更新技术示范推广。2008年全市共建成优质高效实验林7000亩，其中发展高效经济林2000亩，建成杨树大径材集约高效栽培实验林3000亩，杨树中幼林抚育管理高效示范林2000亩。二是抓好林业育苗和合同订单育苗。全市完成林业育苗1.38万亩，其中合同订单育苗3100亩。三是加快发展林下经济。研究制定林下经济发展规划和扶持政策，合理安排林下经济发展布局。同时结合国际杨树大会濮阳现场会参观路线，构建“两线一圈”林下经济精品线路。2008年，全市共完成林下经济11万亩，其中林菌模式1.8万亩、林禽模式4.3万亩、林畜模式1.5万亩、其他模式3.4万亩，为农民增收3亿多元。

（三）依法治林

全市森林公安机关发挥职能作用，坚持打防并举、标本兼治，加强林业法制宣传，强化基层基础建设，不断提高民警综合素质和森林公安机关防范和打击违法犯罪行为的能力。2008年先后组织开展了“追逃专项行动”、“林区禁毒专项行动”、“飞鹰行动”、“候鸟三号行动”，严厉打击乱砍滥伐林木、乱垦滥占林地、乱捕滥猎野生动物等违法犯罪活动。针对新栽幼树多，麦收期间容易因机械作业、焚烧麦茬等人为因素导致树木毁坏的状况，针对性地采取了打击防范措施。在春季造林、“三夏”期间，市、县（区）森林公安机关均成立了巡逻队，出动护林宣传车，昼夜巡逻，故意毁坏幼树的现象得到有效遏制。据上报统计，2008年以来全市森林公安机关共受理各类破坏森林资源和野生动物案件296起，查结283起。其中：受理森林刑事案件10起，查结8起；受理林业行政案件286起，查结275起；受理野生动物案件行政案件17起，查结17起。打击处理违法犯罪人员604人，其中：逮捕6人，刑事拘留14人，起诉15人，治安拘留6人，林业行政处罚563人，收缴木材230余立方米，野生动物2192余只（头），野生动物死体20余公斤。

（四）资源林政管理

一是抓好源头管理，切实把限额凭证采伐落到实处。2008年，全市审批林木采伐量3.6747万立方米，是年采伐限额26.9506万立方米的13.63%；其中商品材采伐量为3.6489万立方米，是年采伐限额21.625万立方米的16.87%，非商品林采伐量为0.0258万立方米，是年采伐限额5.3257万立方米的0.48%，没有发生超限额采伐；林木凭证采伐率、办证合格率达到98%以上。二是强化林地林权管理，严防林地资源非法流失。全市共办理征占用林地手续8起，面积43.627公顷，审核率达到100%；完成林权证发放0.6万余亩，累计发放面积82万余亩，占应发面积的80%。三是加强木材流通管理，强化木材经营加工运输监督检查。全年共开具木材运输证6280份，材积8.486万立方米，其中出省5.824万立方米；省内木材运输2.662万立方米。全市三个木材检查站全年共检查木材运输车辆2716车次，其中违法运输车辆8车次，立案查处8起。四是加强野生动物保护管理。定期对全市动物园、驯兽团、动物表演团等野生动物驯养繁殖单位进行检查监督，及时规范经营行为；严格执行野生动物疫情监测报告制度，全市共设置野生动物疫源疫病监测站点7个。加强野生动物保护法制宣传，在河南省第27届"爱鸟周"来临之际，濮阳市林业局与濮上生态园区管理局共同举办了"关爱生态——万人放生濮上园"活动仪式。五是提高服务效率，优化林业环境。继续建立和完善林业行政主动服务工作机制、全面公开工作机制，林业行政审批逐渐做到审批关口下移，各县（区）设置便民服务点，主动为林农提供服务，并将林业行政审批项目名称、依据、申请条件、数量、审批程序、收费标准等通过公开栏、互联网予以公示。同时，严格执法管理，杜绝"三乱"行为。

（五）森林病虫害测报、防治和检疫工作

一是加大测报工作力度，准确预测主要林业有害生物发生危害趋势。先后进行了主要林业有害生物的越冬前、后期调查，对2008年濮阳市主要森林病虫害的发生情况进行了预测。在发生期，森林病虫害防治机构定期调查主要林木病害、食叶虫害、蛀干害虫等主要林业有害生物发生情况，准确掌握发生动态，及时发布森林病虫害防治信息指导防治。二是加强防控能力建设，周密安排部署防控工作。市政府加大对森林病虫害防治工作资金投入，为县（区）购置了6部车载式大型喷药机，全市统一调配使用，提高防控能力。市林业局先后召开了全市森林病虫害防治工作会议、林业有害生物专项调查培训会议，安排部署春尺蠖和杨树疑似细菌性溃疡病的防控工作。10月6日，市政府召开全市林业有害生物防控工作紧急会议，对防控美国白蛾进行动员部署。会后，台前县等有关县（区）迅速行动，全力组织开展防控工作，取得了阶段性成果。三是开展无公害防控试验，搞好技术指导。2008年6月下旬至7月上旬，濮阳县森林病虫害防治检疫站从烟台市分别引进500个和250个白蛾周氏啮小蜂柞蚕蛹（平均每蛹出蜂4000头），开展杨小舟蛾、杨扇舟蛾生物防控试验。经实践检验效果良好，计划明年在全市推广。市、县（区）森林病虫害防治技术人员在病虫害防治关键季节深入防控现场，调查虫情动态，协调指导防治，接受群众技术咨询，各县（区）森林病虫害防治机构组织防治专业队，利用大型车载式喷雾机，积极参与防治。四是进一步加强检疫工作。扎实开展"林业植物检疫管理规范年"活动。据统计，2008年濮阳市森林病虫害成灾面积1550亩，成灾率2.52‰；无公害防治面积23.38万亩，无公害防治率74%；年初预测病虫发生面积38.35亩，实际发生37.57亩，测报准确率98%。造林苗木检疫率达到100%。

（六）林业产业

一是规范林业工程建设资金管理。为实现林业建设资金科学规范管理，提高工程建设的质量和投资效益，市林业局积极与市发展和改革委员会协商，报请市政府出台了《濮阳市林业生态建设资金管理办法》，省、市林业生态省建设资金到位3000多万元，项目资金运行良好。二是加强林业产业协调服务工作。积极开展全市林纸林板业调查研究，摸清现状，进一步完善修订发展规划，定期统计分析林业产业运行情况，加强协调服务，全市林业产业呈现出快速发展势头。据初步统计，2008年全市林业总产值达到23.5亿元，其中第一产业10.5亿元，第二产业12.5亿元，第三产业0.5亿元。

二、纪实

林业局召开县（区）林业局长会议 1月3日，濮阳市林业局组织召开由各县（区）林业局（中心）局长（主任）、分管造林工作副局长（副主任）以及局副科级以上干部参加的林业工作会议，安排2008年林业建设任务，部署当前急需抓好的几项重点工作，市林业生态建设工作全面启动。

中国林业科学院郑世锴教授来濮指导速丰林基地建设 1月14~17日，中国林业科学院郑世锴教授应邀对濮阳市杨树速生丰产林基地建设进行实地考察。郑教授在充分肯定濮阳市速丰林建设成绩的同时，指出了当前速丰林建设存在的主要问题。

濮阳市召开林业生态建设动员大会 2月2日，全市林业生态建设动员大会在濮阳宾馆召开。市委书记吴灵臣，市委副书记、市长梁铁虎，市委组织部长雷凌霄，市人大常委会副主任何广博，市政府副市长魏有元、阮金泉，市政协副主席王际元出席了大会。各县（区）县（区）长、副书记、分管副县（区）长，高新区管委会主任、分管副主任，各县（区）发展和改革委员会主任、财政局长、林业局长，各乡（镇、办事处）书记、乡（镇）长（办事处主任），市直各单位主要负责人参加了会议。大会由市委常委、组织部长雷凌霄主持，市长梁铁虎、副市长阮金泉、市委书记吴灵臣分别在会上作了重要讲话。

濮阳市成立林业生态市建设督导组 2月14日，市政府召开林业生态市建设督导组第一次工作会议，对林业生态市建设督导工作进行安排部署。会议由市政府副秘书长、市林业生态市建设领导小组办公室主任李建国主持。会上印发了《市委办公室、市政府办公室关于加强2008年林业生态市建设督导工作的通知》。为了加强2008年林业生态市建设工作，市委、市政府决定成立由市委副书记李朝聘、省辖市正市长级干部马怀保，市委常委、组织部长雷凌霄，市人大常委会副主任何广博，市政府副市长魏有元、阮金泉，市政协副主席路留瑞7位市领导带队，林业生态市建设领导小组成员市农业局、水利局、林业局、畜牧局、农机局、扶贫办公室、农业科学研究所、林业科学研究所、建设委员会、市政园林局、交通局、公路局、新农村办公室等单位主要负责人任组长，市林业局有关人员为成员的10个督导组，分包5县2区和城区、公路及村镇的绿化工作，督导林业生态市建设2008年度责任目标完成情况、春季植树造林高潮掀起情况及示范精品工程完成情况。

市林业局召开县（区）林业局长会议 2月23日，市林业局在森林公安局二楼会议室召开县（区）林业局长会议，对林业生态建设进行重点安排部署。各县（区）林业局长（主任）、分管造林的副局长（主任）、市林业局林业生态建设督导组全体成员参加了会议，与会人员参观了内黄县林业建设和滑县大广高速沿线造林现场。

濮阳市政府印发《濮阳市2008年村镇绿化实施方案》 2月26日，市政府办公室印发《濮阳市2008年村镇绿化实施方案》，明确了村镇绿化的指导思想、基本原则、建设标准和目标，计划2008年全面启动1000个村（镇）的绿化工作，重点抓好306个村的绿化建设任务。

全市村镇绿化动员会议召开 2月29日，濮阳市召开全市村镇绿化动员会议，对村庄绿化工作进行安排部署。市政府副秘书长李建国，市新农村办公室、市绿化委员会办公室、市林业局等单位的主要负责人，各县（区）分管副县（区）长、各县（区）新农村办公室负责人、各县（区）林业局长（主任），有关乡（镇）乡（镇）长和50个重点村的驻村工作队员参加会议。

濮阳市召开全市林业生态市建设现场会 3月7日，濮阳市召开全市林业生态市建设现场会。市委副书记李朝聘，省辖市正市级干部马怀保，市委常委、常务副市长王海鹰，市人大常委会副主任何广博，市政府副市长阮金泉，市政协副主席刘国相、路留瑞出席会议。各县（区）县（区）长、副书记、分管副县（区）长，高新区管委会主任、党工委副书记、分管副主任，各县（区）林业局（中心）局长（主任）、交通局局长、公路局局长、市林业生态市建设督导组组长参加了此次会议。会议由市委常委、常务副市长王海鹰主持，总结了全市林业生态市建设动员大会之后春季植树造林工作开展的情况，对下一阶段植树造林工作进行再动员、再部署。参会人员先实地参观了高新区胡村乡、濮阳县鲁河乡和文留镇造林绿化现场。

市四大班子领导到高新区参加义务植树 3月11日，市委副书记李朝聘，市人大常委会主任徐教科，市政协主席范修芳，省辖市正市级干部马怀保，市委常委、市委组织部长雷凌霄，市委常委、市政府常务副市长王海鹰，市政府副市长郑实军、邹东波、阮金泉，市政协副主席赵洪勋、刘国相、路留瑞，濮阳军分区副司令员蔡海等市四大班子领导及市绿化委员会成员一行40余人，到高新区胡村乡班家参加进行义务植树。高新区党工委、管委会领导、区内各单位及胡村乡机关干部群众等500余人参加了义务植树活动。

中国林业科学院专家来濮阳指导杨树集约栽培试点工作 3月15~16日，中国林业科学院原副院长宋闯和杨树集约栽培专家郑世锴教授来濮进行现场指导濮阳市与中国林业科学院的杨树速生丰产集约栽培合作项目试点工作。专家对濮阳市开展的杨树大径材集约栽培和间伐抚育工作进行了认真考察，对集约栽培示范点工作给予了充分肯定，并提出了宝贵建议。

市林业局召开县（区）林业局局长会议 3月19日，市林业局召开县（区）林业局局长会议，各县（区）林业局长（主任）、分管造林和执法保护的副局长（副主任）、林业派出所长及市林业局林业生态建设督导组全体成员参加了会议。

市政府召开全市春季植树造林现场观摩会 4月9日，市政府召开全市春季植树造林现场观摩会。市政府副秘书长李建国、各县（区）分管林业的副县（区）长（副主任）、林业局（中心）局长（主任），市林业局负责同志共计30余人参加会议。与会人员先后对大广高速高新区段廊道绿化，南乐县元村镇片林，清丰县古城乡治沙造林，华龙区岳村乡廊道绿化，范县王楼廊道绿化、张庄乡农林复合经营模式和治沙造林，台前县打渔陈乡黄河大堤淤背绿化，濮阳县梨园乡黄河大堤淤背绿化和省道307线廊道绿化进行了实地查看，并现场听取了各县（区）和有关乡（镇）的汇报。

全省冬春植树造林现场观摩组来濮阳检查指导造林绿化工作 4月13日，以省林业厅副厅长王德启为组长，以省林业厅林政处、省林业技术推广站、省野生动物救护中心、省经济林和林木种苗工作站、省林业厅宣传办公室及郑州市、开封市、新乡市、安阳市、商丘市、许昌市、驻马店市、漯河市、周口市林业（农林）局负责人为成员的全省冬春季植树造林现场观摩组抵达濮阳，检查指导濮阳市冬春植树造林工作。4月14日，在市人大常委会副主任何广博、市政协副主席路留瑞的陪同下，省观摩组一行先后查看了濮阳县郎中乡廊道绿化、梨园乡黄河大堤淤背绿化，范县张庄乡黄河南岸治沙造林、速丰林基地建设，清丰县柳格乡东赵店村庄绿化及高新区胡村乡班家治沙造林情况。

濮阳市林业局组织参观反腐倡廉警示教育展览 4月17日，市林业局组织干部职工在市文化中心参观了反腐倡廉警示教育展览。

濮阳市林业局开展向四川地震灾区捐款活动 5月15日，市林业局工会、机关党总支向机关各科室（局）、局属各单位发出《关于向四川地震灾区首次捐款倡议书》，号召全局干部职工发扬中华民族“一方有难，八方支援”的传统美德，为灾区群众重建家园尽自己一份微薄之力。在随后进行的捐款活动中，共募集爱心款项5000余元，并于当日下午将款项送到濮阳市红十字会。

濮阳市开展第七次森林资源连续清查工作 5月14~16日，省林业厅调查规划设计院专家来濮阳市检查指导全市森林资源连续清查工作进展情况。此次森林资源清查是濮阳市进行的第七次森林资源连续清查，自5月上旬外业调查全面展开以来，全市已完成近100个样地调查，占任务量的36%，其中范县已全部完成任务。

市林业局积极开展“科技下乡活动周”活动 5月20日，濮阳市科技下乡活动周启动仪式在南乐县举行，市林业局积极组织林业技术人员成立了科技下乡服务队，开展了以“携手共建创新型濮阳”为主题的2008年濮阳市“科技下乡活动周”活动。

市林业局全体党员踊跃缴纳“特殊党费” 5月20日，林业局积极响应中共濮阳市委组织部的号召，组织全体中共党员以缴纳“特殊党费”的形式，向地震灾区人民群众献上一份爱心。40名中共党员及1名非党员共捐款15300元。

濮阳市提前安排部署“三夏”期间林木管护工作 5月中旬，在麦收即将来临之际，为切实搞好麦收期间林木管护工作，巩固造林绿化成果，市林业局召开会议安排部署“三夏”期间林木管护工作，下发《关于切实抓好麦收期间林木管护工作的紧急通知》。

濮阳市2008年造林核查外业工作圆满结束 5月20日，濮阳市2008年造林核查外业工作圆满结束。此项工作始于4月14日，为全面检查核实全市林业生态建设规划各项任务的完成情况，评估林业建设各项工程造林的实际成效，市林业局抽调林业工程技术人员分成3个工作组开展工作。

市林业局组织干部职工开展林木育苗管理义务劳动 5月29日，市林业局全体干部职工在城市西环林带杨树育苗基地为杨树苗木进行修枝抹芽。

濮阳市遭受风灾，林业部门积极开展生产自救 6月25日，濮阳市遭遇多年少见的风灾。据气象部门观测，清丰县最大风力达10级，其他县区风力达8~9级。这次大风天气给全市林业造成了较为严重的损失，不少大树被连根拔起或拦腰折断。据各县（区）初步调查统计，全市有23.7余万株树木受损，直接经济损失达1000余万元。市林业局迅速组织全市林业部门干部职工全力以赴开展救灾工作，做好生产自救技术指导和服务工作，力争把损失降到最低程度。

市林业局围绕“华南虎照片”事件开展诚信问题大讨论 7月1日，市林业局党组书记、局长张百昂主持召开局中心组学习扩大会，围绕“假虎照”事件的危害性、产生的根源、带来的启示及如何应对展开了大讨论。局领导班子成员，各科室（局）、局属各单位负责人及学习骨干30余人分别结合各自实际，从不同角度发表了看法和见解。

国家林业局天然林保护工程管理考察组考察濮阳林下经济 7月15~17日，国家林业局天然林保护工程管理中心陈大夫处长、中欧天然林管理项目欧盟方专家张君佐博士、天然林管理项目中方专家李维长教授一行3人在省林业厅退耕还林和天然林保护中心负责人的陪同下，分别到濮阳、清丰、南乐、范县、台前等县考察了以林下养鸡、林下养鸭、林下养鹅、林下种植食用菌、林下种药、林下种草等发展模式为主的林下经济发展情况。

江西省平原林业建设考察团来濮考察林业工作 7月17~18日，江西省委常委、副省长陈达恒率领由各市和有关县（区）及省直有关部门负责人组成的平原林业建设考察团一行56人，来濮阳市考察林下经济、通道绿化及木材加工等林业建设工作。18日上午，考察团在市委书记吴灵臣，市委常委、组织部长雷凌霄，副市长阮金泉，市委常务副秘书长邵培西，市政府副秘书长李建国及市林业局主要负责人的陪同下，先后考察了清丰县古城乡农林复合经营和林下养殖、阳邵乡林下食用菌种植，高新区太行村林下养殖，濮上园生态建设，濮阳龙丰纸业杨木造浆。18日下午，在市迎宾馆召开了豫赣两省平原林业建设座谈会。

濮阳市组织开展主要林业有害生物调查工作 7月中旬，濮阳市林业局组织人员对全市范围内主要林业有害生物进行了调查。本次调查共设340个标准地，其中杨树固定标准地208个，临时标准地52个，经济林标准地80个。主要在林木树冠东西南北四个方向的上、中、下不同部位选取枝干取段调查。

国际杨树大会第23届年会筹备组专家来濮阳考察参观点筹备情况 7月27~28日，北京林业大学生物科学与技术学院教授、博士生导师张志毅博士率领北京林业大学教授张德强博士、中国林业科学院胡建军博士一行3人，来濮阳市考察国际杨树大会第23届年会濮阳参观考察点筹备情况。考察组先后考察了濮阳龙丰纸业杨木造浆、濮上园生态建设、市城区人民路两侧毛白杨绿化、范县张庄乡木业加工园区、张庄乡黄河南岸速丰林、育苗基地、毛楼生态旅游区、黄河大堤生态廊道建设、濮阳县西辛庄杨树速丰林林木抚育情况。

市林业局动员部署"新解放、新跨越、新崛起"大讨论活动 7月29日，市林业局在森林公安局二楼会议室召开"新解放、新跨越、新崛起"大讨论活动动员会。局领导班子成员、各科室（局）、局属各单位负责人及业务骨干共30余人参加会议。党组成员、纪检组长程进普传达了市委"新解放、新跨越、新崛起"大讨论活动有关文件，党组书记、局长张百昂就如何贯彻落实市委五届六次全会精神，组织开展好"新解放、新跨越、新崛起"大讨论活动进行了动员和安排部署。

市林业局开展"新解放、新跨越、新崛起"大讨论活动 8月2日，市林业局深入开展"新解放、新跨越、新崛起"大讨论活动。局领导班子成员、各科室（局）、局属各单位负责人及业务骨干共30余人参加了大讨论。

市林业局召开"新解放、新跨越、新崛起"大讨论活动学习研讨会 8月5日，市林业局在局会议室召开"新解放、新跨越、新崛起"大讨论活动学习研讨会。局领导班子成员、各科室（局）、局属各单位负责人及业务骨干共30余人参加会议。会议决定围绕"新解放、新跨越、新崛起"大讨论活动主题，组织开展一次演讲活动。党组书记、局长张百昂作了关于加强机关建设、推进现代林业建设高效多能可持续发展的辅导报告。

市林业局举办"新解放、新跨越、新崛起"大讨论团队演讲活动 8月8日，市林业局在濮上生态园区员工之家举办了"新解放、新跨越、新崛起"大讨论团队演讲活动。团队演讲活动由副调研员毛兰军主持，市委“新解放、新跨越、新崛起”大讨论活动督导组成员、濮阳日报社、市广播电台记者应邀参加了此次活动。局机关各科室（局）、局属各单位共选派8名代表参加演讲。演讲结束后，党组书记、局长张百昂对这次团队演讲活动作了简要讲评。

国家林业局中欧天然林管理项目办公室组团来濮阳市考察林下经济 8月27~29日，由国家林业局中欧天然林管理项目办公室专家李维长、肖艳带队，来自四川、湖南、海南3省5个县23名人员组成的中欧天然林管理项目林下经济考察团来濮阳市进行了为期3天的参观考察。考察团先后到南乐县、清丰县、高新区、濮阳县参观考察了林下养鹅、林下养鸡、林下种植食用菌、林下养鸭等发展模式。

省林业厅检查指导濮阳市野生动物保护工作 9月2日，省林业厅野生动物保护处副处长杨智勇在濮阳市、县林业局有关负责人的陪同下，对濮阳县黄河湿地自然保护区和野生动物疫病疫源监测工作进行检查指导。

市林业局召开会议贯彻全省集体林权制度改革工作座谈会精神 9月8日，市林业局召开机关及局属事业单位副科级以上干部会议。会上，党组书记、局长张百昂首先传达了全省集体林权制度改革工作座谈会精神，学习了副省长刘满仓、省林业厅厅长王照平在全省集体林权制度改革工作座谈会上的讲话，然后对《河南省集体林权制度改革量化考评与检查验收办法（征求意见稿）》进行了讨论。

濮阳市政府召开全市林业有害生物防控工作紧急会议 10月6日，濮阳市政府召开全市林业有害生物防控工作紧急会议。市林业局、农业局、水利局、河务局、交通局、公路局、建设委、市林科所主要负责人，各县（区）主管副县（区）长，林业、农业、水利、河务、公路、城建部门主要负责人参加了会议。会议由政府副秘书长李建国主持，副市长阮金泉出席会议并作重要讲话。

濮阳市林业局召开全市县（区）林业局长会议 9月18日，濮阳市林业局召开全市县（区）林业局长会议，进一步安排推进集体林权制度改革工作。各县（区）林业局（中心）局长（主任）、分管副局长（主任）、林政股长和市林业局领导班子成员、机关各科室（局）、局属各单位负责人参加了会议。市林业局党组成员、纪检组长程进普主持会议。

市林业局召开“新解放、新跨越、新崛起”大讨论活动学习研讨会 9月23日，市林业局在机关会议室召开“新解放、新跨越、新崛起”大讨论活动学习研讨会。局领导班子成员、机关各科室（局）、局属各单位负责人参加研讨。

省“新解放、新跨越、新崛起”大讨论活动采访团采访濮阳林下经济发展情况 9月25日，根据省“新解放、新跨越、新崛起”大讨论活动领导小组办公室的安排，《河南日报》、《大河报》、《东方今报》、《河南商报》、河南电视台都市频道、民生频道、河南电台等主要新闻媒体的10余名记者组成的“三新大讨论”发展接替型产业集中采访团，在市委宣传部副部长王玉蕊，市林业局党组成员、副局长李金明的陪同下，对濮阳市林下经济发展进行了深入采访。

市政府召开第23届国际杨树大会濮阳现场会筹备工作会议 10月14日，市政府召开第23届国际杨树大会濮阳现场会筹备工作会。濮阳县、范县、华龙区政府县（区）长，高新区管委会主任，市直有关部门主要负责人参加了会议。会议由市委常委、常务副市长王海鹰主持。市长梁铁虎和副市长阮金泉出席会议，梁市长在会上强调，要认真组织，全力以赴做好各项筹备工作，确保活动取得圆满成功。

副市长阮金泉检查指导第23届国际杨树大会濮阳现场会筹备工作进展情况　10月16日，为贯彻落实好市政府关于第23届国际杨树大会濮阳现场会筹备工作会议精神，副市长阮金泉带领濮阳黄河河务局、市水利局、林业局、交通局、公路局、环保局、市政园林局等部门主要负责人到高新区、华龙区、范县、濮阳县检查指导第23届国际杨树大会濮阳现场会筹备工作进展情况，并针对工作中存在的薄弱环节及下步改进措施进行安排部署。

副市长阮金泉再次检查指导第23届国际杨树大会濮阳现场会筹备工作进展情况　10月20日，副市长阮金泉再次带领濮阳黄河河务局、市公安局、林业局、接待办公室、交通局、公路局等相关部门主要负责人深入濮阳县、范县一线，检查指导第23届国际杨树大会濮阳现场会各项筹备工作进展情况。

副省长刘满仓到濮阳县督导第23届国际杨树大会濮阳现场会筹备工作情况　10月22日，副省长刘满仓带领省直有关部门负责人到濮阳县督导第23届国际杨树大会濮阳现场会筹备情况，市长梁铁虎、副市长阮金泉及市、县有关部门负责人陪同考察。

省政府来濮阳市检查第23届国际杨树大会濮阳现场会筹备工作　10月23日，省人民政府办公厅副巡视员郑林带领省林业厅副厅长丁荣耀、科技处处长罗襄生、省林业科学研究院院长朱延林，到濮阳市检查指导第23届国际杨树大会濮阳现场会筹备工作情况。检查组一行在副市长阮金泉、市政府副秘书长李建国、市林业局局长张百昂的陪同下，先后深入到龙丰纸业有限公司、高新区太行村林下养殖基地、濮上园、高新区班家林下养殖基地、市城区毛白杨行道绿化、濮阳县庆祖镇西辛庄杨树速生丰产林、濮阳县徐镇北习村杨树、柳树防浪林、范县毛楼杨树速丰林、郑板桥纪念馆等参观考察现场进行检查指导。

第23届国际杨树大会濮阳现场会筹备工作组举办外事礼仪培训会　10月23日，为全面做好第23届国际杨树大会濮阳现场会的接待服务工作，第23届国际杨树大会濮阳现场会筹备工作领导小组邀请市政府外侨办为会议筹备人员和服务人员60余人培训外事接待礼仪相关知识。

梁铁虎主持召开第23届国际杨树大会濮阳现场会筹备工作会议　10月27日，市长梁铁虎主持召开第23届国际杨树大会濮阳现场会筹备工作会议，总结前一阶段现场会筹备工作情况，对当前要突出抓好的重点工作进行安排部署。市领导关少锋、阮金泉出席会议，梁铁虎作了重要讲话。

市领导检查第23届国际杨树大会濮阳现场会筹备情况　10月28日，副市长阮金泉实地检查第23届国际杨树大会濮阳现场会筹备情况。

第23届国际杨树大会濮阳现场会成功召开　10月31日~11月1日，第23届国际杨树大会濮阳现场会成功召开，来自15个国家的37位外宾和多名国内林业专家莅临濮阳市，参加濮阳现场会。濮阳现场会的主题是“杨树、柳树、黄河与中华文明”，旨在展示杨树柳树对改善生态环境、促进经济发展、造福人类社会的重要作用，展示黄河作为中华母亲河的沧桑巨变，展示濮阳作为中华文明重要发祥地的厚重历史文化。

濮阳市政府隆重举行仪式欢迎参加现场会的中外来宾　10月31日，濮阳市隆重举行欢迎仪式，迎接来濮考察的国内外专家、学者和企业家。省长助理何东成、市长梁铁虎分别代表河南省人民政府和濮阳市人民政府致欢迎辞。第23届国际杨树大会组委会主席、中国工程院院士、北京林业大学校长尹伟伦，联合国粮农组织林业司森林开发部主任Jim Carle分别在欢迎仪式上讲话。省林业厅厅长王照平、副厅长丁荣耀，河南黄河河务局副局长赵民众，濮阳市领导徐教科、范修芳、王海鹰、关少锋、阮金泉等出席欢迎仪式。

濮阳市邀请与会部分专家学者座谈研讨 11月1日，第23届国际杨树大会濮阳现场会参观考察活动结束时，濮阳市政府邀请与会的部分专家学者围绕“杨树、柳树、黄河与中华文明”主题进行座谈研讨。第23届国际杨树大会组委会主席、中国工程院院士、北京林业大学校长尹伟伦，联合国粮农组织林业司森林开发部主任Jim Carle，省长助理何东成，省林业厅厅长王照平、副厅长丁荣耀，河南黄河河务局副局长赵民众，市领导范修芳、阮金泉等出席座谈会。第23届杨树大会组委会主席、中国工程院院士、北京林业大学校长尹伟伦主持座谈会并讲话。

全省危险性林业有害生物防控工作座谈会召开 11月4日，全省危险性林业有害生物防控工作座谈会在濮阳市召开。焦作市、安阳市、鹤壁市、新乡市、开封市、商丘市、济源市林业（农林）局分管副局长、森林病虫害防治检疫站站长及内黄县、长垣县、滑县、浚县四县林业局分管副局长，濮阳市各县（区）林业局（中心）分管副局长（主任）参加了会议。会议由省森林病虫害防治检疫站副站长林晓安主持，省林业厅副厅长张胜炎出席会议并作重要讲话。

市人大常委会副主任何广博视察林业工作 11月6日，濮阳市人大常委会副主任何广博在市林业局负责人陪同下对市林业工作进行了视察。

市林业局召开第23届国际杨树大会濮阳现场会总结工作会 11月7日下午，濮阳市林业局在森林公安局二楼会议室召开第23届国际杨树大会濮阳现场会总结工作会，全体干部职工参加了会议。会议由调研员田平稳主持。会上，宣传外事组、后勤保障组及现场参观组首先分别汇报了第23届国际杨树大会濮阳现场会筹备工作完成情况，党组成员、副局长李金明对本次现场会情况作了简要概括，党组书记、局长张百昂作了总结讲话。

中国林业科学院知名专家来濮阳实地调研 11月11~14日，中国林业科学院原副院长、高级工程师宋闯，国家林业局林业调查规划设计院原院长、林业规划设计专家林进，中国林业科学院林业所研究员、杨树栽培专家郑世凯，中国林业科学院森林环境森林保护研究所研究员、林木虫害防治专家高瑞同，中国林业科学院木材工业研究所研究员、木材加工专家吴树栋，中国林业科学院林产化学加工工业研究所研究员、木浆造纸专家房桂干等知名专家，对濮阳市林业建设进行了为期3天的实地调研。

濮阳市召开全市冬季农田水利基本建设暨森林防火电视电话会议 11月18日，濮阳市政府召开了全市冬季农田水利基本建设暨森林防火电视电话会议，安排部署冬季森林防火工作。副市长阮金泉出席会议并作重要讲话。

濮阳市召开全市加快集体林权制度改革工作会议 12月3日，濮阳市召开全市加快林权制度改革工作会议。各县（区）分管副县（区）长、高新区管委会分管副主任，林业局（中心）局长（主任）、分管副局长（主任），市林权制度改革领导小组各成员单位参加了会议。会上，市林业局局长张百昂简要通报了全市林业体制改革工作进展情况和下步工作意见，各县（区）政府汇报了各自林权制度改革工作情况，副市长阮金泉最后作了重要讲话。市政府副秘书长李建国主持会议。

新乡市

一、概述

2008年是新乡市创建国家森林城市的验收之年，是实施《新乡市林业生态建设规划》的开局之年，是凤凰山森林公园建设的“决战之年”。一年来，在省林业厅的大力支持下，在市委、市政府的正确领导下，全市认真贯彻落实党的十七大提出的加强生态文明建设的重大战略部署，以科学发展观为指导，牢固树立现代林业发展理念，以创建国家森林城市为载体，以凤凰山森林公园建设为突破口，以林业生态建设工程为主体，以集体林权制度改革为抓手，进一步加强领导，落实责任，强化措施，全力推进林业生态市建设，各项工作取得了显著成效。获得国家森林城市、河南省绿化模范市等荣誉称号，新乡市林业局被评为省级文明单位和新乡市行政执法示范单位。

（一）圆满完成造林目标任务

全市共完成造林28.99万亩，完成率106.7%。其中，山区生态体系建设工程3.969万亩，农田防护林体系改扩建工程4.644万亩，防沙治沙工程8.449万亩，生态廊道网络建设工程2.483万亩，环城防护林及城郊森林工程1.218万亩，村镇绿化工程5.827万亩，林业产业工程2.4万亩。

（二）全力以赴抓好创建国家森林城市工作

新乡市委、市政府认真贯彻落实党的十七大提出的加强生态文明建设的重大战略决策部署，按照省委书记徐光春关于“要坚持环境保护先于一切，不断加强林业生态建设，使之与经济社会发展相适应”的指示精神，把创建国家森林城市、建设林业生态市作为改善生态环境、增强城市可持续发展能力的一项重要举措，作为建设生态新乡、和谐新乡的工作载体，作为执政为民，从生态建设开始，改善群众生活质量、优化经济社会发展环境，提升城市形象的重要内容，科学规划、合理布局、加大投入、全民参与，积极探索城市森林建设的成功模式，大力改善城乡生态状况，促进城乡一体化发展，城市绿化和生态建设成效显著，形成了城区园林化、郊区森林化、通道（水系）林荫化、农田林网化、乡村林果化的城乡生态建设一体化新格局，“让森林走进城市，让城市拥抱森林”的理念得以实现，人与自然和谐、森林与城市相融发展的良好局面已经形成，成功探索出了一条具有黄河流域平原地区特色的城市森林建设之路。市林业局作为创建国家森林城市指挥部办公室所在单位，倾全局之力，积极出谋献策，强化督导检查，在组织实施、服务指导、宣传发动、沟通协调等方面都做了大量的卓有成效的工作，确保了新乡市创建国家森林城市工作的圆满成功，在2008年11月，被全国绿化委员会、国家林业局授予“国家森林城市”称号。

（三）强力推进凤凰山森林公园建设工作，积极开展全民义务植树活动

按照凤凰山森林公园建设决战年整地造林、核心区基础设施建设、环境整治全部到位的要求，通过精心组织，狠抓落实，全面实现了各项目标任务的大头落地。已完成植树654.17万株，完成率108%，收缴义务植树以资代劳费1602万元。曾经满目疮痍的凤凰山如今已是绿意葱茏，生机盎然，一个集生态、旅游、观光、科普为一体的新乡后花园已见雏型。7月10日，市人大主任王富均带领30位省、市人大代表视察了凤凰山省级森林公园近三年来的建设情况。视察团认为，通过近三年的努力，凤凰山区旧貌换新颜，达到了市委、市政府满意，全市人民群众满意，上级林业部门满意的治理效果。

各级领导率先垂范，各部门密切配合，全社会积极参与，鼓励和倡导认管认养绿地、保护古树名木、植纪念树、造纪念林、“以资代劳”等多种形式履行植树义务，多点建立义务植树基地。目前，已完成义务植树任务1236.8万株，完成率110%，参加义务植树260万人次，尽责率达到了95%以上。特别是凤凰山森林公园义务植树基地建设3年来，参与干部职工达53万人次，共植树159.25万株，收缴义务植树以资代劳费4836万元。香港大公报、日本友人、京华实业公司等社会各界也以植树、捐款等不同形式参与凤凰山森林公园建设。

（四）全面启动林业生态文明村建设工作

为率先在全省建成林业生态市，市委、市政府全面启动了林业生态文明村建设工程，按照围村林、入村口主干道两侧绿化带宽度20米以上，村内有行道树，房前屋后院内有树木花草，村内每2平方米空地至少有一棵树的标准，圆满完成了1474个林业生态文明村的植树造林任务，占年度任务的108%；完成植树1766万株，占年度任务的128%。

（五）进一步深化集体林权制度改革

认真贯彻落实省政府《关于深化集体林权制度改革的意见》，市政府出台了《新乡市2008年度集体林权制度改革实施方案》和《新乡市2008年度集体林权制度改革工作考核办法》，将林业体制改革工作纳入2008年度政府目标考核体系。坚持“加强领导，精心组织；把握政策，规范操作；因地制宜，分类指导；强化质量，注重实效”的工作原则，建立了“市加强指导，县（市）直接领导，乡（镇）负责组织，村组具体操作，部门搞好服务”的工作机制，实行改革的内容、程序、方法、结果“四公开”，真正做到宣传发动深入、林业体制改革方案科学、改革程序规范、勘界工作准确、林权证发放及时、档案材料完整，充分调动和激发了各类社会主体投资林业、参与造林绿化的积极性，2008年确定的750个新林业体制改革村已圆满完成，涉及林业体制改革面积50.3万亩，回笼资金1495.6万元，发放林权证1423个。继辉县市建立林业要素市场后，延津县成立了活立木交易市场，正在试运行。

（六）高度重视项目争取工作

市林业局党组高度重视项目争取工作，始终以项目统揽林业工作全局，强化项目支撑，不断完

善项目争取工作的激励机制，充分调动机关干部争取项目的积极性，在全局形成了争取项目的浓厚氛围，确保了项目争取的成效，为全市林业生态建设的顺利开展提供了强有力的资金支持。截至目前，已争取到位的林业项目资金达26934.94万元，较2007年增幅124.5%。其中无偿资金7614.94万元，较2007年增幅153.8%；有偿资金19320万元，较2007年增幅114.7%。特别是林业贴息贷款项目下达贷款计划8500万元，占全省林业贴息贷款资金的21.25%，位居全省第一。实际落实林业贷款资金1.8亿元。

（七）认真开展第七次森林资源清查工作

市政府成立了森林清查领导小组，落实森林清查专项经费59.59万元，培训专业技术人员80人，圆满完成了全市519个样地的调查任务。7月14日至18日，国家林业局对新乡市清查工作6个县（市）的8个样地进行了检查验收，全部达到合格标准。检查组认为，新乡市森林清查工作组织领导好，规格高，市、县两级技术培训到位，落实调查经费到位，工作扎实，成效显著，并对获嘉县、原阳县提出了表扬。

（八）狠抓森林防火工作

市委、市政府高度重视森林防火工作，认真落实森林防火行政领导负责制，层层签订目标责任书，狠抓森林消防队伍和基础设施建设，严格火源管理，深入宣传教育，加强督导检查，努力提高防控水平和应急能力。启动了为期2周的森林防火宣传周活动，共出动森林防火宣传车300余台次，新建大型宣传牌10块、林缘标牌300余个。市政府将森林防火每周都列入工作预安排，督察落实情况。市长李庆贵、副市长贾全明多次深入重点林区现场督察、现场办公，各责任单位分包到乡，严密防范。2008年以来，全市发生森林火灾18起，其中火警14起，一般森林火灾4起，过火面积157.34公顷，受害森林面积45.58公顷，受害率0.39‰，低于省定1‰的控制标准，确保了全市森林生态安全。

（九）着力加强林业育苗和森林资源保护工作

全市林业育苗工作以满足林业生态建设种苗需求为目标，以提供品种丰富、质量优良、遗传增益高的种苗为理念，加强林业育苗和调苗管理，加大种苗执法力度，严格执行种苗“两证一签”制度，确保了林业育苗工作的顺利开展，全市已完成林业大田育苗1.93万亩，占任务1.6万亩的120%。

森林资源保护工作方面，一是全市森林公安机关通过开展“春季严厉打击破坏森林资源违法犯罪专项行动”、“排查整治林区突出治安问题活动”、“林区禁毒行动”、“保护幼树专项行动”等一系列严打专项行动，有力打击了破坏森林资源违法犯罪活动。全年共受理各类林业案件338起，其中刑事案件38起，林业行政案件300起，处理违法人员320人，刑事拘留46人，逮捕14人，行政处罚260人，确保了新乡市林区生产和社会治安稳定，巩固了造林绿化成果。二是在抓好林业有害生物虫情测报和人工防治森林病虫害的同时，圆满完成了飞防任务，共安全飞行51架次，飞防作业面积15.3万亩。三是进一步强化林政资源管理。完成林木林地确权发证1423份；全市未发生采伐指标相互挤占和违规操作现象，未发生违法占用林地事件，未发生公路“三乱”案件。

（十）林业科技推广工作

加大林业新品种引进力度，引进经济林新品种黄金甜、大白沙大杏2个，用材林新品种杂交构树、银芽柳2个；推广ABT、GGR生根粉、抗蒸腾剂、抗旱保水剂、容器育苗等林业新技术5项，引进巨玫瑰、无核甜柿等名优经济林新品种8个。搞好科技服务，举办科技培训班25场次，培训林果农3200人次，编印科普资料和明白纸6种8000份，解答林果技术咨询3100人次，发布林业科技信息20条，受教育人数4000人次。

二、纪实

召开全市森林资源林政管理工作会议 1月4日，市林业局召开全市森林资源林政管理工作会议，各县（市、区）林业（农业）局主管局长、林政股（科）股（科）长、木材检查站站长参加了会议；市林业局党组书记、局长赵秀志，党组成员、调研员楚军英出席会议并作重要讲话。会议传达了省林业厅副厅长王德启在全省森林资源林政管理工作会议上的讲话精神，对2008年全市森林资源林政管理工作进行安排部署。

副市长贾全明深入山区检查指导防火工作 1月7日，副市长贾全明在市林业局局长赵秀志、辉县市副市长汪庆平等有关人员的陪同下，前往辉县市重点林区检查指导冬季森林防火工作。贾全明在听取汪庆平副市长关于辉县市冬季森林防火工作的汇报后，实地检查了南寨、沙窑等乡（镇）重点林区的防火工作，查看了防火物资储备库并亲切慰问一线防火工作人员。

省政府护林防火指挥部办公室副主任马国顺率领督导组对新乡市进行检查 1月10日，省政府护林防火指挥部办公室副主任马国顺代表省政府率领防火督导组对新乡市进行了为期三天的督导检查。督导组一行在听取市森林防火办公室的汇报后，先后对新乡市市级森林消防物资储备库暨消防队营房，辉县市森林防火物资储备库，高庄乡、八里沟景区、卫辉市狮豹头乡等重点县(市）区、乡（镇）的森林防火工作进行了深入细致的检查，代表省政府对工作在森林防火一线的干部、职工进行了慰问。

新乡市林业生态文明村建设工作全面展开 2月13日，新乡市召开创建国家森林城市、凤凰山森林公园建设暨林业生态市建设动员大会。会议印发了《新乡市2008~2010年林业生态文明村建设实施方案》（新政办［2008］12号）。根据方案，2008~2010年3年全市3571个行政村将建成林业生态文明村，2008年完成1361个村的建设任务。同时，村镇绿化工程与生态文明村建设同步规划实施，2008年村、镇绿化率要达到35%以上，形成家居环境、村庄环境、自然环境相协调的农村人居环境。

获嘉县召开林业生态建设推进大会 2月28日，获嘉县召开生态林业建设推进会。县四大班子领导、各乡（镇）党委书记、乡（镇）长、县直驻村帮建单位一把手、90个生态文明村的支部书记参加了会议。会议由县委副书记李建涛主持，县长张金战参加会议并作重要讲话。会议宣读了《获嘉县林业生态文明村实施方案》，安排了全县的义务植树工作，总结了生态文明村前段的工作和存在的问题。

副市长贾全明听取全市林业生态建设情况汇报 3月6日，副市长贾全明听取了市林业局关于当前全市林业生态建设的情况汇报，强调要继续研究和落实林业生态建设的措施，并在狠抓落实上下工夫，特别是有高速公路等重点生态廊道建设任务的县（市、区），要突出重点、明细责任、健全机制、扎实推进，大干20天，圆满完成春季植树造林任务。

市林业局召开会议学习中央领导重要批示精神 3月7日，全市林业部门召开重要工作会议，深入贯彻落实中央领导重要批示精神，进一步提高认识，加强领导，以夺取春季森林防火工作的全面胜利，确保“两会”期间森林防火不出现大的问题。

市委、市政府召开林业生态文明村建设现场会 3月7日，新乡市委、市政府在卫辉市召开林业生态文明村建设现场会，市四大班子领导、军分区首长、市直有关单位负责人，各县（市、区）党委、政府主要领导、分管副职以及有关乡（镇）党委书记参加了会议。市委书记吴天君明确要求，集中有效时间，打好春季植树造林攻坚战，坚决打赢一场春季林业生态建设的人民战争。

新乡市举办“3·12”植树节大型宣传活动 3月11日，新乡市在人民公园东门举办了“3.12”植树节大型宣传活动。本次宣传活动以“让森林走进城市　让城市拥抱森林”，“建设生态市　造福新乡人”，“绿化凤凰山　美化我家园”为主题，重点宣传新乡市国家森林城市建设、生态市建设以及凤凰山森林公园建设成就。整个活动共展出图片800余幅、展出版面90余块，发放明白纸1000多张，同时工作人员还在现场解答林业政策、法规、技术等问题。

日本国际协力银行项目考察团赴原阳、延津考察指导日元贷款造林并参加植树活动 3月12日，日元贷款造林考察团成员日本国际协力银行驻北京代表处代表竹内和夫、代表助理张阳、协力银行专家斋藤诚等人在省林业厅副厅长张胜炎、省林业厅项目办公室主任卓卫华等相关领导的陪同下，先后到新乡市原阳县、延津县考察指导日元贷款造林项目。考察团及中日合资企业、留学生代表一行30余人还参加了义务植树活动。

市林业局开展春季严厉打击破坏森林资源违法犯罪专项行动 3月15日，市林业局召开由各县（市、区）林业局主管森林公安的局长、森林公安分局局长、派出所所长参加的春季严厉打击破坏森林资源动员会。决定自3月15日至4月30日，在全市范围内组织开展春季严厉打击破坏森林资源和毁坏幼树专项行动。市林业局党组成员、调研员楚军英参加了会议并作了重要讲话。新乡市森林公安分局局长何录明主持会议并宣读了新乡市林业局关于开展春季严厉打击破坏森林资源违法犯罪专项行动的通知。

新乡市召开清明节森林防火工作会议 3月28日，新乡市人民政府护林防火指挥部在辉县市召开了全市清明节森林防火工作会议，全面安排部署全市清明节森林防火工作。新乡市人民政府护林防火指挥部副指挥长、林业局长赵秀志，辉县市政府正县级干部、副指挥长范成及重点县（市、区）副指挥长（林业局长）、防火办公室主任、重点乡（镇）乡（镇）长、国有林场场长和风景旅游区负责人等40余人参加了会议。

新乡市政府召开森林防火紧急现场会 4月2日，23时至4月3日零时30分，贾全明副市长受李庆贵市长委托，在辉县市南寨镇政府召开森林防火紧急现场会，专题研究14时40分发生在山西省壶关县、林州市和辉县市南寨镇两省三县交界处秋沟村、营寺沟村的森林火灾的扑救方案。市林业局、气象局、消防支队、武警支队、移动公司等市政府护林防火指挥部成员单位以及辉县市委市政府、辉县市政府护林防火指挥部部分成员单位负责人参加会议。

新乡市举办清明节森林防火宣传周集中活动 4月2日，新乡市人民政府护林防火指挥部组织全市6县2市4区林业部门森林防火工作人员，开展了清明节期间森林防火宣传周集中活动，规模大、气氛浓、效果好。

李庆贵市长对森林防火工作作出重要批示 4月15日，市长李庆贵对《新乡市人民政府护林防火指挥部办公室关于辉县市南寨镇秋沟村森林火灾情况的报告》（新护防办［2008］7号）作出重要批示：看来我们的软硬件都有不足。应有计划地加强消防装备建设，抓紧搞好消防队伍建设，迅速完善扑火应急预案。

辉县市政府决定成立专业森林消防队 4月16日，辉县市市长王学胜主持召开市政府常务会议，专题研究森林消防专业队伍工作。会议决定成立辉县市专业森林消防队，专业森林消防队队员30名。4月2日辉县市南寨镇秋沟森林火灾发生后，新乡市人民政府护林防火指挥部办公室及时向辉县市人民政府发出了《关于建议辉县市尽快建立专业森林消防队的函》（新护防办［2008］8号）。辉县市人民政府高度重视，迅速作出反应。

新乡市林业局召开全市第七次森林资源连续清查工作会议 4月17日，市林业局召开全市第七次森林资源连续清查工作会议，各县（市）区林业（农林）局主管森林资源清查工作的副局长、资源林政管理科（股）长和业务技术负责人，市局资源林政管理科全体人员，市林业局党组成员、调研员楚军英出席了会议并作了重要讲话。会议传达了全省第七次森林资源连续清查会议精神，对全市第七次森林资源连续清查工作进行了安排部署。

新乡市林业局参加新乡市行政执法业务骨干培训班 4月21~23日，新乡市林业局资源林政科及经济林和林木种苗工作站4名同志参加了新乡市政府法制办公室在辉县市举办的全市行政执法业务骨干培训班。

辉县市举行专业森林消防队成立暨培训结业典礼 4月29日，辉县市政府在辉县市民兵训练基地隆重举行辉县市专业森林消防队成立暨培训结业典礼。参加典礼仪式的有新乡市林业局副局长李建新、辉县市委常委人武部政委段新国、辉县市人民政府正县级干部范成、新乡市护林防火指挥部办公室全体人员以及新乡市和辉县市的新闻媒体共60余人。

原阳县全国第七次森林资源清查工作全面启动 5月5日，原阳县全国第七次森林资源清查工作全面启动。按照《河南省人民政府办公厅关于开展全国第七次森林资源连续清查工作的通知》（豫政办［2008］43号）文件精神和市林业局的安排，5月5日完成森林清查工作人员培训及外业实习工作；5月6日，森林资源清查工作全面展开；5月7日，河南省林业厅下派的技术指导组莅临原阳对森林清查工作现场进行指导。

原阳县圆满结束全国第七次森林资源清查外业工作 5月19日，原阳县第七次森林资源清查工作圆满结束。此次清查工作共用了12天时间，全县有85个样地接受调查。

新乡市林业局扎实开展送技术下乡活动 5月19~21日，新乡市林业局按照河南省林业厅《关于开展2008年送科技下乡活动的通知》和“新科［2008］25号”文件精神，结合新乡市林业实际，先后组织林业技术人员到卫辉市石包头乡东沟村、原阳县福宁集乡后堤村开展送技术下乡活动,收到了良好效果。

新乡市林业局踊跃捐款支援四川地震灾区 5月21日，市林业局积极响应号召，广大干部职工踊跃捐款，奉献爱心，捐助各类款项86180元，已分别上交市民政局和市直工委。

新乡市林业局召开全市资源林政管理系统预防涉林渎职犯罪紧急会议 5月23日，市林业局召开各县（市、区）林业（农林）局主管资源林政管理的副局长、资源林政管理科（股）长和木材检查站站长参加的关于资源林政管理系统预防涉林渎职犯罪紧急会议，会议内容主要是贯彻、落实5月22日省林业厅召开的省辖市资源林政管理预防涉林渎职犯罪紧急会议的精神。市林业局党组成员、调研员楚军英出席了会议并作了重要讲话。

新乡市林业局开展“依法行政示范单位”创建活动 6月13日，市林业局党组召开专题会议，成立了以党组书记、局长赵秀志为组长，党组成员、调研员楚军英，纪检书记寇明选、副局长李中昆为副组长的新乡市林业局创建依法行政示范单位领导小组。楚军英兼办公室主任。

全省林业党风廉政建设工作会议在新乡召开 6月17日，全省林业党风廉政建设工作会议在新乡隆重召开。省纪委驻林业厅纪检组长、党组成员乔大伟，新乡市委常委、纪委书记王尚胜，新乡市副市长贾全明，省检察院反渎职侵权局副局长耿全红，省监察厅驻林业厅监察室主任任朴，新乡市林业局局长赵秀志，以及省林业厅林政处处长王学会、计财处处长赵海林、森林公安局副局长宋德才、林业体制改革办公室副主任王胜文、各省辖市林业局纪检组长、监察室主任参加了会议。

日元贷款河南省造林项目财务管理培训会议在新乡召开 7月2~3日，日元贷款河南省造林项目财务管理培训会议在新乡市国际饭店举行。此次培训是依照省林业厅项目办公室的要求，为做好日元贷款河南省造林项目2007年度财务审计工作而举办的。参加会议的人员有省林业厅项目办公室主任卓卫华、省审计厅外资处调研员韩绍强、省林业厅项目办公室副主任张文杰、新乡市林业局局长赵秀志，以及各省辖市林业（农林）局项目办公室负责人，72个项目县（市、区）林业局、计划单列林场会计等有关人员。

国家林业局调研新乡市林业信息化建设工作 7月5日，中国林业科学院研究员唐小明博士、国家林业局信息处副处长李应国、国家林业局林业调查规划院专家刘振英、张龙昌在省林业厅办公室副主任杨文培等有关人员陪同下，对新乡市林业信息化建设情况进行调研。调研内容包括林业信息化现状及实施情况，林业管理信息化标准规范和管理制度、各部门之间业务数据需求，信息化基础设施、数据资源、业务应用系统建设运行现状、组织机构设置、投资规模以及对国家林业信息化建设的建议和要求等。

新乡市第七次全国森林资源连续清查顺利通过国家林业局检查验收 7月14~18日，国家林业局华东林业调查规划设计院高级工程师胡健全在河南省林业调查规划院院长曹冠武的陪同下，对新乡市第七次全国森林资源连续清查工作进行了检查验收。按照质量检查的有关规定，分别抽取辉县市、卫辉市、获嘉县、延津县、封丘县、原阳县共8个样地进行了样点实地质量检查，全部达到合格标准。

全省2008年新乡基地飞播造林圆满结束 7月17日，新乡基地飞播造林工作全面展开，至8月6日结束，历时21天，相继完成了焦作、鹤壁、安阳、新乡4市的修武县、淇滨区、淇县、安阳县、辉县市、卫辉市、凤泉区等7县（市、区）的飞播造林任务。共完成作业播区9个，作业面积11万亩，作业73架次，飞行时间73小时。用种5.49万公斤（黄连木3.2万公斤，臭椿0.55万公斤，侧柏

1.7万公斤）。其中新乡市2008年飞播造林作业播区3个，作业面积4.5万亩。全部采用混播。

全国集体林权制度改革采访团莅临新乡 7月25日，由国家林业局、《人民日报》、新华社、中央人民广播电台、《经济日报》、《科技日报》、《农民日报》、《人民政协报》、《中国经济导报》、《中国经济时报》、《中国绿色时报》、《经济》杂志、《中国林业》杂志等组成的全国集体林权制度改革采访团莅临新乡市采访林业体制改革工作，这是为全面宣传贯彻落实8月6日中共中央、国务院颁发的《关于全面推进集体林权制度改革的意见》而组织的专题采风活动。省林业厅副厅长刘有富、省林业体制改革办公室主任王胜文，新乡市人民政府副市长贾全明、副秘书长阎玉福、市林业局局长赵秀志等陪同活动。

新乡市政府命名16个市级林业科技示范园(区) 9月2日，新乡市人民政府下文命名河南省亿隆高效农林业开发有限公司、上八里镇杨和寺村、新乡市祥鹿山生态林果试验园、辉县市三庆农庄林果试验园、卫辉市唐庄西山生态园、获嘉县史庄镇大清村、龙泉苑高效林业示范园区、新乡县合河乡卫源林业科技示范园、原阳县福宁集乡后堤村油桃基地、延津县新兴农场、封丘县青堆树莓专业合作社、河南正昊风景园林工程有限公司、宏力高科技农业发展有限公司、河南宜耕园生态农林有限公司、新乡北大河生态园、新乡市世利农业科技有限公司16个单位为新乡市林业科技示范园(区)，并进行挂牌。

市创建森林城市指挥部召开迎检协调会 10月10日，市政府组织召开创建国家森林城市协调会。市领导贾全明副市长参加，副秘书长闫玉福主持，市公安局、建委、城建局、接待办、园林局、林业局等相关成员单位主要领导参加了会议。会议就做好创建国家森林城市迎检有关事宜进行讨论、协调。

赵秀志赴省林业厅汇报迎接创建国家森林城市考察组工作准备情况 10月10日，市创建国家森林城市指挥部办公室主任、市林业局局长赵秀志带领市创建国家森林城市指挥部办公室工作人员专程赴省林业厅，汇报新乡市迎接考察组工作准备情况。省林业厅常务副厅长刘有富听取汇报，并就做好迎接考察组工作提出了明确要求。

创建国家森林城市考察组对新乡市森林城市创建工作进行考察验收 10月13~16日，按照国家关注森林城市组委会和国家林业局的安排，创建国家森林城市考察组对新乡市森林城市创建工作进行了考察验收。考察组听取了市委、市政府关于创建国家森林城市工作的汇报，观看了《绿色神韵生态新乡》创建森林城市专题片，实地察看了城郊绿化、城区绿化、农村绿化、凤凰山省级森林公园建设等国家森林城市建设情况，查阅了森林城市建设的技术资料和指标体系，并于15日在新区行政办公大楼一楼多功能厅对考察结果进行了反馈。创建国家森林城市考察组组长、国家林业局宣传办公室副主任金志成代表考察组对新乡市创建国家森林城市工作进行了总结。

新乡市召开涉农重点工作动员会议 10月24日，市委、市政府召开涉农重点工作动员会议，安排部署秋冬季林业生态建设工作。吴天君书记主持会议，李庆贵市长对秋冬季林业生态建设工作提出明确要求，市委常委、副市长王晓然对秋冬季林业生态建设工作进行了具体安排部署。

新乡市林业局组织召开全市林业科技工作会议 11月11日， 新乡市林业局召开全市林业科技工作会议，市林业局副局长郝晓渝、副处级调研员霍洪俊、各县（市、区）林业（农林）局主抓业

务的副局长、林站站长、16个科技示范园区负责人等有关人员参加了会议。会议由市局副处级调研员霍洪俊主持。

新乡市荣获“国家森林城市”称号 11月17~18日，第五届中国城市森林论坛在广州白云国际会议中心召开。新乡市市委书记吴天君到会并就新乡森林城市建设做了专题演讲。在此次论坛上，新乡市被全国绿化委员会、国家林业局授予“国家森林城市”称号。

新乡市林业局被省委、省政府命名为省级文明单位 12月9日，河南省委、省政府作出决定，命名中共河南省委宣传部等698个单位为2008年度省级文明单位，新乡市林业局榜上有名。

新乡市荣获“河南省绿化模范城市”称号 12月17日，在广州第五届“中国森林城市论坛”上，新乡市荣获由河南省绿化委员会颁发的“河南省绿化模范城市”称号，原阳县荣获“河南省绿化模范县（市、区）”称号，封丘县陈桥镇、长垣县浦东办事处荣获“河南省绿化模范乡（镇）”称号，新乡市黄河河务局、长垣县黄河河务局荣获“河南省绿化模范单位”称号。

焦作市

一、概述

2008年，在省林业厅的关心支持下，在市委、市政府的正确领导下，焦作市林业局紧紧围绕十七大建设生态文明的要求，以全面推进林业生态市建设为主题，以改善生态环境、推动新农村建设、加快林业产业化进程、增加农民收入为目标，以山区生态林体系、农田防护林体系改扩建、城郊森林及环城防护林带、生态廊道网络、村镇绿化等林业工程建设为重点，深化产权制度改革，落实科学发展观，突出“兴林富民”主旨，抢抓机遇，务实创新，圆满完成了全年各项目标任务，先后荣获全省省辖市林业局年度目标管理先进单位、全省林业政务信息工作先进单位、全市新农村建设先进帮扶单位、全市计划生育幸福家庭行动先进单位、全市目标管理二等奖、全市政务信息工作先进单位等多项荣誉称号。

（一）植树造林

完成营造林18.9569万亩，是年度总目标任务14.49万亩的130.8%。其中，完成山区生态体系建设工程3.3443万亩，农田防护林体制改革扩建工程1.4086万亩，防沙治沙工程1.4102万亩，生态廊道网络建设工程2.3333万亩，环城防护林及城郊森林0.4279万亩，村镇绿化1.9792万亩，林业产业工程5.0534万亩，飞播造林3万亩。完成森林抚育和改造5.98万亩，是年度任务5.95万亩的100.5%。林业育苗11345亩，是年度任务9000亩的126%。义务植树791.31万株，是年度任务624.35万株的127%。

（二）集体林权制度改革

全市集体林权制度改革工作全面启动。全市集体林地面积136万亩，已落实产权面积95.2万亩，占总面积的70%，完成市定目标。

（三）资源保护

2008年，全市各级林业主管部门不断加强森林资源保护工作，严格资源林政管理，严厉打击破坏森林资源和野生动物资源的违法犯罪行为，切实强化森林防火和林业有害生物防治，全市森林资源保护得到全面加强。

（1）严格执行林木限额采伐、凭证采伐、木材凭证运输、凭证销售、征占用林地审核审批等各项制度，较好地控制了森林资源消耗。全市共办理采伐证2093份，审批采伐林木6.72万立方米，占采伐限额42.7万立方米的15.8%；征占用林地审核审批率达到了98%以上，高于90%的目标；林木凭证采伐率和办证合格率均达到了96%以上，高于90%的目标；签发木材运输证10758份，发放林权证书244份；依法办理征占用林地审核、审批手续6宗，面积34.71公顷，收缴森林植被恢复费119.41万元。

（2）加强森林公安等林业执法队伍建设，适时开展专项整治行动，严厉打击各种涉林违法犯罪活动，巩固了造林绿化成果。全市共查处各类林业案件75起，其中刑事案件5起、行政案件70起。依法处罚56人次，罚款70人次，挽回直接经济损失10.05万元。

（3）加大对野生动物的保护和管理力度，加强野生动植物保护与管理，做好野生动物疫源疫病监测防控工作。配合高致病性禽流感防控工作，进一步完善了焦作市野生动物重大疫病应急预案，建立健全各项制度和应急机制。

（4）从抓宣传、堵火源、搞联防、明责任、强队伍入手，认真做好森林防火工作。尤其在防火特险期，各县（市）区、各成员单位及局党组成员分工负责，深入一线，分片包干，强化督察，严格火源管理，确保了焦作市森林资源安全。由于措施得力，全年无重特大森林火灾发生。

(5) 从强化种苗检疫、加强预测预报、培育抗虫树种、彻底根除隐患等四方面入手，对林业有害生物进行了综合防治，使森林病虫害成灾率控制在2.4‰以下，远远低于8‰的省定目标。特别是针对焦作市突发杨树黄叶病害的情况，及时制定和实施了焦作市杨树黄叶病害调查方案和突发杨树黄叶病害发生规律及危害性研究方案，有效地控制了虫情蔓延。据统计，全市共动用飞机喷药防治65架次，作业距离1850公里，作业面积15万亩，有效地控制了林业有害生物的发生蔓延，最大限度地减少了损失。

（四）行政服务中心工作

以“便民、高效、公开、公正”为服务宗旨，做好市行政服务中心林业窗口工作。共办理木材运输证、植物检疫证2801件，办结率100%，群众投诉率和差错率均为零。

二、纪实

市委市政府召开全市林业生态市建设动员大会　1月9日，市委市政府召开全市林业生态市建设动员大会，贯彻落实全省林业生态省建设电视电话会议精神，全面启动全市林业生态市建设。各县（市）区委书记、县（市）区长、副书记、主管县（市）区长、林业局局长、各乡（镇、办事处）书记、乡（镇、办事处）主任，市直部门、市绿化委员会成员单位负责人400余人参加了会议。市五大班子领导出席会议，市委书记铁代生、市长路国贤做重要讲话，对近几年的林业工作进行全面总结。市委副书记杨树平主持会议。

黄河湿地焦作管理分局组织记者及社会有关人士实地查看湿地保护情况　1月30日，为迎接第12个湿地保护日的到来，黄河湿地焦作管理分局组织新闻媒体记者以及社会上关爱湿地保护事业的有关人士，对焦作市的河流、水库、湖泊等湿地进行了实地查看和近距离接触了解，并就全市湿地现状、湿地保护及建设前景接受记者的专访。

市委副书记贾春明发表署名文章号召保护湿地资源 2月2日，市委副书记贾春明在《焦作日报》1版发表题为《保护湿地资源 建设生态文明》的署名文章，号召进一步提高社会大众的湿地保护意识和法制观念，为全面推进湿地保护工作奠定良好基础。

黄河湿地焦作管理分局组织开展纪念第12个世界湿地日宣传活动 2月2~3日，围绕第12个世界湿地日“健康的湿地，健康的人类”的主题，黄河湿地焦作管理分局精心组织开展一系列宣传活动。在市森林公园隆重举办了纪念第12个世界湿地日主题宣传活动，制作湿地知识、鸟类知识宣传版面6块，印发宣传资料800余份。

副市长王荣新检查林业生态市建设暨春季造林工作 2月18日，副市长王荣新在市林业局局长晋发展、副局长陈相兰等人的陪同下，到博爱县、沁阳市检查春季植树造林工作。王荣新先后检查了博爱县长济高速苏家作乡侯卜昌村段、迎宾大道清华镇小中里村段、长济高速沁阳段及焦克公路的通道绿化建设情况，对沁阳市西万镇西万村800亩生态园区进行了实地考察。

市政府召开全市春季植树造林现场会 2月23日，市政府召开全市春季植树造林现场会，总结推广植树造林先进经验，明确当前任务和主攻方向，进一步统一思想。各县（市）区主管林业工作的副县（市）区长、林业局长、主管局长及市财政、水利、交通、河务、农开办等绿化委员会成员单位负责人参加了会议。与会人员参观了沁阳市太洛路和长济高速公路廊道绿化建设、紫陵镇坞头村的围村林和农田林网建设、西万镇西万村的林业生态园建设现场，副市长王荣新出席会议并作重要讲话。

市委、市政府领导检查森林防火工作 3月4日，市委副书记杨树平、副市长王荣新带领市委、市政府办公室和市林业局有关负责人，深入中站区、解放区、山阳区、修武县的沿山乡（镇、办事处）检查指导森林防火工作，要求全力以赴确保森林资源安全。

市五大班子领导参加义务植树活动 3月11日，市五大班子领导铁代生、杨树平、王太峰、李随国、原振喜、贾武堂、秦海彬、杨娅辉、宫素清、孔相如、张动天、甘茹华、王哲、王荣新等来到温县引黄补源西渠环城林带植树点，与市林业局全体干部职工及温县200余名干部群众一起参加义务植树活动，共植速生杨5000多棵。

全省冬春季植树造林观摩团参观考察焦作市冬春季造林成果 4月15~16日，省林业厅副厅长刘有富、弋振立带领由林业厅有关处室负责人及部分地市林业局局长、分管造林的副局长组成的造林观摩团，在焦作市政府副秘书长赵卫国、市林业局局长晋发展等人的陪同下，对焦作市2008年林业生态市建设情况进行参观考察。观摩团一行参观了沁阳市生态廊道绿化、孟州市黄河大堤造林、温县村镇绿化及环城防护林、武陟县村镇绿化及生态廊道绿化、修武云台大道生态廊道绿化及环城防护林、马村区退耕还林补植补造及市环城防护林、博爱县参观环城防护林及农田林网建设等工程。

中国林场协会会长、原林业部副部长沈茂成一行调研国有修武林场 4月28日，中国林场协会会长、原林业部副部长沈茂成一行在省林业厅保护处处长甘雨、市林业局局长晋发展陪同下，对焦作市国有修武林场进行调研。沈茂成听取了修武林场的工作汇报，对国有修武林场近年来取得的成绩给予充分肯定，同时对今后国有林场的发展提出了意见和建议。

市林业局开展“抗震救灾，共献爱心”和“爱心一日捐”活动　5月12日，四川省汶川县发生地震后，市林业系统干部职工迅速行动，在局机关及所属二级机构中开展“爱心一日捐”和“抗震救灾，共献爱心”向灾区捐款活动，共向灾区群众捐款2万余元。全体党员响应组织号召，积极缴纳抗震救灾“特殊党费”4万余元，以实际行动全力支援灾区人民抗震救灾和恢复重建。

圆满完成飞机防治杨树食叶害虫任务　6月1~19日，针对杨树食叶害虫发生的严峻形势，市林业局组织开展了飞机喷药防治杨树食叶害虫工作。本次飞防主要以工业原料林基地、生态廊道及部分林网为主，采用运五飞机喷洒阿维灭幼脲Ⅲ号、阿维除虫脲防治杨树食叶害虫，全市共飞防65架次，作业距离1850公里，作业面积15万亩。在完成飞防任务的同时，各县（市）及时组织对漏防区和未防区开展地面人工防治，完成人工地面防治1.0万亩次，有效地控制了杨树食叶害虫的蔓延趋势。

国家林业局纪检组长杨继平赴修武参观考察　7月3日，国家林业局党组成员、纪检组长杨继平在省林业厅厅长王照平、市林业局局长晋发展等人的陪同下莅临修武县参观考察。修武县委书记魏丰收、县长迟军、副县长安天乐、县林业局局长马好政等陪同参观考察。

2008年全市林业有害生物专项调查任务全面完成　9月初，市森林病虫害防治检疫站早安排、早部署，在全市组织开展2008年林业要害生物专项调查工作。下发《焦作市林业有害生物普查工作实施方案》，举办为期两天的林业有害生物普查培训班，组建3支林业有害生物普查专业队，实行分片包干，责任到人。历时20余天，圆满完成了全市林业有害生物专项普查任务。本次普查范围为全市所辖区域内的所有寄主林地、果品加工厂、经营地、大宗林产品使用单位、杨树片林、林网、路林、防护林及工业原料林基地。

市检察院、市林业局召开预防职务犯罪联席会议　9月9日，市检察院、市林业局召开预防职务犯罪第一次联席会议。各县（市）区检察院主管检察长、反渎职侵权局局长、林业主管部门局长、森林公安分局局长、林政科科长，各木材检查站站长和林政稽查队队长等80余人参加了会议。会议由市林业局党组成员、副局长马恒雨主持，市检察院反渎职侵权局局长张春峰、反贪污贿赂局副局长苗东升分别就全市的反渎职侵权和反贪污贿赂等工作情况进行通报，市森林公安分局、资源林政科、野生动植物保护科的负责人分别就各自工作开展情况和预防职务犯罪措施进行介绍。市检察院党组成员、副检察长李国防和市林业局党组书记、局长晋发展出席会议并作重要讲话。

市人大常委会视察全市林业生态市建设工作　9月11日，市人大常委会主任郭国明，副主任白富海，市人大农工委、宣工委等委负责人及省市人大代表一行20余人，在市林业局局长晋发展等的陪同下，视察全市林业生态市建设情况。视察组先后视察了温县引黄补源渠防护林带工程、滩区工业原料林及祥云镇北冶村绿化工程，孟州市黄河大坝低产林业体制改造工程及城市防护林建设，博爱县磨头镇农田林网、孝敬镇村镇绿化、柏山镇退耕还林工程，马村区安阳城街道办事处城郊防护林工程和水土保持林工程。

市人大常委会召开林业生态市建设座谈会　9月12日，市人大常委会召开林业生态市建设座谈会，就林业生态市建设情况进行交流，并对进一步做好林业生态市建设工作提出了建议。

全市“十一”黄金周森林旅游喜获丰收　10月，“十一”黄金周期间，市森林旅游景区共接待游客84200余人，门票收入237.6万元，各项总收入达287.9万元。全市森林旅游没有发生一起安全事故和游客投诉，实现了“安全、秩序、质量、效益”四统一的目标。

积极开展“12.4”法制宣传日活动 12月4日，市林业局在东方红广场开展全国第八个法制宣传日现场宣传咨询活动。活动当天，共展出林业法制宣传版面2块，现场发放林业法规政策宣传资料500余份，接待咨询群众320余人次。

三门峡

一、概述

2008年，三门峡市林业工作紧紧围绕构建和谐社会和建设社会主义新农村的时代主题，认真贯彻落实科学发展观，强力推进林业生态建设，各项目标任务均全面或超额完成。完成造林绿化任务60.60万亩，占目标任务41.17万亩的147.18%；完成森林抚育和改造工程27.66万亩，占目标任务24.56万亩的112.64%；完成林业总产值42.39亿元，占目标任务37.55亿元的112.89%；完成林业育苗2.12万亩，占目标任务2万亩的106.10%；完成“四旁”和义务植树树木1184.8万株，占目标任务1128万株的105.04%。森林病虫害防治、森林火灾受害率分别低于目标任务的6‰、0.5‰；全市未发生重大毁林、乱占林地和破坏野生动植物案件。

（一）重点工作开展情况

1. 林业生态建设开局顺利

2008年是三门峡市林业生态建设第一年，按照市委、市政府提出的“力争三年在全省率先建成林业生态市”的宏伟目标，根据《三门峡市林业生态建设规划》“三区（山区、丘陵区、黄土沟壑区）、两点（城市绿化点、村镇绿化点）、一网络（生态廊道网络）”的总体布局，重点突出山区生态林工程建设（水源涵养林、水土保持林、生态能源林）、林业产业工程建设（工业原料林、经济林）和森林抚育改造工程建设。在山区生态林工程规划中，突出生物质能源林工程建设新理念；在水土保持林建设方面以退耕还林为基础；在廊道绿化工程中，全面完成陇海铁路154公里的绿化任务，并结合国道209、省道318及部分县乡道路地势特点，不断加大力度，提高绿化水平，已绿化道路168.39公里，合计4929亩，实现廊道绿化任务的大超越。同时，按照“上规模、抓重点、出精品”的要求，深入开展林业生态县、生态乡、生态村“三级联创”活动，2008年确定创建林业生态县1个(累计达到3个生态县，占全市6个县市区的50%)，创建林业生态乡15个（累计达到25个，占全市63个乡（镇）的1/3)，力争利用3年的时间使6个县（市、区）全部达到林业生态县建设标准。

2. 集体林权制度改革稳步推进

三门峡市各级林业主管部门高度重视，精心部署，积极稳妥推进集体林权制度改革工作，全市共有47个乡（镇、街道办事处）开展集体林权制度主体改革任务，其中已完成37个乡（镇）的林地调查摸底工作，占任务79%。在集体林权制度改革的技术保障方面，普遍采取层层培训，逐级培养的方式，在全市范围内共举办各类培训班40余期，培训人员4000余人次，其中市局直接办县、乡、村三级林业体制改革人员培训班13期，培训人员1500余人，使一批明白政策、掌握方法、勇于负责的林业体制改革人员工作在集体林权制度改革的第一线。在集体林权制度改革的监督指导方面，各级政府及林业主管部门采取各种有效形式，实行市领导包县督导、市局领导及林业体制改革指导员包县指导制度。其中，灵宝市政府抽调市直8个单位组成督察组，由1名副科级干部带队，分包8个乡(镇）进行督察指导，有力推动了集体林权制度改革工作。

3. 国家林业重点工程巩固提高

2008年三门峡市退耕还林全部为荒山造林，各级各有关部门大力宣传发动，精心组织实施，结合本地实际，开创性地开展工作，完成退耕还林任务7.9万亩。顺利通过了国家对2008年到期退耕还林的检查验收，圆满完成退耕还林成果巩固。制定下发了《三门峡市天然林保护工程管护工作检查方案》，从护林员的选拔、合同的签订、日常巡护的监督管理等各个方面制定了详细的工作标准，使天然林保护工程管理走上规范化、标准化、制度化的道路。积极开展天然林保护工程调查研究，了解群众对天然林保护工程实施的意见和看法，形成了《三门峡市天然林区林农生活现状及其建议》的调研报告，为天然林保护工程的后续发展奠定了基础。认真组织开展封山育林设计工作，规范和加强森林生态效益补偿基金的管理，加快全市公益林建设步伐。狠抓野生动物保护宣传工作，坚持搞好“爱鸟周”科普宣传活动，全市共出动宣传车28台次；制作宣传横幅36余条，张贴标语730余条，散发宣传单、宣传品3000余份，发放野生动物保护图片800余份；举办鸟类知识培训班90余次，培训4600余人次；救护受伤的野生动物16只，有力地提高了群众保护野生动物的意识。认真编制了河南黄河湿地国家级自然保护区三门峡管理分局二期工程建设项目初步设计，开展了保护区野生动物、野生植物种类和数量调查，坚持做好野生动物疫源疫病监测工作。小秦岭国家级自然保护区一期项目工程建设投资1022.2万元，修建了办公用房、巡护步道、瞭望塔等，并配备了相关设备仪器，顺利通过省里组织的检查验收，提高了保护区的保护、管理和科研能力。

4. 项目带动和产业发展态势强劲

坚持大项目带动大发展，带来林业综合实力的大提升。全年累计上报项目27个。在抓好国家林业项目实施的同时，狠抓了日元和德元贷款造林项目，进一步规范了日本政府贷款河南省造林项目的会计核算工作，三门峡市林业局同各县（市、区）有关财务人员及技术人员一起参加了省林业厅项目办公室举办的关于日本政府贷款河南省造林项目会计核算培训班，以加深对项目财务报告、审计报告等有关规定的更进一步了解，保证了项目的顺利进行。在德国贷款造林项目实施中，三门峡市林业局与市直有关部门多次协调安保工作，确保项目的实施不出现安全隐患。制定了2008年至2012年林业产值目标，进一步理清产业发展思路。组织开展了首届“三门峡市林业产业五大龙头企业及林业产业五大基地”评选活动，确定由灵宝市三宝园林绿化工程有限责任公司等五家林业产业企业和陕县菜园乡过村优质桃基地等五个林业产业基地，特授予“三门峡市林业产业五大龙头企业”和“三门峡市林业产业五大基地”称号。协调各县（市、区）做好编纂《中国林业产业经典》工作，努力向全社会展示林业产业成就。

5. 依法治林工作常抓不懈

面对错综复杂的林区社会治安形势，三门峡市林业局始终坚持依法行政、依法治林的原则，成立了政策法规科，印发了《三门峡市林业局依法行政实施方案》和《三门峡市林业局关于进一步规范林业执法的通知》，进一步理顺了全市各级执法部门的执法关系，明确执法职责和执法范围，规范全市林业执法行为。牢固树立“执法办案是硬道理”的思想，继续坚持一手抓严打、一手抓防控的工作思路，相继组织开展了“猎鹰二号行动”，“抓逃犯、破积案、保平安”行动，“飞鹰行动”，“治爆缉枪”行动，“林区禁毒”行动等一系列专项斗争，严厉打击林区各类涉林案件。全年受理各类涉林案件1015起，其中刑事案件立66起，破获59起；林业行政案件受理949起，查处947起，移送起诉44起，行政处罚1020余人。加强林木林地资源管理，森林防火、森林病虫害防治按照预防为主的原则，认真落实第一责任人的职责，明确责任，全市未发生重大森林火灾和森林病虫害，确保了森林资源安全。

6. 科技兴林蓬勃开展

一是大力推进科学育苗进程，为林业生态建设提供了可靠的种苗保障。全市已完成大田育苗2.12万亩，占省下达任务2万亩的106%，完成容器育苗2400万袋。二是遵照《枣生产技术规程》地方标准，依托林业科学技术，推广枣标准化栽培技术，推动枣标准化生产，在灵宝大王镇建成面积为150公顷的省级科技示范园区一个，有效辐射周边农民1800户，盘活周围耕地1000公顷，促进当地新农村建设。三是与市质量技术监督局合作完成《核桃生产技术规程》（DB41/T 512）、《枣生产技术规程》（DB41/T 513）两个河南省地方标准，共同起草完成《地理标志产品灵宝大枣》国家标准，并通过国家标准化委员会组织的专家审定。四是先后完成“三门峡市文冠果优良品种选育及高效栽培试验”、“三门峡市大枣标准化生产示范基地建设”、“生物质能源植物丰产栽培技术研究与推广”、“三门峡市核桃良种收集圃建设”等项目的申报工作，多数项目申报获得批准并已实施。五是多次组织林业科技人员送科技下乡，先后举办培训班和技术讲座22场次，其中培训林业职工315人次，培训林农16564人次，组织林农赶科技大集12场次，现场技术咨询服务27场次，服务咨询群众13.105万人次；发放林业科普宣传资料3.65万份，发放林业科普图书4930册，制作科普宣传挂图82幅，受教育总人数达到7.19万人次。通过科技下乡活动，使广大林业技术人员增强了林业科技意识，使基层林业干部和广大林农进一步掌握了林业科学知识，使一大批新技术、新品种得到推广应用，对全市林业建设和经济发展起到积极的推动作用。

7. 政策扶持力度不断加大

为确保林业生态建设开好头、起好步，经过不懈努力，积极协调，争取到了领导的大力支持。市委办公室、市政府办公室印发了《三门峡市林业生态市建设奖惩办法》，将林业生态建设纳入政府年度责任目标，县（市、区）、乡（镇、办事处）党政一把手为本辖区林业生态建设的第一责任人，分管领导为具体责任人，分别对林业生态建设负总责和直接责任。建设成果和完成情况将被作为政绩考核的内容和干部使用的依据。对在林业生态建设中贡献突出的单位和个人，每年给予表彰、记功和资金奖励。经检查验收达不到标准的，给予处罚款和通报批评，并进行诫勉谈话。

8. 党的建设和信访工作进一步加强

先后开展了“解放思想，科学发展，奋力实现新跨越”、“新解放、新发展、新跨越”和“实践科学发展观”等主题教育活动，全体干部职工精神状态和作风发生明显转变，班子成员的执政意识和执政能力不断增强，广大党员的先锋模范作用得到较好发挥，谋发展、促和谐、抓落实的能力进一步提高，发展氛围更加浓厚，为林业各项工作开创新局面提供了强大的精神动力，呈现出了你追我赶、奋勇争先的发展局面。党的廉政建设深入推进，教育、制度、监督并重的惩治和预防腐败体系进一步健全，党风廉政建设和反腐败工作走在了全市前列。认真受理群众来信来访，有效化解社会矛盾，维护了社会秩序。建立完善了信访查处案件登记制度，档案制度，限时结案制度，保障林业各项政策的落实。全年共受理、办理信访信件19件，办结17件，其余2件正在办理中，接待上访群众14人（次），没有发生越级信访和非法上访现象。

9. 信息宣传工作迈出可喜步伐

一是编发《三门峡林业信息》23期、《林业生态简报》22期，被市委市政府采用林业信息量分别位居市直前十名内，被省林业厅采用信息量位居18个地市前茅，被国家林业局门户网采用100余条。二是全市共完成各类对外宣传报道信息499条，占目标365条的136.7%；省部级以上主要媒体69条，占目标35条的197.1%，其中中央电视台1条，《人民日报》1条，《中国绿色时报》65条，《河南日报》1条，河南电视台1条；市级媒体140条，占目标100条的140%；其中《三门峡日报》115条，三门峡电视台25条；三是在《中国林业》刊登一期三门峡林业生态建设专题宣传、《三门峡日报》开办宣传林业生态建设一个专版，使三门峡市的林业宣传再上一个新台阶。

10. 机关保障能力不断增强

一是狠抓了两楼建设工作，林业科技综合楼经过两年紧张的施工，顺利进驻办公，改善机关办公条件，提升了林业形象。家属楼经过多年的不懈努力，目前施工顺利，虽然不是十分理想，但党组已经尽到全力。二是狠抓资金管理工作。目前共到位市级及省级以上建设资金8974万元，及时做好项目资金的划拨工作。全市收缴义务植树绿化费138.00万元，完成上缴省级育林金44.00万元，拨付森林植被恢复费804.10万元，拨付用油补贴174.21万元。三是做好机关日常管理工作，完善车辆管理制度，制定车辆行程与加油的核算办法，制定印发了《三门峡市林业科技中心办公楼管理办法》、《三门峡市林业科技中心综合办公楼电梯安全事故应急救援预案》、《三门峡市林业科技中心综合办公楼消防应急救援预案》，更加强化全体人员减灾避险安全意识。及时做好旧楼电话停机和新楼通信接入等工作，利用网络做好省林业厅，三门峡市委、市政府文件传输工作。四是加强固定资产管理，逐步对固定资产设置了固定资产明细账，确定负责科室及人员。

二、纪实

省政府护林防火指挥部莅临三门峡督察森林防火工作 1月4~6日，省人民政府护林防火指挥部办公室副主任王义勇一行3人，在市林业局党组成员、市森林公安局局长李茂军陪同下，到三门峡市灵宝、陕县重点林区检查指导森林防火工作，听取了森林防火工作情况汇报，并对下一步工作提出了要求。

市林业局召开林业系统2007年工作总结座谈会 1月18日，三门峡市林业系统2007年工作总结座谈会在大鹏酒店举行，各县（市、区）林业（农林）局局长及办公室主任、国有河西林场领导及班子成员、市局机关及二级机构全体人员参加了会议。副市长张君贵出席了工作宴会并致辞。

三门峡市林业信息工作受到省林业厅表彰 1月21日，在《河南省林业厅关于表彰全省林业政务信息工作先进单位和先进工作者的通报》（豫林办［2008］14号）中，市林业局办公室、卢氏县林业局、义马市农林局荣获全省林业政务信息工作先进单位称号，刘玉明、许爱菊、建韶颖、张云峰、孙建帅、岳言6人荣获全省林业政务信息先进工作者称号。

市林业局领导深入扶贫点走访慰问困难群众 2月1日，市林业局党组成员、纪检组长姚明带领驻村工作队人员，深入到市林业局的驻村扶贫点——卢氏县瓦窑沟乡里坪村，对贫困群众进行春节慰问，为20户困难群众送去了300余件棉衣棉被和米、面、油等生活用品，为村里送去现金3000元。2007年7月底，卢氏县多数地区遭受了洪灾。里坪村遭受的灾害较为严重，林业局全体职工捐款5080元，自筹5520元，共计10600元，捐助衣物100件。

市长李文慧等领导走访慰问市林业局 2月2日，市长李文慧、副市长张君贵一行6人亲临市林业局走访慰问干部职工，提前给林业部门的全体干部职工拜年，并听取了市林业局有关林业工作的汇报。

三门峡市召开全市林业生态建设动员大会 2月14日，三门峡市召开全市林业生态建设动员大会，部署2008年及今后5年的林业生态建设工作。市领导李建顺、孙金献、张高登、张君贵、高从民和市政府秘书长张建峰出席会议。各县（市、区）、各乡镇主要负责人、市直单位负责人共260多人参加会议。市长李文慧作了重要讲话。

市长李文慧察看城郊周边植树造林工作 2月19日，市长李文慧一行察看城郊周边植树造林工作，要求各地抓住有利时机，采取有效措施，抓紧时间开展植树造林活动，努力扩大绿化成果。

市领导率先垂范义务植树掀高潮 2月22日，市领导李文慧、李建顺、李立江、赵光超、王惠、李明举、张高登、亢伊生、张君贵、李琳等来到湖滨区交口乡义务植树造林现场，与市林业局及湖滨区的300多名干部职工共同参加义务植树活动，种植侧柏、速生杨等树种达6600多棵。

市森林公安“三基”建设考评工作圆满结束 2月23~27日，由省森林公安局副局长杨文立带队的省“三基”工程建设考评组莅临三门峡市，对全市6个森林公安分局（局）及其林业主管部门、9个森林公安派出所等21个单位进行了深入考评。

市政协副主席高从民深入义马市督察林业生态建设工作 3月4日，市政协副主席高从民带领市林业局有关人员深入义马市检查指导林业生态建设工作。高从民一行先后察看了义马市新区办事处付村、东区办事处苗元村、义煤集团千秋矿农场等义务植树基地，对义马市在当地条件较差的情况下高标准开展林业生态建设工作的精神予以充分肯定。

李建顺到陕县调研林业生态建设工作 3月5日，正市级领导李建顺深入陕县调研林业生态建设工作。

省政府督导组到三门峡督导林业生态建设工作 3月10~13日，以省林业厅副巡视员万运龙为组长的省政府督导组，实地察看了渑池县、陕县、湖滨区、卢氏县、灵宝市等地的造林进度和质量，对城郊防护林建设、村镇绿化、中幼林抚育和低效林业体制改造等重点项目工程进行督察指导。

市长李文慧号召全市人民深入开展义务植树活动 3月11日，在第30个植树节来临之际，市长李文慧在《三门峡日报》发表《大力开展植树造林活动 全面推进生态文明建设》的署名文章，号召全市人民积极行动起来，深入开展义务植树活动，扎实推进林业生态环境建设，使三门峡的天更蓝、山更绿、水更清，空气更清新、人与自然更和谐，为实现富民强市、构建和谐三门峡而努力奋斗！

市党政军领导与驻军部队官兵义务植树 3月12日，三门峡军分区组织驻军部队广大官兵在上阳苑景区进行义务植树。生态市建设指挥部副指挥长李建顺、张高登、张君贵、高从民，三门峡军分区司令员周世杰以及生态市建设指挥部副指挥长、市林业局局长张建友，湖滨区四大班子领导200余人来到上阳苑景区，参加义务植树活动，新栽植刺柏、雪松等1000多棵。

春季植树造林现场会召开 3月19日，全市春季植树造林现场会在卢氏县召开。各县（市、区）主管副县（市、区）长、市县两级林业部门有关人员参加会议，正市级领导李建顺、副市长张君贵出席会议并讲话。会议回顾总结了全市春季植树造林工作，全面分析了存在的问题，详细安排了下一步工作。

市委书记李文慧在城郊调研林业生态建设 3月24日，市委书记李文慧带领有关部门负责人，在南山调研林业生态工作情况。李文慧强调，各地要克服造林困难，坚定不移地走生态建设的道路，使环境进一步优化，大气质量持续得以改善，群众宜居条件更加明显。

省政府督察调研组莅临三门峡市调研森林防火工作 3月24~26日，省政府护林防火指挥部督察调研组深入灵宝和陕县的主要国有林场及重点乡（镇），实地察看了森林防火入山登记、火源管理、物资储备和扑火准备等情况。

三门峡市开展“飞鹰行动” 3月25日~5月31日，在全市范围内组织开展代号为“飞鹰行动”的集中打击破坏野生动物资源违法犯罪活动专项行动，进一步打击破坏野生动物资源违法犯罪。

张高登调研林业生态建设工作 4月1日，市人大常委会副主任张高登在市林业局有关人员的陪同下，深入渑池县调研林业生态建设工作。张高登在调研中指出，渑池县要继续提高对林业生态建设重要性的认识，进一步加大资金投入，切实加强造林管护工作，争取2009年实现林业生态县的建设目标。

省观摩团来三门峡市参观林业生态建设 4月14日，为筹备全省林业生态建设现场会，省林业厅副厅长刘有富带领有关地市林业部门负责人组成的省林业生态建设观摩团，莅临卢氏县和灵宝市，参观林业生态建设。副市长张君贵陪同省观摩团参观考察。

市林业生态市建设指挥部办公室举办林业生态建设工程管理培训班 4月15~16日，市林业生态市建设指挥部办公室举办了为期两天的林业生态建设工程管理培训班。各县（市、区）林业（农林）局主管局长、生态建设办公室负责人及技术人员，有生态建设任务的乡（镇）、国有河西林场技术人员参加了培训。

三门峡市召开第七次森林资源连续清查工作动员会 4月22日，三门峡市召开了全市第七次森林资源连续清查动员大会，副市长李建顺、张君贵到会并主持会议，市林业局领导班子全体成员，

各县（市、区）主抓林业的副县长、林业局局长、主抓森林清查工作的副局长、林政股股长参加了会议。张君贵副市长对第七次森林资源清查工作进行了详细安排部署。

市林业局荣获新闻报道先进单位称号 4月28日，三门峡日报社发布《三门峡日报社关于表彰2007年度新闻报道先进单位和十杰、十佳、优秀通讯员的决定》，市林业局荣获新闻报道先进单位称号，刘玉明荣获十佳通讯员称号。

三门峡市组织开展林区禁毒专项行动 4月下旬，三门峡市组织开展林区禁毒专项行动，全市各级森林公安机关也充分发挥主力军作用，采取多种措施，在预防、发现、铲除三个环节上做工作，保证林区禁毒专项行动取得实效，活动至9月底结束。

三门峡市第七次森林资源连续清查外业调查工作全面展开 5月4日，三门峡市林业局森林清查质检组到各县（市、区）督导森林清查工作，各县（市、区）也积极行动起来，组织工作组开展森林清查工作。

省政府参事到三门峡调研林业生态规划实施情况 5月5~8日，省政府参事赵体顺、解贵方及省林业厅有关人员一行4人莅临三门峡市，调研《河南林业生态省建设规划》实施情况，正市级领导、市林业生态建设指挥部副指挥长李建顺，市政府副秘书长、市林业生态建设指挥部副指挥长郑禄学以及市林业局负责人陪同调研。调研组先后深入湖滨区会兴街道办事处，陕县张湾乡、灵宝市大王镇、卢氏县官道口镇等10个乡（镇、街道办事处），实地查看了水源涵养林、水土保持林、生态能源林、生态廊道绿化、城郊森林绿化等林业生态建设工程，分别听取了三门峡市和卢氏县工程建设情况的汇报，与林业生态市建设指挥部成员单位、造林公司和造林大户代表进行了座谈。

市森林公安局开展法制培训活动 5月6~9日，市森林公安局邀请市公安局法制处闫处长、市检察院公诉科王主诉官来局对全体干警进行了刑事案件办理程序专题讲座。

省森林清查质量督导检查组莅临三门峡市督察指导工作 5月13~17日，以省林业调查规划设计院副院长郑晓敏为组长的省森林清查质量督导检查组，分别到河西林场、灵宝市、卢氏县、渑池县等地，深入样地调查现场，并对样地调查作了细致指导和具体要求。

省天然林保护中心核查三门峡市2007年度天然林保护工程管理工作 5月11~18日，省天然林保护中心核查小组一行5人核查三门峡市2007年度天然林保护工程管理工作。核查组采用内业查账和实地核查的方法抽查了卢氏县、灵宝市、渑池县和义马市，对2007年在天然林保护工程管理工作上取得的成绩给予了肯定，对存在的问题提出了限期整改意见。

小秦岭基础设施建设项目通过初步验收 5月21~22日，受河南小秦岭国家级自然保护区管理局邀请，市林业局组成竣工验收小组，按照林业项目竣工有关验收规定对河南小秦岭国家级自然保护区基础设施建设项目进行了初步验收。河南小秦岭国家级自然保护区基础设施建设项目到位资金1022.2万元。其中，中央级资金609万元，省级配套资金50万元，建设单位自筹资金363.2万元，实际完成投资1020.9万元并形成固定资产。

市林业系统积极为灾区捐款献爱心 5月，四川省汶川县等地区特大地震发生后，市林业系统积极行动起来，为灾区捐款215590元。

三门峡市森林资源清查外业调查工作全面完成 6月10日，三门峡市第七次森林资源连续清查工作涉及的617个固定样地的复测、样地标志加固工作已全面完成。

市林业局召开“解放思想、科学发展，奋力实现新跨越”大讨论活动动员大会 6月17日，市林业局召开“解放思想、科学发展，奋力实现新跨越”大讨论活动动员大会，详细安排部署大讨论活动，并向全体干部职工提出了学习动员、统一思想阶段的目标任务和总体要求。

市林业局举办大讨论活动报告会 6月23日，市林业局邀请市委党校教授就“如何解放思想”向局全体人员做专题辅导报告。

市林业局、气象局召开杨树、刺槐、栎类食叶害虫发生趋势会商会议 6月25日，市林业局、气象局组织召开了杨树、刺槐、栎类食叶害虫发生趋势会商会议，市林业局、气象局的有关领导、专家和技术人员参加了会议。

市林业局机关党委换届工作圆满完成 6月27日，市林业局机关党委召开党员大会，进行换届选举。大会通过民主选举，产生了由王成民、刘再军、刘忠杰、孙智勇、张改香、周长青、姚明共7人组成的新一届机关委员会。

市林业局召开大讨论活动领导小组会议暨活动转段动员会议 6月26日，市林业局组织召开了大讨论活动领导小组会议及活动转段会议。局大讨论活动领导小组全体成员、各科（室）及二级机构负责人参加了会议。会议传达了全市转段动员大会的会议精神，全面总结了第一阶段活动开展情况，详细安排部署了第二阶段主题调研工作的任务，提出了明确的要求，下发了关于大讨论主题调研活动的通知和第二阶段实施方案。

燕子山国家森林公园总体规划通过专家评审 6月27日，《河南燕子山国家森林公园总体规划》评审会议在灵宝市召开。评审专家由河南省政府参事室参事赵体顺教授、省社会科学院许韶立研究员、省林业调查规划院、省林业科学研究院等单位的专家组成。与会专家听取了华东规划设计院编制的《河南燕子山国家森林公园总体规划》介绍，审阅了规划文本，一致同意通过该总体规划。

三门峡市林业生态建设市级复查工作全面完成 6月30日，按照《河南省林业生态省建设规划》要求，在县级自查完成后，市林业局抽调技术人员30余名，组成5个检查组、1个稽查组和1个技术指导组，对6个县（市、区）的城市林业生态建设、村镇绿化、低质低效林业体制改造、林业产业、森林抚育、山区生态体系建设、生态廊道网络建设等7个工程进行抽样复查。

2008年度飞播造林工作圆满结束 7月2日，卢氏飞播基地共完成三门峡市的灵宝市、卢氏县和洛阳市的汝阳县、栾川县和洛宁县9万亩的飞播造林任务。全市播区总面积50000亩，飞播40架次，飞播时间32时48分，播种25387.5公斤，其中黄连木22000公斤，侧柏3387.5公斤。

实施飞机喷药防治林木害虫 7月15日，市森林病虫害防治检疫站历时5天，通过飞机喷洒仿生制剂阿维除虫脲、阿维灭幼脲超低容量药剂进行林木病虫害防治，共计飞行84架次，防治面积5.04万亩，防治效果达90%以上。

市林业局安排部署全市雨季造林工作 7月22日，三门峡市林业局召开全市林业生态建设现场观摩会议，安排部署了雨季造林及下半年林业工作。市林业局张建友局长及有关领导，各县（市、区）林业局局长、副局长，市林业局机关科级干部、二级机构负责人参加了会议。

燕子山国家森林公园总体规划获得批复 7月22日，燕子山国家森林公园总体规划获得河南省林业厅批复。该总体规划将在保持森林公园各类自然景观独特风貌的真实性和完整性的基础上,进一步完善燕子山国家森林公园内的森林资源保护措施，促进森林风景资源和生态的不断提高。

三门峡市完成雨季造林8.2万亩　7月23日，全市完成人工造林面积8.2万亩。近期，各县（市、区）认真贯彻全市雨季造林现场会议精神，抓住雨水充沛的有利时机，迅速掀起雨季造林高潮。

国家林业局调研组莅临三门峡市调研森林公园立法工作　8月27~29日，国家林业局政策法规司副司长文海忠等一行3人，在省林业厅副厅长弋振立、政策法规处和野生动植物保护处有关负责人的陪同下，莅临三门峡市调研原林业部发布的《森林公园管理办法》执行情况，为森林公园立法做准备。

市委、市政府印发《三门峡市林业生态市建设奖惩办法》　9月10日，市委办公室、市政府办公室印发《三门峡市林业生态市建设奖惩办法》，把全市林业生态建设纳入县（市、区）、乡（镇、办事处）党政一把手年度目标和总体目标，作为考核政绩的依据。

市林业局搬迁到林业综合科技服务中心办公　9月18日，市林业局搬迁到林业综合科技服务中心办公。市林业科技综合楼1996年9月18日奠基，建筑面积7529平方米，10层，投资近2000万元。

三门峡市荣获“花博会”铜奖　9月28~29日，国家林业局、河南省人民政府共同主办的第八届中原花木交易博览会在河南许昌市鄢陵县召开，三门峡市荣获花木交易博览会综合布展铜奖。

《中国林业》杂志对三门峡林业生态环境建设进行专题报道　9月中下旬，《中国林业》杂志9B期对三门峡林业生态建设情况进行专题报道，展现三门峡市林业生态建设的成就，提升了三门峡市的形象。

市林业局举办森林防火指挥员培训班　10月6~7日，市林业局在陕县举办全市森林防火指挥员培训班，各县（市、区）林业局防火办公室负责人、乡（镇）长、林站站长、各社区防火队长等相关部门人员共110余人参加了培训。

三门峡市召开秋冬季林业工作会议　10月22日，三门峡市召开秋冬季林业工作会议。会议回顾总结了2008年的林业生态建设工作，并对2007年冬2008年春的植树造林工作作出了全面的安排和部署。副市长张君贵出席会议，代表市政府与各县（市、区）政府签订了2008~2009年度森林防火目标责任书。

白天鹅飞抵三门峡市　10月26日，据三门峡黄河湿地管理处工作人员检测，国家二级保护野生动物白天鹅50余只飞抵三门峡市，这是入秋以来的第一批。

《三门峡日报》对林业生态建设进行全面报道　10月27日，《三门峡日报》2版整个版面，以《碧水蓝天绿中来》为题，采用纪实方式，对林业生态建设30年成就给予了全方位报道。

市委书记李文慧对白天鹅保护工作提出要求　10月29日，市委书记李文慧在看到当日《西部晨风》刊登的《今年首批白天鹅飞抵三门峡》一文后作出重要批示，要求有关部门要和山西联动保护，加强巡视防范，严厉打击各种伤害白天鹅的行为，确保白天鹅在三门峡市及沿黄湿地平安越冬。要对市民加强文明教育，人人爱护、保护白天鹅。

三门峡市召开秋冬季林业生产流动现场会　11月27~28日，三门峡市召开秋冬季林业生产流动现场会。各县（市、区）主管林业工作的副县（市、区）长、林业（农林）局长、分管副局长参加了会议。与会人员先后深入渑池县陈村乡小口门村、仁村乡段村，义马市东区办事处苗元村、新区办事处卅铺村，陕县观音堂镇南寨村、宫前乡刘家庄村、菜园乡草店村，湖滨区交口乡野鹿村、磁钟乡泉脑村，灵宝市川口乡川口村、苏村乡南天门村，卢氏县官道口镇耿家庄村、杜关镇民湾村等造林和整地现场，实地查看各地林业生产情况。

张君贵察看森林防火工作　12月19日，副市长张君贵在市林业局负责人陪同下，深入河西林场深山林区及河西林场公安森林分局等地，实地察看森林防火物资储备库的各种设备、工具，详细询问防火队的组建及培训情况，观看了防火网络图，深入了解值班、巡逻制度和通信联系情况。

许昌市

一、概述

2008年，许昌市林业工作在市委、市政府的正确领导和省林业厅的指导下，认真贯彻省、市林业生态建设会议精神，按照省、市林业生态建设规划的要求，以建设林业生态许昌、打造“北方花都”为目标，紧紧围绕省、市下达的2008年林业生态建设目标任务，科学规划，加大投入，强化责任，严格督察，全市造林绿化工作取得了显著成效，创建森林城市成果得到全面巩固完善提高。

（一）林业资源培育

全年共完成林业生态建设面积39.26万亩，为省定目标任务26.72万亩的146.9%，为市定年度目标任务37.72万亩的104%。其中完成花卉苗木14.02万亩，为目标任务14万亩的100.1%，全市花木总面积达到75万亩；完成山区生态体系建设工程3.56万亩，为年度目标任务3.4万亩的105%；完成农田防护林工程12.71万亩，为年度目标任务12.66万亩的100.4%；完成生态廊道网络建设工程1.64万亩，为年度目标任务1.55万亩的106%；完成环城防护林带及城郊森林2.67万亩，为年度目标任务1.49万亩的179%；完成村镇绿化4.66万亩，为年度目标任务4.62万亩的101%；绿化村庄823个，为目标任务715个的115%；完成“四旁”植树1460万株；参加义务植树人数225万人次，义务植树1226万株。各项林业生态建设工程均完成或超额完成了年度目标任务。魏都区已通过林业生态县检查验收。

（二）森林资源保护管理

在森林资源保护管理工作中，全市林业执法部门认真履行工作职责，加大林业资源保护力度，进一步巩固了造林成果。全市森林公安部门按照省森林公安局的统一部署，深入开展了“飞鹰行动”、“三夏林木保护专项行动”、“林区禁毒专项行动” 和“候鸟三号行动”等一系列专项行动。2008年，全市森林公安机关共受理各类涉林案件661起，查处234起。其中刑事案件立案116起，破案28起，刑事拘留24人，逮捕15人，直诉17人；行政案件立案545起,查处206起，行政处罚280人（次）。资源林政管理成效明显。各县（市、区）加大对辖区内存在的毁林开垦、乱占林地、乱砍滥伐林木、非法运输木材、乱捕滥猎野生动物等破坏森林资源案件的查处力度。禹州市、鄢陵县两个木材检查站共检查木材运输车辆7739台次，违法车辆102台次，全部立案查处，挽回经济损失20万多元。全市的森林防火和林业有害生物防治工作开展得扎实有效。在森林防火期，市、县两级护林防火指挥部办公室在做好宣传、排除火灾隐患等工作的同时，坚持24小时值班不脱岗，全面落实各项森林火灾预防和扑救措施，有效地防止了森林火灾的发生。市森林病虫害防治检疫站严格履行职责，认真开展苗木产地检疫、调运检疫和林木病虫害监测防治工作，有效的预防和控制林业有害生物的传播蔓延。

（三）全民义务植树活动

为推进林业生态许昌建设工作，动员全社会参与造林，全市各级党委、政府积极组织开展义务植树活动，有力地促进了全市义务植树工作的开展。据统计，2008年全市参加义务植树人数达225万人，植树1226万株。通过义务植树活动的有效开展，全市广大人民群众的绿化美化环境意识明显增强，城乡绿化取得了在思想观念上、发展模式上、绿化功能上、营林技术上、发展速度上的突破，实现了由“要我种树”向“我要种树”的根本转变，充分体现了人民群众义务植树的主动性和积极性。

（四）花卉苗木基地建设

2008年，全市林业部门围绕打造“北方花都”的目标，坚持扩大规模与提高质量并重，通过制定优惠扶持政策，推进土地流转，引导业主向规模化经营、精细化管理，标准化生产转变，促进了花木生产的上档升级。如鄢陵县建设6.5万亩的名优花木科技园区中，通过政府引导，政策扶持，加快土地流转，吸引了59家企业入驻园区，完成栽植面积3.66万亩，栽植花木6200万株。2008年，全市新增花木面积14.02万亩，总面积达到了75万亩。

（五）林业产权制度改革

按照全省集体林权制度改革的部署和《许昌市集体林权制度改革方案》的要求，全市集体林权制度改革工作稳步推进。目前，全市集体林地已落实产权面积近130万亩，占集体林地总面积近85%，共发放林权证3万多份，发证面积达到26.4万亩。

二、纪实

召开春季林业生态建设工作会　2月15日，许昌市政府召开春季林业生态建设工作会议，总结回顾2007年冬以来全市林业生态建设情况，对照2008年林业生态建设任务全面部署春季林业生态建设工作。市长李亚发表重要讲话。市委副书记刘洪涛主持会议，市人大常委会副主任刘海川、副市长熊广田、市政协主席孟德善出席会议。

省廊道绿化现场观摩会在许昌召开　2月20~21日，省廊道（高速公路）绿化现场观摩会在许昌市召开。省林业厅副厅长张胜炎，许昌市副市长熊广田、秦春梅等参加观摩会并讲话，全省18个省辖市的有关负责人参加了观摩会。现场会上，许昌市介绍了廊道绿化的做法和经验。

河南省冬春植树造林观摩会到许昌观摩　4月17日，由省林业厅副厅长张胜炎带队的全省冬春季植树造林现场观摩组对许昌市林业生态建设进行观摩，观摩组在副市长熊广田的陪同下到许昌县苏桥镇、禹州市小吕乡、鄢陵县名优花木科技园参观访问。

全国平原林业建设现场会有关与会人员到许昌观摩　5月26日，全国绿化委员会副主任、国家林业局局长贾治邦，国家林业局副局长李育材、印红，中央有关部委、各省（自治区、直辖市）林业部门负责人等参加全国平原林业建设现场会议的有关人员在副省长徐济超、省长助理何东成、省林业厅厅长王照平等领导的陪同下，先后现场观摩了长葛市和许昌县的农田林网建设、鄢陵县的花木特色产业，对许昌市林业生态建设取得的成绩给予了高度评价。

第八届中原花木交易博览会　9月28日，由国家林业局和河南省人民政府主办、许昌市人民政府和河南省林业厅承办的第八届中原花木交易博览会在许昌鄢陵召开。国家林业局副局长李育材、省人大副主任铁代生、副省长刘满仓和省政协副主席靳绥东出席了开幕式。本届花博会参会嘉宾达7000余人，规模为历届最大；共签约各类项目85个，其中亿元以上项目29个，签约总金额138.1亿元，合同引进资金126.4亿元，总量、总额均为历届最多。

部分全国人大代表莅许调研　10月7~8日，十一届全国人大农村与农业委员会委员、十届河南省人大常委会常务副主任、党组副书记王明义带领我省部分全国人大代表莅临许昌调研，对许昌市林业生态建设与保护工作给予高度赞誉。

林业生态建设工作会议　10月19日，许昌市召开林业生态建设工作会议，总结2008年林业生态建设和第八届花博会工作，安排2009年全市生态绿化建设和第九届花博会筹备工作。市长李亚强调，要抢抓时节，及早安排，齐心协力，扎实工作，全面完成2008年冬2009年春生态绿化建设任务，加快实现林业生态许昌建设目标，致力把许昌打造成为“北方花都”。市领导石克生、申武装、张国栋、熊广田、孟德善出席会议。

国家发展和改革委员会、国家林业局调研组莅临许昌市调研花木市场建设情况　12月16日，国家发展和改革委员会、国家林业局调研组来许昌市调研花木市场建设情况。调研组一行先后考察了鄢陵县名优花木科技园和花木生产核心区，对许昌花木生产、销售等工作给予了充分肯定。

漯河市

一、概述

2008年是漯河全面启动国家森林城市创建和林业生态市建设的开局之年。一年来，在市委、市政府的正确领导和省林业厅、建设厅的指导帮助下，漯河市林业园艺局坚持以邓小平理论和“三个代表”重要思想为指导，全面落实科学发展观，深入贯彻党的十七大、十七届三中全会精神和省、市委重大决策部署，按照“抓班子、带队伍、促工作、上台阶”的指导思想和工作方针，解放思想，真抓实干，圆满完成了年初确定的各项工作任务。被省委、省政府命名为“省级文明单位”。先后被市委、市政府授予“服务新农村建设工作先进单位”、“创建国家森林城市工作先进单位”、“全市创建文明城市工作先进单位”、“第六届中国（漯河）食品博览会对口接待先进单位”、“全市环境保护工作先进集体”、“全市退伍军人‘增辉漯河，建功立业’活动先进单位”、“中华名吃休闲街建设工作先进单位”等多项荣誉称号。局系统内有41名同志获得市级以上荣誉称号，其中1名同志被省委、省政府授予新农村建设先进工作者称号，1名同志被评为漯河市“十佳市民”。有1名同志获得全国绿化奖章，市职业技术学院被授予“全国绿化模范单位”称号，舞阳县行政服务大厅林业窗口被授予林业系统“全国文明服务窗口”称号。

（一）国家森林城市创建和林业生态市建设

按照《河南林业生态省建设规划》要求，突出抓好了环城防护林和城郊森林、村镇绿化、生态廊道网络和农田防护林建设四大工程。全市共完成营造林面积11.61万亩，占省定目标任务的102%。舞阳县顺利通过了林业生态县验收，目前漯河市已有3个林业生态县区（临颍县、郾城区、舞阳县）。按照市委、市政府创建国家森林城市《工作台账》要求，狠抓各项创建任务落实。国家林业局对漯河市创建国家森林城市工作给予了积极支持，对漯河市提出的创建国家森林城市的请示给予了正式复函。国家林业局党组成员、纪检组长杨继平，国家林业局新闻发言人、宣传办公室主任曹清尧，国家林业局宣传办公室副主任叶智先后到漯河市调研，对漯河市扎扎实实开展的创建森林城市工作给予了充分肯定。5月份，市委书记靳克文应邀出席由国家林业局、教育部、中华全国总工会、共青团中央联合在广州举办的中国生态文明建设高层论坛，并作为全国仅有的两个城市之一在论坛上发言。11月29日，市政府邀请1名院士、5名国家林业局司局级领导、教授级专家（中国科学院院士、森林生态学家蒋有绪，国家林业局宣传办公室副主任叶智，国家林业局森林资源管理司副司长王祝雄，国家林业局林业体制改革办公室主任程红，国家林业局造林司总工程师吴坚，国家林业局湿地保护管理中心副主任严程高）对国家林业局中南林业调查规划设计院做的《漯河市国家森林城市建设总体规划》进行评审。评审专家对漯河市高度重视并积极开展森林城市创建工作给予了较高评价。

（二）林权制度改革

漯河市林业局把林权制度改革作为推动全市林业快速发展的内动力，大力推行大户承包造林、公司造林、股份制造林，并严格程序，体现惠农均利，取得显著效果。漯河市的林权制度改革工作得到了省林业厅和国家林业局的肯定，走在了全省的前列。国家林业局林业体制改革办公室主任程红、副主任江机生、林政资源司常务副司长王祝雄先后就林权制度改革、林业生态市建设和林业资源保护工作到漯河进行调研并给予了充分肯定；4月份，省林业厅在漯河市召开全省集体林权制度改革工作座谈会；7月下旬，国家林业局林业体制改革办公室副主任金志成带领新华社、人民日报、中央电视台等13家中央新闻媒体记者对漯河市林业体制改革的做法和经验集中进行了采访，在国家级媒体发表正面宣传报道16篇（条）；9月份，省政府在漯河市召开全省集体林权制度改革工作座谈会，副省长刘满仓对漯河市林业体制改革工作给予了高度评价。

（三）林业资源保护

组织开展了第七次森林资源连续清查，清查工作在全省排名靠前。经市委政法委批准，森林公安正式纳入了全市政法管理序列。开展了猎鹰二号和飞鹰等专项行动，破获了舞阳“柴东升故意毁坏林木案”等一些在群众中影响较大的案件。开展了“爱鸟周”和“野生动物保护月”宣传活动。加大了林业有害生物的监测、检疫和防治力度，开展了漯河市历史上首次飞机喷药防治森林病虫害工作，建立了林业园林与气象部门合作的林业有害生物监测预报机制。组织开展了森林病虫害普查工作。森林病虫害成灾率控制在了3.5‰以下，低于省林业厅5‰的目标。豫中南林业有害生物天敌繁育场项目已经得到国家局正式批复，落户漯河市。

（四）林业科技推广

全市累计引进推广苗木新品种22个，在临颍县新沟河建成1个国家级杨树速丰林种植标准化示范区。组织召开了全市林业园艺系统首届生态林业建设论坛暨优秀论文评选表彰会、全市冬季林果管理技术培训会。组建科技专家服务团，先后开展送科技下乡活动10次，发放林果知识读本600余套，免费培训林农12000人次，推广林—草—牧复合经营8000余亩。

（五）林业产业

积极引进林业项目资金3617.12万元，大力发展经济林、种苗花卉、木业加工三大林业产业基地。通过公司带基地、联农户的形式，延长产业链条。在全球经济危机的大背景下，漯河市林业产业保持了持续健康发展，实现林业总产值18.86亿元，比上年增长19.51%。

（六）园林绿化建设

坚持高起点规划、高标准设计、高质量建设，先后组织实施了人民东路高速引线绿化改造工程、澧河一期第三标段建设工程等，打造了漯河市园林绿化精品工程，栽植绿化植物20多个品种，栽植乔木2万余株，地被植物8万多平方米，更换道边6500多米，新增城市绿化面积165.42万平方米。

（七）城市园林管理

大力推行城市园林精细化管理，先后在市区主要道路、游园、广场补植各类灌木40多万株、球类植物3000多株、草坪20万余平方米，栽植各类草花40多万株，在市区重点部位高标准组摆草花近30万盆。为保护城市绿化成果，组织开展了“春蕾护花保果”、“城市绿化区禁牧”、“三夏、三秋绿化区秸秆禁烧”、“百日护绿”等专项行动。特别是营造春花秋实城市新景观的护花保果行动，被国内多家新闻媒体跟踪报道，收到了良好的社会效果。优美的城市园林绿化景观为漯河市“五城同创”和“中博会”作出了积极贡献。在市城市管理委员会组织的7次全市城市管理工作绩效考核中，漯河市林业园艺局均位居前3名，其中3次考核位居第1名。

（八）党的建设

为了转变干部作风，提高干部整体素质，从5月份开始，我们在全系统开展了以“大局意识、责任意识、服务意识”为内容的“三种意识”主题教育活动，并与全市开展的“推动思想大解放、实现经济大发展”和全省开展的“新解放、新跨越、新崛起”大讨论活动紧密结合，加强对干部职工的教育。结合新时期新特点，不断创新党建工作的形式和内容，设立了“党建文化长廊”，积极宣传党的路线、方针、政策。聘请中介组织对局属单位进行财务审计，严格财经纪律，加强了党风廉政建设。组织开展了省级文明单位创建活动。开展了青年干部职工拓展训练、“五四青年才艺比拼”等丰富多彩的文体活动，营造了积极向上、内外和谐的良好氛围。广大党员干部的精神状态和工作作风明显转变，全局上下形成了争先创优、干事创业的好局面。在全市涉企科室评议工作中，漯河市林业园艺局参评的森林公安、园林监察等3个热点单位、科室在全市135个参评单位中位居中上。

二、纪实

开展节日期间花卉果品安全检疫　1月，漯河市林业园艺局组织人员对市区内花卉、果品市场进行检疫，确保花卉、果品安全。

召开全市春季植树造林现场会　2月25日，漯河市政府在舞阳县召开全市春季植树造林现场会，动员全市抓住有利时机，全面掀起春季植树造林工作高潮，确保圆满完成全年林业生态建设任务。

召开全市义务植树动员会　2月28日，漯河市政府召开全市义务植树动员会。

市四大班子领导参加义务植树活动　3月3日，市直及各县（区）开展大规模义务植树活动，市四大班子领导带头参加。全市义务植树298万株，义务植树总人数达到92万人次。

省林业厅督导组督导漯河市春季植树造林工作　3月10日，省林业厅春季造林督察组张胜炎副厅长一行督导漯河市春季植树造林工作。

省林业厅副厅长刘有富督导漯河市村容村貌整治情况　3月11日，由省林业厅副厅长刘有富带队的省督察组对漯河市农村基础设施建设搞好村容村貌整治工作进行了督察。

组织开展“春蕾”护花保果行动　3月21日，漯河市林业园艺局组织开展为期7个月的护花保果行动。

省林业体制改革办调研组调研我市林权制度改革情况　3月21~22日，省林业体制改革办公室调研组王胜文、李银生、陈卫一行对漯河市集体林权制度改革试点工作进行了调研和指导。

召开全省集体林权制度改革座谈会 4月10日，全省集体林权制度改革座谈会在漯河市召开。省林业厅刘有富副厅长、谢晓涛副巡视员、王胜文调研员、李银生调研员、王明付调研员等出席会议。副市长库凤霞出席了会议。全省18个省辖市、6个扩权县和7个省林业体制改革试点县的林业局局长、林业体制改革办公室主任共计60多名代表参加了本次会议。林业局党组书记、局长宋孟欣向大会交流了漯河市林业体制改革工作的基本情况和主要做法。

国家林业局新闻发言人、宣传办公室主任曹清尧到漯河市调研 4月14日，国家林业局新闻发言人、宣传办公室主任曹清尧对漯河市的森林城市建设和林权制度改革情况进行调研。

举行第27届“爱鸟周”活动启动仪式 4月16日，由市林业园艺局、市教育局联合主办的以“同一个世界，同一片蓝天”为主题的第27届“爱鸟周”活动启动仪式在市人民公园举行，副市长刘风山出席。

全省冬春季植树造林现场观摩团到漯河市观摩 4月16日，省林业厅副厅长张胜炎带领全省10个市的林业部门负责人以及省林业厅有关处室组成的观摩团到漯河市现场观摩冬春季植树造林情况。

漯河市召开林权制度改革推进会 4月17日，全市林权制度改革工作推进会在临颍县召开。市委副书记张社魁出席会议并讲话，副市长库凤霞主持会议。各县（区）长、县（区）委副书记、分管副县（区）长、林业局长、相关市直单位负责人以及各乡镇党委书记（或乡镇长）参加了会议。

市林业园艺局组织人员赴山东学习考察城乡绿化工作 4月23~27日，漯河市林业园艺局组织部分科室、局属单位负责人赴山东聊城、青州、威海等地学习考察城乡绿化工作经验。

市林业园艺局召开全市第七次森林资源连续清查工作会 4月30日，漯河市林业园艺局召开第七次森林资源连续清查工作会议，安排部署全市的森林资源清查工作。

市林业园艺局开展“三种意识”主题教育活动 5月9日，漯河市林业园艺局召开以大局意识、责任意识、服务意识为主要内容的“三种意识”主题教育活动，再掀思想大解放、推动城乡绿化大发展新高潮。

市林业园艺局组织干部职工向灾区捐款捐物 5月15日，市林业园艺局举行了向地震灾区捐助仪式。局领导班子成员、机关全体工作人员和局属各单位的干部职工都踊跃进行了捐款。

省政府参事调研漯河市林业生态建设规划实施情况 5月14~15日，省政府参事赵体顺、解贵芳、参事处处长刘庆跃一行到漯河市调研林业生态建设规划实施情况。

国家林业局林业体制改革办调研漯河市林业体制改革工作 5月18日，国家林业局林业体制改革办副主任江机生一行4人在省林业厅副巡视员谢晓涛及林业体制改革办公室有关负责人的陪同下对漯河市林权制度改革工作进行调研。

市林业园艺局召开城市绿地系统和森林城市规划座谈会 5月23日，市林业园艺局召开城市绿地系统和森林城市规划座谈会，邀请国家林业局中南林业调查规划设计院专家共同进行了探讨，局领导班子成员及相关部门负责人参加了会议。

漯河市首次实施飞机防治林业有害生物 6月27~28日，漯河市首次使用S-C300型直升飞机对107国道、京珠高速路段等主要廊道林成功实施飞机防治森林病虫害。

市林业园艺局隆重召开庆“七一”暨总结表彰大会 6月27日，市林业园艺局在市会展中心隆重召开了庆“七一”暨总结表彰大会，局机关全体干部职工及局属单位中层以上干部、全体党员参加了会议。局党组书记、局长宋孟欣出席会议并讲话。

市林业园艺局与气象部门合作共同应对漯河市林业有害生物病害 7月11日，市林业园艺局与气象局签订了《林业有害生物检测预报合作协议》，为进一步保护全市林木、维护林业生态安全迈出了新的一步。

国家林权制度改革采访团来漯河市采访 7月23~24日，国家林业局宣传办公室副主任金志成带领人民日报社、新华社河南分社、中央人民广播电台、中央电视台、经济日报社、科级日报社、农民日报社等13家媒体记者采访宣传漯河市林权制度改革取得的成效和经验。

市林业园艺局组织开展“新解放、新跨越、新崛起”大讨论活动 8月1日，市林业园艺局召开“新解放、新跨越、新崛起”大讨论活动动员大会。

召开全省集体林权制度改革座谈会 9月4~5日，由省政府组织的全省集体林权制度改革工作座谈会在漯河市召开。副省长刘满仓出席会议并作重要讲话，省林业厅厅长王照平、漯河市政府市长祁金立参加会议，会议由省政府办公厅副巡视员郑林主持。省林业体制改革领导小组成员单位的18个省直厅局分管副职，全省18个省辖市分管副市长、林业局长，6个扩权县（市）的林业局长、7个林业体制改革试点县（市）的市（县）长、林业局长参加了会议。漯河市各县（区）的县（区）长、林业局长列席会议。

市林业园艺局召开全市林业园艺系统首届生态林业建设论坛会 9月11日，市林业园艺局组织召开了漯河市林业园艺系统首届生态林业建设论坛暨优秀论文评选表彰会议。

市林业园艺局党组书记、局长宋孟欣讲廉政教育党课 10月9日，市林业园艺局党组书记、局长宋孟欣为全系统副科级以上干部、局机关全体工作人员、局属各单位办公室主任上廉政教育课。

漯河市第六届菊花展在开源森林公园开幕 10月25日，漯河市第六届菊花展开幕式在开源森林公园举行。市长祁金立、市政府秘书长高喜东出席开幕式。局党组书记、局长宋孟欣介绍了漯河市第六届菊花展筹备情况。本届菊展到11月15日结束，历时20天。

国家林业局纪检组长杨继平调研漯河市森林城市创建工作 11月6日，国家林业局党组成员、纪检组长杨继平、国家林业局宣传办副主任叶智到漯河市调研森林城市创建工作。省林业厅纪检组长乔大伟、宣传办公室副主任杨晓周及市领导祁金立、张社魁等陪同调研。

漯河市召开创建国家森林城市决战动员会 11月12日，漯河市召开创建国家森林城市决战动员会，市委书记靳克文出席会议并作重要讲话。市委副书记张社魁主持会议。省林业厅副厅长张胜炎应邀参加会议并讲话。市委常委、秘书长杨国志、市人大副主任黎涛、副市长库凤霞、市政协副主席刘运杰出席会议。各县（区）委书记、副书记、分管副县（区）长，经济开发区党工委书记、分管副主任，各县（区）林业局长、建设局长、各乡（镇、街道办事处）党委书记，市委各部委、市直及驻漯各单位主要负责人，受表彰的先进单位、先进个人代表、造林大户代表，市林业园艺局班子成员及局属各单位、机关各科室主要负责人参加会议。

漯河市国家森林城市建设总体规划通过评审 11月29日，《河南省漯河市国家森林城市建设总

体规划》专家评审会在金都大酒店举行。中国科学院院士、森林生态学家蒋有绪，国家林业局宣传办公室副主任叶智，国家林业局森林资源管理司副司长王祝雄，国家林业局林业体制改革办公室主任程红，国家林业局造林司总工程师吴坚，国家林业局湿地保护管理中心副主任严承高，河南省林业厅副厅长刘有富等专家应邀参加了规划评审。市领导张社魁、邵成山、库凤霞出席评审会，会议由副市长库凤霞主持。

国家林业局森林资源管理司副司长王祝雄、林业体制改革办公室主任程红到漯河市调研 11月30日上午，国家林业局森林资源管理司副司长王祝雄、国家林业局林业体制改革办公室主任程红在省林业厅林业体制改革办公室主任王胜文的陪同下，到舞阳县调研林业生态建设及林权制度改革情况，市林业园艺局党组书记、局长宋孟欣陪同调研。

漯河市林业园艺局被河南省委、省政府命名为“省级文明单位” 12月，中共河南省委、河南省人民政府下发《关于命名2008年度省级文明单位和警告部分省级文明单位、撤销部分省级文明单位称号的决定》(豫文［2008］176号)，漯河市林业园艺局被命名为河南省省级文明单位。

国家林业局、国家发展和改革委员会调研组来漯河市调研 12月16~17日，由国家发展和改革委员会农经司副司长吴小松、国家林业局保护司副司长刘永范、国家林业局林业工作站管理总站总站长陈凤学、国家林业局林业工作站管理总站处长张学武、国家林业局林业工作站管理总站副处长张志刚组成的拉动内需联合调研组到漯河市调研。省林业厅副厅长丁荣耀、省发展和改革委员会农业处处长冯建堂、省林业厅保护处处长甘雨、省林业工作站站长孔维鹤陪同调研。市委书记靳克文、市长祁金立分别向调研组介绍了当前漯河市经济形势现状和刺激消费、拉动内需采取的一些主要措施。

市林业园艺局组织召开全市2008年冬季林果管理技术培训会 12月25日，漯河市林业园艺局在郾城区龙城镇组织召开了全市2008年林果管理技术培训会。各县（区）林业局分管局长、林站站长、森林病虫害防治检疫站长、乡林站站长和相关的技术骨干100余人参加了培训。

平顶山

一、概述

2008年，在市委、市政府的正确领导下，在省林业厅的大力指导下，平顶山市林业部门坚持以科学发展观为指导，认真按照省、市林业生态建设工作会议要求，以林业生态建设为中心，以改善生态环境为目标，加强领导，落实责任，完善机制，狠抓落实，较好地完成了年度工作任务。全市共完成林业生态建设26.53万亩，其中造林23.74万亩，是省定年度任务17.79万亩的133.45%；完成森林抚育和改造面积2.83万亩，是省定年度任务的100%。完成林业育苗2.54万亩，是省定任务2.29万亩的的110.5%。据省林业厅组织的核查、稽查结果，平顶山市林业生态建设造林责任目标完成合格率在全省位于第四位。义务植树人数260万人次，完成义务植树1100万株，尽责率95%，为历年来最高。完成了市委、市政府确定的十大实事之一的20个林业生态乡、300个村绿化任务。郏县完成了2008年度林业生态县创建任务，全市省级林业生态县总数达到4个。

（一）城郊防护林工程

2008年确定城郊五项林业重点工程，分别是北山绿化工程、南郊“四山”绿化工程、沙河防护林工程、环城通道绿化工程、重点道路出入市口绿化工程，规划总面积1.96万亩。

（二）领导办绿化点

2008年全市共建立市、县两级领导办绿化点40处，总面积1万亩，植树100万株，成活率达到了85%以上。

（三）科技兴林

围绕林业生态建设，编印了林业生态工程技术要点手册，推广林业新技术2项和林果新品种2个，推广科技成果700亩。完成送科技下乡56次，举办各类科技培训班3期，培训380人次，有效提高了科技普及能力。

（四）森林资源保护

在全市范围内组织开展了3次涉林案件专项打击活动，共查处涉林案件1080起，其中刑事案件65起，一般行政案件1015起，刑拘81人，逮捕48人，行政处罚1259人（次）。

（五）森林采伐限额执行

严格森林采伐限额管理，坚持凭证采伐、运输、加工制度，全市林木凭证采伐率、办证运输率、林木加工凭证率分别为95%、92%、85%，没有超计划和超限额采伐行为发生。

（六）森林病虫害防治

加强林业有害生物预测预报和防治工作，对美国白蛾、松树线虫病等林业有害生物进行了专项普查，全年共发生各种林木病虫害26.1万亩，防治24.4万亩，成灾面积715亩，成灾率0.27‰，远远低于省定指标7‰的目标。

（七）森林防火

全年共发生森林火灾178起，其中森林火警175起，一般火灾3起，过火面积360.01公顷，受害森林面积28.72公顷，受害率0.13‰，低于1‰的省定责任目标，全年无较大森林火灾发生和人员伤亡事故。

（八）野生动物保护管理

加强野生动物救护和疫源疫病监测工作，积极开展了野生动物保护宣传周、月活动，活动期间共摆放、悬挂宣传版面、横幅170多块，制作各类图片100多幅，散发宣传资料8万多份。全年共救护各类野生动物180余只，其中国家二级保护动物32只，重点保护动物66只，一般保护动物82只，救护成功率在95%以上。报送野生动物疫源疫病监测信息报告单365份，全市没有野生动物疫病疫情发生。

（九）集体林权制度改革

各县（市、区）认真贯彻市政府《关于深化集体林权制度改革的意见》，出台各级林业体制改革方案714份，参加各级林业体制改革培训2000人次，调处山林纠纷54起，涉及面积4602.6亩。2008年累计发放林权证5.83万份，涉及5.4万农户近6万宗地，发证面积43.1万亩，占已落实产权面积的61.7%。

（十）林业产业

大力发展速生丰产林、苗木花卉、森林旅游等行业，既改善了全市生态环境，又增加了林农收入。通过引导和扶持涉林企业积极调整产业结构，扩大规模经营，推动了林业产业化经营，全市林业的经济效益得到整体提升，林业总产值达到10.88亿元，占年度目标10.48亿元的103.8%。

（十一）林业生态建设资金保障

加大林业生态建设资金投入，全市共完成林业建设财政资金9079.38万元，县财政投资6717.38万元，引入市场经济的手段，多形式、多渠道吸引社会资金约7543万元，为林业生态建设的顺利实施提供了坚实的保障。

（十二）造林措施

第一，加强督促检查。市政府成立7个造林督察组，由一名县级干部带队，每个督察组分包1~2个县（市）、区，同时抽调技术人员，深入重点工程开展督察，在搞好技术服务的同时，提高了工程质量。第二，狠抓苗木质量。坚持适地适树的原则，优先使用本地苗木，严把种苗质量关，杜绝使用不合格种子和苗木。第三，创新造林机制。进一步转变了造林绿化观念，不断创新造林机制，调动了社会各界投身植树造林的积极性，非公制林业得到快速发展。第四，完善通报制度，加强信息沟通。为保证全市造林绿化工作的落实，在全市造林绿化工作会议后，平顶山市林业局充分利用报纸、电视、电台等新闻媒体，加大造林工作的宣传力度。

（十三）林业宣传

在造林季节，组织林业技术人员深入到田间地头对林农进行技术指导和系统培训，让大多数群众了解形势，了解政策，彻底解决群众在政策、技术等方面的疑虑，促使广大干部群众积极投入到林业建设中来。在造林期间，市林业局共编发造林信息26期、造林进度通报20期，同时，利用“全民义务植树节”、“森林防火紧要期”、“爱鸟周”、“法制宣传日”等时机，制作宣传版面、散发宣传传单、开展知识讲座、设立咨询台，大力开展宣传活动，全年组织技术人员送科技下乡4次，受惠群众达6000余人次。

（十四）加强党风廉政建设，无违法违纪和公路“三乱”案件发生

坚持党风廉政建设与业务工作同研究、同部署、同检查、同落实。干部任用、重要事项等都坚持党组研究，全年没有发生违纪违法事件。围绕治理公路“三乱”工作的重点，强化对县、乡道路木材检查站的规范管理，全年林业系统无公路“三乱”案件发生。结合“学比看”和“三新”大讨论活动，广泛开展了民主评议政风行风活动，印发了200份征求意见建议表，回收146份，针对征取到的意见和建议，认真进行了整改，制定了长效机制，促进了工作作风的转变。

二、纪实

市政府召开全市节能减排及林业生态建设工作会议　2月26日，市政府召开全市节能减排及林业生态建设工作会议，传达省林业生态建设工作会议精神，安排部署平顶山市2008年林业生态建设工作，县（市、区）和重点企业代表作表态发言，各县（市、区）政府向市政府递交林业生态建设目标责任书，市政府主要领导出席会议并作了重要讲话。

开展全民义务植树活动　3月10日，平顶山市在香山寺附近开展全民义务植树活动，努力打造“生态平顶山、绿色平顶山”。市四大班子领导、市直机关各单位、驻平武警官兵及广大市民3000多人共同参与当天的义务植树活动。

市政府印发平顶山市集体林权制度改革实施方案　5月8日，平顶山市人民政府印发《平顶山市集体林权制度改革实施方案》。

卫东区成立护林防火大队　9月16日，平顶山市卫东区成立了区护林防火大队，该组织为区农林水利局二级机构，编制10人，正股级规格，并从山区招聘27名群众作为专业护林员，在林区设有办公室，配备巡逻车、消防车及其他扑火器具和森林病虫害防治工具。

香山寺绿化　10月上旬，林业部门与旅游文化部门密切配合，在香山寺景区集中规划种植具有芳香气味的乔木、灌木和各种花草，以借助香山寺厚重的佛教文化背景和自然立地条件，借“香”发挥，做“香”文章，通过绿化美化，使香山寺的生态效益更加明显，为旅游业发展打好了基础。

市政府印发《关于今冬明春造林绿化工作的实施意见》　10月27日，平顶山市人民政府印发《关于今冬明春造林绿化工作的实施意见》。目标任务是2009年全市要完成林业生态建设36.93万亩。

工作重点一是山区生态体系建设工程（含水源涵养林、水土保持林和生态能源林），二是生态廊道网络绿化工程，三是城郊环城防护林工程，四是林业产业建设工程，五是农田防护林体系建设工程，六是林业生态县（乡、村）建设工程，七是中幼林抚育及低质低效林业体制改革造工程。

市政府下发2008年林业生态建设市级重点工程奖补标准 10月29日，平顶山市人民政府办公室下发《关于2008年林业生态建设市级重点工程奖补标准的通知》。奖补面积共计16.37万亩，奖补范围和标准为：山区生态体系建设工程每亩奖补60元，生态廊道建设工程每亩奖补80元，环城防护林建设工程每亩奖补100元，村镇绿化工程每亩奖补100元。

市政府表彰2008年度全市林业生态建设先进单位 10月29日，平顶山市人民政府表彰2008年林业生态建设工作成绩突出的先进单位。分别授予郏县人民政府“林业生态建设先进单位”，鲁山县、汝州市、舞钢市人民政府“山区生态防护林建设先进单位”，叶县人民政府“生态廊道绿化先进单位”，宝丰县人民政府“村镇绿化先进单位”，新华区、卫东区、湛河区、石龙区人民政府“城郊防护林建设先进单位”称号。

市政府召开全市林业生态建设工作会议 10月30日，平定山市政府在新城区市政大厦召开平顶山市林业生态建设工作会议，市长李恩东作重要讲话，副市长王跃华对2008年冬2009年春的造林绿化任务进行了安排部署。

成立市政府造林督察组 11月3日，为贯彻落实全市林业生态建设工作会议精神，高标准做好2008年冬2009年春造林绿化工作，平顶山市人民政府成立造林绿化督察组，督察内容一是组织领导情况，二是责任制落实情况，造林规划情况，工作进展情况，市直部门义务植树完成情况和森林防火情况。

平顶山省级森林公园总体规划 12月8日，省林业厅在平顶山市主持召开《平顶山省级森林公园总体规划》专家评审会，平顶山省级森林公园总体规划通过了专家组的评审。评审委员会由中国生态学会生态旅游专业委员会、国家林业局调查规划院、河南农业大学、省林业厅和市林业局等单位的专家组成。评审委员会认真审查了规划文本及有关材料，对规划区进行了实地考察，经过认真评议，一致同意规划通过评审。

商丘市

一、概述

2008年是商丘市全面贯彻省委、省政府关于建设河南林业生态省重大战略部署的第一年。各级林业部门深入贯彻党的十七大、十七届三中全会精神和省委、市委全委（扩大）会议精神，以开展“思想大解放、经济大开放、全民大创业”实践活动和“新解放、新跨越、新崛起”大讨论活动为契机，围绕林业生态市建设目标，大力实施林业生态和产业工程，进一步加快了现代林业发展步伐。一是高度重视林业生态市建设工作。市委、市政府、各县（市、区）委、政府分别成立了由政府主要领导任组长、分管领导任副组长，有关部门负责人任成员的林业生态建设领导小组和办公室；市领导多次听取汇报，多次批示，对林业生态市建设提出具体的指导意见；各县（市、区）、各乡（镇）把林业生态市建设摆上重要议事日程，主要负责同志亲自安排部署，亲临植树造林现场指挥，加强了对林业生态市建设工作的组织领导；将林业生态市建设纳入各级政府目标管理体系，层层签订了目标责任书，明确了各级政府主要领导负总责，分管领导是第一责任人；各级林业部门和林业生态市建设成员单位密切配合，分工明确，各负其责，完善了林业生态市建设责任目标体系。二是创新工作机制。实行市领导分包县（市、区）、县领导分包乡（镇）、乡（镇）干部包村组的三级联动制度。下派5个督察组，深入到造林现场明察暗访，督促进度。市、县领导经常深入到第一线靠前指挥，现场办公，督促检查，发现问题，及时解决，有力的促进了林业生态市建设。市委、市政府、各县(市、区）委、政府两办督察室采取联合督察措施，下发督察通知单，明确督察重点和完成任务时限。各县（市、区）每天上报一次工作进度，每周在《商丘日报》公布两次造林进度，对行动迟缓、措施不力的县和乡（镇），加压鼓劲，鞭策后进；市林业局还抽调了20多名技术骨干，成立5个工作组，由党组成员带队，每天坚持深入重点工程造林现场检查指导，严把林业生态市建设苗木关、栽植关。严格奖惩，专门下发了《商丘林业生态市建设奖惩办法》，对在林业生态市建设工作中作出突出贡献、成绩显著的单位和个人，给予表彰奖励；对工作滞后，完不成造林任务的，取消年度评先评优，通报批评。三是高标准制定规划。科学编制了《商丘林业生态市建设规划》，市政府专门召开常务会议专题进行研究，通过了规划和2008年度的实施意见，并以文件名义下发。各县(市、区）

都积极编制完成了林业生态县建设规划，明确了今后一个时期的目标任务和工作重点。从2008年起，全市计划用5年时间，以“两区、两点、一网络”为总目标，以十大林业生态和产业工程为重点，完成新造林78.58万亩，更新造林33.03万亩，抚育改造32.71万亩，林木绿化率提高4.8个百分点、达到33%以上。四是广泛动员营造氛围。各级林业部门采取出动宣传车、悬挂宣传横幅、刷写宣传标语、利用村头大喇叭等形式大力宣传林业生态市建设的重大意义，提高广大人民群众参与林业生态市建设的积极性。市林业局与电视台联合制作了热点直通车和黄土地栏目；林业生态市建设期间，市、县电视台、广播电台和商丘日报跟踪采访、现场报道，加大了林业生态市建设先进典型的宣传；各级林业部门还采取下发明白纸、以会代训、深入田间地头宣传等措施，指导乡镇干部和群众按操作规程造林，发放技术资料2万余份。由于发动深入，宣传到位，广大群众植树造林的积极性空前高涨，有力推动了生态市建设工作。

（一）林业生态市建设成效显著

各级林业部门以林业生态市建设为己任，充分发挥参谋助手作用，以黄河故道沙区治理、生态廊道网络建设、农田防护林体系改扩建、村镇绿化、环城防护林及城郊森林、林业产业和森林抚育改造工程为重点，坚持以点带面、整体推进措施，全面掀起了林业生态市建设高潮。完成造林26.1万亩，是省政府下达目标任务23.1万亩的113%，森林覆盖率提高1.2个百分点。

为了确保造林成果，开展了林业生态市建设工程自查工作。春季造林结束后，各县（市、区）都对照作业设计，以造林小班为单位，及时进行了拉网式自查。夏季树木成活后，市林业局抽调30多名技术骨干组成5个检查组，分包县（市、区）、重点乡（镇）和重点工程，以实地丈量、小班统计、造册、检查成活率为主要内容，对2008年林业生态市建设任务进行了核查核实。

（二）全民义务植树扎实深入

春节过后第一个工作日，市委书记王保存带领市四大班子领导、市直各部门和商丘军分区、驻商部队、武警、消防官兵以及睢阳区的干部群众、青年志愿者1000余人，到林业生态市建设重点工程路段金桥路参加义务植树活动，拉开了林业生态市建设的序幕。同一时间，各县（市、区）、各乡（镇）负责人纷纷带头，组织开展了不同形式的义务植树活动，全市当天有10万人参加植树，仅一天时间就完成义务植树40余万株。植树节前后，市四大班子领导带头参加了四次大规模义务植树活动。

在市、县、乡领导带领下，广大干部群众积极投身林业生态市建设，掀起了义务植树热潮。林业生态市建设各成员单位分工负责，铁路、交通、公路、园林、水利、国土以及机关、部队、学校、社会团体、企事业单位等都认真制定规划，积极参与，开展部门绿化和单位庭院绿化。以领导带头办绿化点，机关、单位建设义务植树基地为载体，栽植了“迎奥运纪念林”、“京九晚报读者纪念林”和“生态市建设纪念林”等。全市共办绿化点52个，建设义务植树基地60余个，全民义务植树尽责率达90%以上。

（三）加强管护，依法治林

为加强林木管护工作，专门下发了《关于加强幼树管护、巩固林业生态市建设成果的通知》，并在全市张贴《关于加强林木管护严厉打击非法毁坏林木行为的通告》2万余份，让林木管护工作家喻户晓、人人皆知。夏秋季节，以林木管护为重点，各级林政、森林公安队伍加大了对毁坏幼树行为的打击力度；各乡（镇）政府和村委成立了护林巡逻队，公示了乡村护林公约和护林责任牌，签订了护林责任书。在夏收夏种、秋收秋种等农事活动中，加大宣传力度，提高了农民管林护树的自觉性。同时，积极开展幼林定期抚育，对已经成活的树木培土加固、刷红涂白，适时浇水施肥、防治病虫害；对枯死的树木，及时清除，有条件的地方开展补植补造，提高了造林成活率。

（四）大力推进林业产业化，促进林农果农增收

组织专家编制了《商丘林业产业发展规划》，明确了下一步林业产业化发展的指导思想、目标任务、工作重点和措施。今后5年将围绕建设林业生态市的目标，重点发展林木种苗花卉繁育业、用材林及工业原料林培育业、木材加工及市场流通业、经济林及果品生产加工业、森林生态旅游服务业、林下种植养殖加工业等6大产业，促进林业资源大市向林产品加工强市的跨越。

一是以发展杨树、泡桐为主，坚持“速生、优质、高效”的原则，鼓励增加泡桐造林面积，减少杨树造林面积，合理调整林种、树种结构，加快了用材林和工业原料林基地建设，推进了林板、林纸一体化。引进日元贷款602万元，营造速生丰产林4.85万亩。二是进一步加快了名优经济林和苗木花卉基地建设。以宁陵县为主，扩大了金顶酥梨、白蜡条杆栽植面积；以虞城县、民权县为主，扩大了苹果栽植面积；睢阳区、柘城县、永城市、夏邑县等以发展桃、杏、李、葡萄等杂果为主，推进了老果园、老品种更新改造；民权县、梁园区、睢阳区、虞城县、睢县重点发展园林绿化苗木、花卉种植，大力培育名优、珍稀、乡土树种和优质苗木，保证了林业生态市建设用苗的足额供应。三是全力推进林业产业工程，共营造速生丰产林10万亩、经济林3万亩，完成林业育苗3万亩，发展花卉种植0.25万亩，生产木材100万立方米，完成加工85万立方米，生产干鲜果品150万吨。

围绕林农果农增收，积极发挥林业在促进农村经济发展中的重要作用，依靠资源优势，不断扩大名优经济林、种苗业、花卉业规模，积极做大做强酥梨、苹果、苗木、花卉产业；以虞城县阿姆斯果汁生产加工项目为带动，积极发展果品深加工，鼓励果农搞好果品贮藏保鲜，指导反季节销售，促进果农增收。

（五）大力发展木材深加工

按照“市场联基地、基地联企业、企业联大户”的发展模式，引导支持鼎盛、鼎立、南海松本木业和恒兴纸业等林产品加工企业与基地、农户形成联合体，加快木材深加工基地建设。指导鼎盛木业投资2亿多元引进先进高密度板生产线一条，利用枝桠材，新增加工能力10万立方米，建成了全省最大的高密度板生产基地。全市新改扩建木材加工企业30余家，新增木材加工能力15万立方米。加快木材市场体系建设，新增县级木材专业市场9个，发展乡级木材交易所和村级木材交易点50个，扩大了木材市场流通，使商丘市80%的原木在完成初加工后出境，提高了加工附加值，有效遏制了原木外流。

（六）加快发展生态旅游业

对全市现有的森林公园等各类生态资源进行完善整合，优化布局，新开发12处独具特色的森林生态旅游景点和6条森林旅游精品线路，新增市级森林公园1处，新建民权县林七水库、吴屯水库、柘城县护城河3个市级湿地游园，提高了生态旅游核心区和特色景点建设水平。以生态观光、休闲度假、生态教育为目的，抓好了商丘黄河故道国家森林公园、黄河故道湿地、民权申甘林带、永城市林场芒山风景区、宁陵金顶酥梨基地、虞城红富士苹果基地和睢县、夏邑县、睢阳区城湖生态旅游、生态文化及生态教育基地建设，扩大了生态游、历史文化游、农家乐等特色游规模。

（七）发展林下经济

在退耕还林和重点生态工程区域，大力推广适宜林间种植、养殖的农作物、蔬菜、食用菌、中草药、牧草、牲畜、家禽等种植、养殖新品种、新技术，利用林下空间发展农牧业，积极培育生产大户、专业经济组织和龙头企业，推进规模化、基地化、标准化生产，提高了林下产业的经济效益，实现了农、林、牧业和谐发展。新增农、林、牧复合经营面积8万多亩。

（八）全面完成集体林权制度主体改革任务

一是成立领导组，下发《商丘市集体林权制度改革实施意见》，各县（市、区）制定了方案，并多次召开会议研究部署。二是加强培训，聘请省林业体制改革办专家授课，举办了由市、县业务人员参加的培训班。三是广泛宣传，深入发动。利用出动宣传车、悬挂刷写宣传标语、提供现场咨询、发放宣传资料等形式，宣传林业体制改革重大意义，让广大农民家喻户晓，提高自觉参与的积极性。四是积极确权发证，共发放林权证19.5万份，全面完成了2.28万亩集体林地的确权任务。

（九）加强森林资源保护管理

一是加强林业法律法规宣传，积极开展“爱鸟周”、“野生动物保护宣传月”、“12.4法制宣传日”活动。二是加强林业部门干部职工的法制教育，举办法律培训班6次，对全市所有林政执法人员进行了法律知识考试。三是深化林业行政审批制度改革，制定完善了《市林业局服务承诺制》、《行政执法工作责任制》、《错案追究制》。四是规范林木采伐、运输和网上办证管理，明察暗访与现场查究相结合，加强对木材检查站的监管，多措并举，遏制原木外流。五是加强国有林场管理，坚持“以林为主、多种经营、综合利用、全面发展”，鼓励兴办实体，发展第三产业；严格国有林区采伐作业管理，从伐前设计、伐中监督、伐后验收环节加强监督，确保国有林场凭证采伐率、合格率100%。六是进一步加强野生动物保护管理，对非法经营野生动物场所进行清理，加强疫源疫病监测、报告。七是专门下发《关于加强林木管护严厉打击非法毁坏林木行为的通告》和《关于加强幼树管护、巩固林业生态市建设成果的通知》，对2008年林业生态市重点工程造林落实管护责任和管护措施，开展定期抚育，适时浇水施肥，提高了造林成活率。

（十）科技兴林力度加大

坚持以科技为先导，加大了林业科技创新力度。一是组织实施国家、省、市级林业科技项目6项，推广林果优良品种10多个，林下经济发展模式、沙区综合治理、农林复合经营等10多项林业新技术成果得到应用，林业生态市工程造林良种使用率达80%以上，林业科技成果转化率达45%以上，林业科技进步贡献率达45%以上。二是加大林业育苗力度，完成林业育苗3万亩，出圃优质苗木近1亿株，保证了商丘市林业生态市建设所需苗木的供应。三是林业科技人员以科研带动科技推广和成果转化，选育申报适应性强、抗逆性强的“白皮千头椿”、“宁陵白蜡”省级优良乡土树种2个；同时，制定林业地方标准2项，建设市级林业高效示范园1处，加大了科技示范推广力度。

（十一）森林公安工作位居全省前列

一是不断加强森林公安基础设施和队伍建设，深化大练兵，加大督察力度，努力提高民警素质，开展了“规范执法行为，促进执法公正”专项整改活动。二是强力推进林业公安独立办案，坚持惩防并举，严厉打击乱砍滥伐林木，乱捕滥猎野生动物违法犯罪，先后组织开展了“禁种铲毒”、“飞鹰”专项行动。共查处破坏森林和野生动物资源案件512起，其中刑事案件71起，刑事拘留100人。森林公安工作位居全省第四。

（十二）护林防火工作进一步加强

深入贯彻落实森林防火行政领导负责制，严禁焚烧植物秸秆，强制管理林区火源，进一步加大林业安全生产力度，突出抓好了“三夏”和“三秋”期间森林防火工作，全年无重大森林火灾发生。

（十三）林业有害生物防治成效明显

一是认真开展林业有害生物调查，进一步加强预测预报和检疫，测报准确率达98.26%。二是引进推广新技术、新型药剂、新器械，利用飞机喷洒仿生制剂无公害防治技术，集中防治林木病虫害10万亩。采取限期除治、集中综合防治等措施，加大了林业有害生物防治力度。全市林业有害生物发生面积78万亩，成灾率降低到3.5‰以下，无公害防治率提高到75%以上，种苗产地检疫率达89.64%。三是不断加强森林病虫害防治体系建设，建成国家级标准站1个，省级标准站8个，省级中心测报点1个。

（十四）加大招商引资力度

一是加强领导，明确责任，将招商引资、落实林业重点工程项目资金作为助推林业生态市建设和林业产业化发展的重要举措。成立了由党组书记、局长李瑞华任组长，分管副职任副组长，各科、室、站、分局负责人任成员的领导组。对各位党组成员，各科、室、站、分局实行目标责任管理，层层落实目标，责任到人。二是依靠资源优势，扩大对外招商。6、7月份，李瑞华局长亲自带队到北京衔接项目，到东北与中国吉林森工集团、黑龙江光明家具集团进行洽谈，并达成了合作意向。三是按照《河南林业生态省建设规划》要求，积极筹措林业生态市建设和国家、省林业产业工程项目资金，完成招商引资3300万元。

同时加强日元贷款合作造林，引进日元贷款602万元，在民权县、梁园区、永城市、睢县营造速生丰产林4.85万亩。

（十五）加强林业生态市建设造林质量管理

一是严把苗木质量关。严格苗木标准，林业生态市建设工程用苗木，一律达到Ⅱ级苗以上标准，落实“一签两证”制度，使用良种壮苗，严禁将不合格苗木用于工程造林。二是严把栽植关。严格按照《造林技术操作规程》进行栽植，采取“三大一深”标准，即大苗、大坑、大水、深栽，苗木高度要求在3.5米以上，树坑达到60厘米见方，每棵新栽幼树浇水50公斤以上。三是严把管护关。坚持“谁造林、谁所有，谁投资、谁受益”的原则，确权发证，明确责权利，落实管护责任和管护措施，及时进行抚育、浇水、培土、刷白，确保苗木的成活。四是严格追究责任。对拒不重视造林质量管理的县（市、区）、乡（镇），市林业生态市建设领导小组办公室除给予点名通报批评，限期整改外，按照《国家林业局关于造林质量事故行政责任追究制度的规定》，追究相关责任人的责任。

（十六）精神文明建设工作卓有成效

一是精心组织开展“三大”、“三新”大讨论活动。以解放思想、落实科学发展观、促进林业科学、和谐、跨越发展为主题，以“三问商丘林业”为突破口，党组中心组带头学习，提高认识，认真查摆，制定措施，强化整改，完善制度，建立了长效机制，保证了“三大”、“三新”大讨论活动深入开展。被评为优秀单位。二是以打造学习型机关、推进“两转两提”为目标，不断加强领导班子、干部队伍、党风廉政建设。党组班子执政能力进一步增强，观念进一步创新；干部职工文明素质日益提高，精神面貌焕然一新；反腐倡廉扎实深入，干部廉洁从政意识明显增强。三是深入开展民主评议政风行风活动。在民主评议政风行风大接访活动中，林业部门实现零投诉；认真落实计划生育各项政策，无违反计划生育政策的现象；社会治安综合治理力度加大，林区治安状况良好，所联系的尤吉屯乡无集体和越级上访案件发生，人民群众对林业部门满意率提高。四是积极组织开展“树生态文明理念、建生态文明家园”、“创绿色家园、建富裕新村”、“迎奥运、树新风”、“民主评议政风行风”等主题实践活动，深入开展“文明单位、文明家庭、文明个人”创建评选活动，精神文明建设扎实深入。

另外，全面完成商丘市第七次森林资源清查任务。一是加强指导培训。聘请省林业调查规划院专家现场指导，培训业务骨干56人。二是全力搞好外业调查。全市抽调100多技术人员，投入车辆、罗盘仪、定位仪38套，组成调查工作组20个，调查样地670个。三是认真做好内业整理，绘制各类图表1000余份，严格录入调查数据，确保质量，在全省率先通过国家林业局验收。

二、纪实

市委、市政府召开林业生态市建设工作会议　1月13日，商丘市委、市政府召开了由各县(市、区）长、分管林业工作的副县（市、区）长、林业局长、农委（办）主任、发展和改革委员会主任、财政局长，乡（镇）党委书记或乡（镇）长和市林业生态市建设成员单位主要负责人参加的全市林业生态市建设工作会议。市领导王保存、李新增、陈海娥、李思杰、胡学亮出席会议。会议传达贯彻了全省林业生态省建设电视电话会议精神；王保存作了重要讲话；李思杰全面总结了近年来林业工作成绩，安排部署了2008年和今后5年林业生态市建设工作，并代表市政府与各县（市）区政府签订了2008年林业生态市建设目标责任书。会议由市委副书记李新增主持。

市委、市政府召开林业生态市建设工作会议　1月28日，商丘市委、市政府再一次召开全市林业生态市建设工作会议，对2008年林业生态市建设工作进行再动员、再安排、再部署。各县(市、区）长、分管林业工作的副县（市、区）长、林业局长、财政局长和市绿化委员会成员参加了会议。市领导李新增、陈海娥、李思杰、王清选、胡学亮出席会议。会议由副市长王清选主持；市委副书记李新增作了重要讲话；副市长李思杰传达贯彻了全省林业生态省建设工作会议精神，进一步安排部署了当前林业生态市建设急需抓好的重点工作；睢县、柘城县、梁园区、睢阳区人民政府和市交通局、商丘火车站的负责人分别作了表态发言。

商丘市召开全市林业生态市建设工作现场会　2月28日，商丘市在睢县召开全市林业生态市建设工作现场会，各县（市、区）委分管领导、副县（市、区）长、林业局长、市林业生态市建设领导小组成员以及市、县林业部门的部分干部职工参加了会议。与会人员参观了睢县林业生态市建设现场，睢县人民政府作了经验介绍。市委副书记李新增作了重要讲话。副市长、市林业生态市建设领导小组副组长李思杰总结通报了当前林业生态市建设工作，对下一阶段工作作了具体安排。会议由市政府副秘书长何振岭主持。

商丘市党政军领导参加第30个植树节暨全市第4次林业生态市建设义务植树活动 3月12日，中国第30个植树节，市领导李新增、高献涛、张琼、董颖生、李德才、谢玉安、付元清、陈海娥、胡家印、高道春、张建民、王清选、李思杰、耿清国、刘爱田、胡学亮、万克才、刘德文、刘明亮等和市林业生态市建设领导小组成员、市直机关、各人民团体、梁园区干部职工及驻商官兵1000多人参加了在商丘黄河故道国家森林公园——黄河故道沙区治理重点生态工程项目区举行的第4次林业生态市建设义务植树活动，栽植速生杨、大叶女贞、香花槐等苗木近1万余株。

商丘市召开林业生态建设村镇绿化工作现场会 3月19日，商丘市在柘城县召开全市林业生态建设村镇绿化工作现场会，各县（市、区）分管副县（市、区）长、林业局长、市林业生态市建设领导小组成员参加会议。会上，副市长李思杰就村镇绿化工作进行了再安排、再部署。对柘城县在村镇绿化工作方面取得的成绩给予了充分肯定，通报了前一阶段林业生态市建设和村镇绿化工作进展情况，对今后工作的开展提出了明确要求。市政府副秘书长何振岭主持会议，柘城县委书记陈星致辞。与会代表参观了柘城县村镇绿化现场，听取了柘城县县长张家明关于该县村镇绿化工作情况的汇报。

全省冬春季植树造林现场观摩座谈会代表莅临商丘参观指导林业生态市建设工作 4月12~13日，省林业厅副厅长张胜炎率领省林业厅有关负责人和参加全省冬春季植树造林现场观摩座谈会的部分代表莅临商丘，参观指导商丘市林业生态市建设工作。副市长、市林业生态市建设领导小组副组长李思杰陪同参观。张胜炎一行先后参观了夏邑县虬龙沟绿化工程、孔庄乡农田防护林工程、睢县生态廊道工程、周堂镇农桐间作和睢县蓼堤镇马坊村、柘城县陈青集镇聂庄村村镇绿化等重点林业生态工程建设。

黑龙江省林业考察团莅临商丘考察平原林业建设 6月6日，黑龙江省副省长黄建盛率领该省林业考察团一行28人，在河南省林业厅厅长王照平陪同下莅临商丘，考察平原林业建设工作。市委书记王保存，市委副书记、市长陶明伦，市委常委、市委秘书长谢玉安，副市长李思杰等领导陪同考察团，先后考察了宁陵县酥梨基地、梁园区黄河故道生态防护林、全民义务植树基地、生态廊道建设。市委书记王保存向黄建盛副省长介绍了商丘市经济社会发展概况和在平原林业建设工作中取得的成绩及主要做法。

商丘市第七次森林资源连续清查外业调查工作顺利通过国家验收 6月6~11日，由国家林业局华东森林资源监测中心专家陈金海，河南省林业调查规划院专家田金萍、曲进社、谢卫童、吕朝晖、孔冬艳组成的检查组，对商丘市第七次森林资源连续清查外业调查工作进行了检查验收，实地抽查样地11个,检查结果全部合格，质量达到优级，顺利通过了国家级验收。

商丘市在全国平原林业建设现场会上典型发言 6月13日，在郑州召开的全国平原林业建设现场会上，陶明伦市长代表商丘市政府作为唯一的省辖市典型发言，介绍商丘市的先进经验。

市政协副主席刘明亮到市林业局督导“三大实践活动” 6月16日，市政协副主席刘明亮带领市政协法制委主任刘杰英、市人事局工资科副科长吴志强到市林业局督导“三大实践活动”开展情况。市林业局党组书记、局长李瑞华汇报了“三大实践活动”第二阶段工作开展情况以及剖析查摆的主要问题和下步工作打算。

省林业厅检查组莅临商丘检查林业育苗工作 9月9~13日，省林业厅育苗检查组一行3人莅临商丘，检查本市2008年林业育苗工作。检查组一行采取现场抽查的方法，先后在睢阳区勒马乡何太庄村、柘城县国有苗圃、梁园区李庄乡林苑苗圃重点对杨树、泡桐等苗木生长指标进行了实地测量，并查看了苗木生产档案。

商丘市荣获第八届中原花木交易博览会多个奖项 9月28~30日，在由国家林业局、河南省人民政府主办的第八届中原花木交易博览会上，经专家委员会评审，商丘市代表团获得展品团体综合布展奖铜奖；“商字造型”和民权县紫穗槐繁育中心推出的“紫穗槐苗木”获得特色产品奖；豫东花卉公司推出的“生态植物艺术造型”获得优质产品奖。

省验收组莅商验收创建省绿化模范城市工作 10月20~21日，省绿化模范城市验收组在省政府参事、省林业厅教授级高工赵体顺率领下一行4人莅临商丘，验收创建河南省绿化模范城市工作。在市人大副主任陈海娥、市政府副秘书长何振岭陪同下，验收组一行先后查看了城区绿化、城郊大环境绿化、全民义务植树基地建设和古树名木保护。随后，市政府召开了由省验收组、市绿化委员会成员参加的创建河南省绿化模范城市工作汇报会。副市长李思杰代表商丘市政府向省验收组汇报了商丘市近年来创建河南省绿化模范城市工作情况。

商丘市召开全市集体林权制度改革工作促进会议 10月28日，商丘市政府召开了有各县(市、区）副县（市、区）长、林业局长和计划改革、财政等部门负责人参加的全市集体林权制度改革工作促进会议。副市长李思杰就全市林权制度改革工作作了进一步安排部署。市林业局局长李瑞华传达了省林权制度改革座谈会议精神，介绍了漯河市林权制度改革的先进经验。民权县政府、梁园区政府作了典型发言。副秘书长何振岭主持了会议。李思杰副市长全面总结了前一阶段我市集体林权制度改革取得的成效，查找了存在的突出问题，进一步阐述了集体林权制度改革在促进农村改革发展方面的重要意义。

全国、省、市人大代表视察商丘林业生态市建设和林业产业工作 12月17日，全国、省、市人大代表在市人大常委会副主任付元清、胡家印、陈海娥和全国人大代表、市政协副主席郝萍带领下，集中视察了商丘市林业生态市建设和林业产业工作。视察组一行先后视察了梁园区环城防护林、虞城县农田防护林业体制改革扩建、生态廊道工程和鼎立木业、南海松本木业木材深加工情况。

周口市

一、概述

2008年，周口市林业局以邓小平理论和“三个代表”重要思想为指导，坚持科学发展观，认真贯彻落实中央决定和省、市林业工作部署，精心组织、狠抓落实，大力推进林业生态建设，促进了全市经济社会又好又快发展。全年共完成植树4214.2万株、造林面积38.1万亩。完成林业育苗4.33万亩。全民义务植树尽责率达87%。审核征占用林地4宗，征占用林地审核率100%；林木采伐办证率93%。全年发生各类林业案件394起，结案378起。林业总产值51.5亿元。

（一）大力实施林业生态工程

一是农田防护林网改扩建工程。把农田林网的改扩建作为工作重点，对断带和网格较大的农田防护林网进行更新改造，实行统一规划，重点突破，一步到位，一次成网。全市完成农田林网改扩建工程19.1万亩。二是生态廊道网络建设工程。公路绿化主要是许亳、大广、周商、南洛高速公路、省道207线和部分新修扩建的县乡公路；河道绿化包括西华县境内的颍河，淮阳县境内的老黑河，商水县境内的黄碱沟、界沟河，项城市境内的沙河和汾河等。完成生态廊道绿化9.2万亩。三是环城防护林和城郊森林。通过创建园林城市等活动,加强了环城防护林、城区绿化、通道绿化和城市森林公园建设。全年共完成城区绿化面积1.05万亩。四是村镇绿化工程。共完成造林面积8.3万亩。五是完成中幼林抚育和低质低效林业体制改造5.1万亩。六是完成防沙治沙工程造林0.36万亩，主要分布在西华、扶沟、太康、川汇区四个县区。

（二）加快林业产业发展

继续加大对龙头板材加工企业的政策扶持力度，延伸产业链条，扩张规模，辐射带动，加快林产品加工业的发展。新发展名优经济林5.1万亩。主要经济林树种有苹果、桃、柿、梨、杏、李子、大枣、胡桑等20余种。林业育苗总面积达6.59万亩，树种达46种。西华、项城等县市依托经济林和文化资源优势发展生态观光游，成功举办了桃花节和采摘节，累计接待省内外游客7万人次。

（三）加强林业支撑保障体系建设

一是加强森林公安队伍建设。建立了森林公安民警大练兵长效机制，提高了全体森林公安民警的法律素质和执法水平。二是深入开展林业严打专项行动。在3月、5月、11月相继组织开展了“飞鹰行动”、“严厉查处破坏森林资源案件切实保护林农合法权益专项治理行动”和“候鸟三号”等专项行动，查处各类案件181起，处理违法人员221人。2008年10月，市森林公安局被国家林业局、公安部、海关总署、国家工商总局授予“‘飞鹰行动’先进集体”称号。三是资源林政管理部门切实抓好林木采伐、木材运输和销售管理。全市林政管理部门共办理审批采伐林木8.1万立方米，凭证采伐率达93%以上。加强林业行政服务窗口创建工作，2008年，市行政服务中心林业窗口被省政府纠风办公室、省林业厅授予“河南省林业十佳文明服务窗口”荣誉称号。高标准完成了第七次森林资源连续清查工作。四是加强野生动植物保护和疫源疫病监测工作。建立健全了野生动物疫源疫病监测体系，建省级监测站1个、市级监测站2个、县级监测站10个，全市野生动物疫源疫病监测点达到182个。五是积极实施科教兴林。共引进推广新品种20多个，推广杨树病虫害综合防治、楸树新品种快繁技术等新技术16项。新建林业科技示范村20个，林业科技示范基地26处、共3.2万亩。六是开展林业有害生物防治和林业检疫工作。2008年，全市林木病虫害发生面积32.2万亩，防治面积达20.8万亩，无公害防治率达96.7%。全年共检疫苗木3619万株，木材29.3万立方米，种苗产地检疫率达到94.7%。

（四）做好集体林权制度改革工作

全市采取责任承包、联户承包、大户承包和公司+农户承包等四种模式，大力推进集体林权制度改革，初步建立了产权归属明晰、经营主体落实、责权划分明确、利益保障严格、监督服务到位的现代林业产权制度。全市145万亩林地全部明晰了产权，其中38万亩新造林全部实行了先改后栽，并发放了林权证。

（五）加快文昌生态园建设

2008年，文昌生态园建设被市委、市人大、市政府、市政协列为市双十五项重点工程项目。文昌生态园栽植各类树木17.8万株，绿篱6.8万墩，新建绿地6万平方米。新建了热带植物园和园区三级路、休闲凳、指示牌等基础设施。

二、纪实

回良玉副总理在商水县参加植树活动　1月10日，国务院副总理回良玉一行，在省委书记徐光春、省长李成玉、市委书记毛超峰、市长徐光等领导的陪同下，到商水县黄寨镇视察新农村建设、林业生产和林权制度改革等工作。视察中，回良玉副总理一行与省、市、县领导以及当地群众一起参加了冬季植树，并号召大家动起手来，植树造林，绿化祖国，改善生态环境，加快社会主义新农村建设步伐。

召开全市林业生态市建设工作会议　2月19日，周口林业生态市建设工作会议召开。市委书记毛超峰、市长徐光出席会议并发表重要讲话。

沈丘县中小学开展爱树护林活动　3月6日，沈丘县绿化委员会、共青团沈丘县委、沈丘县教育局联合在全县开展以“五个一”为主要内容的“我与小树共成长”爱树护林活动。即：上好一堂教育课，加强中小学生爱树护林的公德意识和法制意识；印发一张明白纸，使中小学生深刻认识保护林木的重要意义；建好一支护林队，成立“红领巾护林队”、“小卫士护林队”、“雏鹰护林队”，发挥少先队员、共青团员的先锋模范作用；护好一条林荫路，每个护林队至少护好一条道路；管好一片文明林，每个学校选择或营造10亩以上的片林作为精神文明教育基地，并对基地建档立卡，明确责任，加强管理，确保成林。

毛超峰等到商水县调研集体林权制度改革 3月8日，市委书记毛超峰、副书记余学友、副市长史根治等到商水县专题调研林权制度改革和春季植树造林情况。

全市林业生态市建设推进会议召开 3月13日，全市林业生态市建设推进会议召开。副市长史根治回顾了春季造林情况，强调要进一步提高认识，加强领导全面推进林业生态市建设工作。

郸城县开展“保树护林宣传周”活动 3月，为加强对新植幼树的管护，郸城县开展“保树护林宣传周”活动。一是要求各乡（镇、办事处）重新登记新植的幼树，统一填写“林木登记表”，和农户签订确权和管护协议。二是克服靠天等雨思想，对新植幼树普遍再浇一次水，确保林木成活。三是印制《郸城县人民政府关于林木管护的通告》5000份，分发到全县所有的行政村、村民组、中小学校。四是出动宣传车126辆次，在乡政府所在地、集贸市场、重点行政村、中小学校进行宣传，大造护林光荣，毁林可耻的声势。五是全民参与，严厉打击毁坏林木的犯罪行为，扎实搞好林业生态县建设。

开展第七次森林资源连续清查外业调查 5月6日，全市第七次森林资源连续清查外业调查工作全面开始。这次森林资源连续清查工作，全市共抽调105名专业技术人员组建21个外业调查工作组参与，共布设检测样地744个。

徐光市长察看周口生态植物园建设 6月21日，市长徐光到文昌生态园察看植物园工程建设情况，要求加大招商引资力度，吸引社会资金参与文昌生态园开发建设，努力把文昌生态园打造成周口生态景观的亮点工程。

召开全市集体林权制度改革工作座谈会 9月19日，周口市集体林权制度改革工作座谈会召开。史根治副市长参加会议并发表重要讲话，要求确保按期完成全市林业体制改革工作任务。

周口市林学会第四次会员代表大会召开 11月26日，周口市林学会召开第四次会员代表大会。会议选举产生了周口市林学会第四届理事会理事长、副理事长、秘书长、副秘书长，市林业局副局长黎心问当选周口市林学会第四届理事会理事长。

驻马店市

一、概述

2008年，驻马店市林业工作在市委、市政府的正确领导下，在省林业厅的指导支持下，以邓小平理论、“三个代表”重要思想和十七大精神为指导，以科学发展观为统领，以建立完备的林业生态体系、发达的林业产业体系和繁荣的生态文化体系为目标，以创建林业生态县为载体，以通道绿化和林业项目建设为主攻方向，以林权制度改革为动力，以科技进步为支撑，全面推进驻马店市林业工作迈上新台阶，为构建和谐中原、打造绿色生态驻马店、促进新农村建设做出了新贡献，取得了新成就。

（一）植树造林

各级党委政府对植树造林工作的认识高度、重视程度，以及全市植树造林的规模、速度、标准、质量、面积、总量是往年所没有的。2008年全市新建、完善五级以上通道绿化6300公里，完成营造林45.4万亩，占任务的110%，义务植树430万人次，植树1448万株，完成荒山造林（含封山育林）3.3万亩，造林绿化工作取得新进展，

（二）林业生态县建设

各级党委、政府都把林业生态建设作为落实科学发展观、建设生态文明的一项重要举措来抓，党政主要领导亲自安排部署林业生态县建设工作，深入造林现场检查指导，解决实际困难和问题。在冬春造林季节，市委、市政府召开四次高规格林业工作会议，市主要领导、分管领导多次深入县区检查指导造林工作。为贯彻市委、市政府的会议精神，各县（区）及时、多次召开了高规格的植树造林动员会、现场会；多数县（区）的主要领导带队到平舆参观学习。根据生态市、县建设的需要，在财政十分困难的情况下，市、县（区）想尽办法，按照省政府的要求加大对生态县建设的投入。通过努力，2008年泌阳、遂平两县完成了林业生态县建设任务，被省政府命名为林业生态县。

（三）森林资源保护管理

在大力开展植树造林绿化的同时，进一步加大了森林资源的管护力度，集中力量开展专项整治活动，采取多种形式，强化了森林资源的保护和管理工作，严厉打击各类破坏森林和野生动植物资

源违法犯罪活动。一年来，全市没有出现超计划、超限额采伐现象，林木凭证采伐率和办证率均达95%以上，征占用林地审核率达96%以上。全市共查处涉林案件1113起，其中刑事案件86起，行政案件927起；破获2起重大滥伐林木案件，抓获犯罪嫌疑人112人，批准逮捕67人，起诉（含直诉）111人，打击处理违法犯罪人员1628人；清理非法占用林地42处，收缴木材147立方米，罚款166万元，为国家挽回经济损失200余万元。共筹集经费203.7万元用于林业公安“三基”工程房屋建设，其中新建办公楼2幢1540平方米，维修改造办公楼3幢1200平方米。

一是大力宣传，不断提高广大干群的森林资源管护意识。2008年驻马店市林业系统深入认真开展了普法宣传教育工作。利用各种媒体进一步加大林业法律法规政策的宣传力度，不断增强全市人民的林业法制观念和森林资源保护意识，努力营造全社会关心、支持森林资源保护管理工作的良好氛围。市林业局组织林政、公安及有关执法人员开展《依法行政实施纲要》、《中华人民共和国森林法》、《中华人民共和国森林法实施条例》、《中华人民共和国野生动植物保护法》等法律法规宣传活动，通过制作宣传版面、过街条幅，设立咨询台，印发宣传资料，并接待解答咨询群众等，收到了良好的宣传效果。同时充分利用新闻媒体大力宣传林业法律法规以及林业行政许可事项，在市电台行风热线节目设立林业依法行政专栏，公布服务承诺，自觉接受群众监督，引导群众依法维护自身权益，逐步形成与建设法制政府相适应的良好社会氛围。

二是加强生态公益林建设，积极推进公益林林地保护工作。截至2008年，驻马店市共区划界定国家重点公益林84.742万亩，省级公益林72.5万亩，落实国家重点公益林补偿面积38.81万亩，落实省级公益林补偿面积26.77万亩，年度落实中央和省级生态效益补偿基金311.5万元。在此基础上，2008年驻马店市省级公益林72.5万亩得到全面补偿，新增省级公益林补偿面积45.73万亩，全市2008年共落实中央和省级生态效益补偿基金528.7万元。公益林管理工作取得了显著成绩，各项公益林保护管理措施得到落实，公益林林地保护工作开展正常。

三是坚持“严打”方针，开展专项行动，确保森林资源安全，维护林区社会治安稳定。2008年以来，按照省林业厅统一部署，相继开展了“打击破坏野生动物资源违法犯罪活动”（飞鹰二号行动）、“抓逃犯、破积案、保平安专项行动”、“严厉查处破坏森林资源案件切实保护林农合法权益专项治理活动”、“候鸟三号行动”等专项行动，严惩了一批涉林违法犯罪人员，有效地保护了全市森林和野生动植物资源安全。一年来，全市共查处涉林案件1113起，较2007年同期增长102起。

四是依法查处林业行政案件。2008年，驻马店市各级资源管理部门依法严厉打击了违法占用林地、毁林开垦、超限额采伐、盗伐林木、滥伐林木、非法运输、经营加工木材及乱捕乱猎、非法收购倒卖野生动物、乱采滥挖野生植物等破坏森林资源的行为，依法查处各类林业行政案件，全年无发生重大毁林、乱占林地案件。积极查处上级部门转办的案件6起，做到上级领导机关、领导同志批办案件全部按时查处，查结率100%。2008年全市共发生林业行政案件426多起，查结399多起，案件查结率为93.7%。

五是加大林业有害生物防治工作。坚持“预防为主，科学防控，依法治理，促进健康”的方针，广泛宣传、认真贯彻《中华人民共和国森林病虫害防治条例》和《中华人民共和国植物检疫条例》，继续推行林业有害生物目标管理、考核制度，强化林业有害生物防治体系建设，积极开展了林业有害生物测报、防治、检疫，林业植物检疫管理规范年，杨树病害专项调查，松材线虫病、美国白蛾、枣实蝇、苹果蠹蛾专项调查等工作，加大了防治、检疫的执法力度，全市林业有害生物成灾率降低到2‰以下，无公害防治率、灾害测报准确率、种苗产地检疫率分别提高到83%、93%、98%以上，圆满完成了省林业厅下达的林业有害生物防治目标管理任务，有效保护了造林绿化成果和生态环境安全。

六是进一步加强森林防火工作。2008年以来，驻马店市各级党委、政府和各级林业主管部门高度重视，强化措施，落实责任，认真贯彻省政府护林防火指挥部关于森林防火安全工作的一系列部署，按照“预防为主，积极消灭”的防火方针，全面推进森林防火行政首长负责制，严格落实各项防范措施，加强物质储备和森林消防队伍建设。全市共发生森林火警17起，一般火灾4起，没有发生重大火灾和人身伤亡事故，森林火灾受害率为0.02‰，控制在省定目标之内。

七是加大信访案件查结力度，切实做好信访稳定工作。为切实做好信访工作，市森林公安局根据《河南省森林公安局关于开展重点信访案件专项治理活动的方案》要求，结合本地区的实际，制定下发了《森林公安机关办理信访事项程序规定》、《关于2008年以来重点信访案件情况通报》、《关于切实加强信访工作的通知》等文件。同时，对来信来访的群众，除做好耐心解释工作外，还做到热情服务、文明接访，耐心答疑、满意解惑，切实为老百姓排忧解难，使前来反映问题的群众普遍感到满意，取得了良好的社会效果。

（四）科教兴林

2008年以来，紧紧围绕驻马店市退耕还林、淮河防护林、绿色通道及平原绿化等林业重点生态工程项目建设，积极实施科教兴林和人才强林战略，结合农业经济结构调整，积极服务“三农”，大力推广应用林业新技术、新成果，强化林业技术服务，有力地推动了林业产业的发展，为驻马店市林业事业的健康发展做出了积极贡献。结合驻马店市工程造林重点推广了速生杨、速生刺槐、楸树、大枣、杏李、桃、板栗、石榴等林木新品种20余个。工程造林良种使用率达到90%以上，推广应用林业新技术12项，高效农田防护林经营技术、果树无公害栽培技术、低效林业体制改造技术、抗旱造林技术、森林保护技术、板栗储藏保鲜技术，ABT生根粉，GGR植物生长调节剂等新技术得到普遍应用。

（五）林业产业

大力发展经济林建设，积极调整农业种植结构，2008年新发展经济林面积9359亩，其中梨2899亩、板栗1880亩、核桃480亩、桃2077亩、柿子650亩、葡萄63亩、杏李146亩、油桐1520亩、木瓜310亩。截至目前，全市经济林总面积达到52万亩，总产量4.2亿公斤，产值4.2亿元。2008年全市争取各类资金共10183万元。实现林业产业总产值23.3亿元，比上年增长25.8%，其中第一、第二、第三产业产值分别为14.5亿元、4.9亿元、3.9亿元。较好地完成了省林业厅下达的目标产值任务。

（六）集体林权制度改革

根据全国、省集体林权制度改革的意见和部署，驻马店市自2007年1月份启动了以“明晰所有权、放活经营权、落实处置权、确保收益权”为主要目标的集体林权制度改革试点工作。2008年全面展开集体林权制度改革，重点从“三林”问题入手，突破体制障碍，优化资源配置。全市现有林业用地面积380万亩，其中集体林地294.26万亩，占林业用地总面积的77.4%。集体林地中，山区集体林地面积226.69万亩，平原集体林地面积67.57万亩。目前已承包到户面积184.24万亩，占集体林地总面积的81.3%。其中集体林拍卖面积33万亩，租赁经营30万亩，承包经营118.96万亩，股份合作造林17.04万亩，作价转让集体林经营权面积6万亩。进一步拓宽了农民增收渠道和村财政收入，为进一步推进驻马店市社会主义新农村建设注入了新活力。

（七）机关作风建设

解放思想大讨论活动开展以来，根据市解放思想大讨论活动领导小组办公室关于印发《解放思想大讨论活动施方案》（驻解办［2008］6号）和市委《关于在全市深入开展“新解放、新跨越、新崛起”大讨论活动的实施方案》（驻办文［2008］38号）的精神要求，严格按照“加强领导、强化认识、深刻剖析、边查边改、强化督导、整改提高”的步骤和要求，扎实开展了市直林业系统解放思想大讨论活动。通过活动的开展，全局上下思想观念得到了进一步解放，科学发展的理念得到了进一步提升，工作作风得到了进一步转变，工作热情得到了进一步激发。林业发展的思路更加清晰。“以科学发展论英雄，以项目建设论政绩，以招商引资论本领，以贡献大小论奖惩”工作和用人导向树立的更加牢固，在贯彻可持续发展战略中赋予林业以重要地位、在生态建设赋予林业以首要地位、在全面建设小康社会中赋予林业以基础地位科学发展的意识更加坚定。

二、纪实

召开全市林站工作年终考核会议　1月22日，驻马店市组织召开了全市林站年终考核工作会议。

组织开展越冬前后虫情调查　1~3月，市林业局组织开展越冬前后虫情调查，发布2008年林业有害生物趋势预测。根据预测，2008年驻马店市林业有害生物发生面积45.11万亩，其中病害5.9万亩，虫害39.21万亩。

组织召开全市林业生态建设暨春季植树造林动员会　2月25日，驻马店市组织召开全市林业生态建设暨春季植树造林动员会，市委书记化有勋、副市长武国定出席会议，各县（区）长、主管副县（区）长、林业局长及市直有关部门领导参加了会议。会议对2008年林业生态县建设和春季植树造林工作进行了动员安排。

组织开展“抓逃犯、破积案、保平安”专项行动　2月1日至4月1日，根据省林业厅通知要求，为确保林区群众度过一个安乐、祥和、平安的春节和全国两会的胜利召开，在全市范围内组织开展了“抓逃犯、破积案、保平安”专项行动。

省森林病虫害防治检疫站领导来驻马店市检查指导工作　2月25~26日，省森林病虫害防治检疫站站长邢铁牛在市林业局局长李清河陪同下，先后到上蔡、西平检查指导森林病虫害防治工作。

召开全市春季植树造林现场会　3月5日，在西平县召开了全市春季植树造林现场会。市委副书记丁巍、市政府副市长武国定出席会议，各县（区）长、副书记、主管副县（区）长、林业局长参加会议。参观了西平县的春季植树造林现场，市委副书记丁巍、市政府副市长武国定在会上分别作了重要讲话，对植树造林工作提出了明确要求。

积极开展林业植物检疫管理规范年活动　3月24日，根据省森林病虫害防治检疫站关于在全省

开展“林业植物检疫管理规范年”活动通知精神，驻马店市制订了《驻马店市林业植物检疫管理规范年实施方案》，并积极开展林业植物检疫管理规范年活动。

组织开展“飞鹰行动” 3月25日，为进一步严厉打击破坏野生动物资源违法犯罪，切实保护野生动物资源安全，根据河南省林业厅、河南省公安厅、郑州海关、河南省工商行政管理局《关于印发全省集中打击破坏野生动物资源违法犯罪专项行动方案的通知》精神和要求，驻马店市启动了代号为“飞鹰行动”的专项集中打击破坏野生动物资源的违法犯罪专项行动。活动至5月31日结束。

省林业厅造林观摩检查组来市观摩检查 4月15日，由部分省辖市林业局长、副局长组成的省林业厅造林观摩检查组在省林业厅副厅长王胜炎的带领下，来驻马店市进行造林观摩检查。

组织开展禁毒专项行动 4月下旬，为进一步加大林区禁毒工作力度，严厉打击林区涉毒违法犯罪，根据《河南省林业厅关于组织开展林区禁毒专项行动的通知》精神和要求，驻马店市林业局在全市组织开展了林区禁毒专项行动。活动至9月底结束。

驻马店林业局举办一类森林清查调查培训班 4月27日，为搞好一类森林清查调查工作，驻马店市林业局在薄山林场进行了一类森林清查工作培训班，各县（区）林业局主管局长及有关技术人员参加了培训，省林业调查规划院有关人员进行了授课。

联合检查退耕还林政策落实情况 5月5日，市财政局、市林业局联合组织对全市退耕还林政策落实情况进行检查。

驻马店市林业局开展杨树黄叶病害专项普查工作 5月10~20日，根据《河南省森林病虫害防治检疫站关于开展杨树黄叶病害专项普查的通知》要求，驻马店市林业局组织开展了全市第一次杨树黄叶病害专项普查工作。经普查，未发现黄叶病害。

省林业厅来驻马店检查退耕还林工作 5月13日，省林业厅对驻马店市2000~2005年历年退耕还林保存情况、2004年荒山荒地造林保存情况及2007年度荒山荒地造林任务完成情况进行了复查，给予了充分肯定。

组织开展北京奥运会安全保卫现场督察活动 6月1日至10月10日，为进一步推动奥运保安各项措施落到实处，确保“平安奥运”，根据省林业厅通知精神和要求，市林业局在全市森林公安机关组织开展了北京奥运会安全保卫现场督察活动，以确保奥运会期间的安全稳定工作。

省林业厅检查组来驻马店市检查验收造林项目 6月12日，省林业厅检查验收组来泌阳县、汝南县检查指导世界银行项目受灾情况，并对日本政府贷款河南省造林项目进行检查验收。

省联合检查组来驻马店市检查退耕还林工作 6月14日，省林业厅、省财政厅联合检查组来驻马店市检查退耕还林工作。

省林业厅检查驻马店野生动物疫源疫病监测防控情况 6月20日，省林业厅保护处处长杨智勇一行，在市林业局调研员杨保森的陪同下，到汝南考察奥运会期间向北京供应大熊猫食用竹子的生长及质量情况，并到野生动物疫源疫病国家级监测站（汝南宿鸭湖省级湿地自然保护区）检查野生动物疫源疫病监测防控情况。

市林业局和市气象局签订“林业有害生物监测预报合作协议” 6月26日，根据省林业厅通知精神，为进一步加强林业有害生物监测预报工作，市林业局、市气象局经过协商，遵照“信息共享，合作研究，优势互补，平等互利，联合开发，服务林农”的原则，签订了“驻马店市林业局、驻马店市气象局林业有害生物监测预报合作协议”。

国家林业局华东林业调查规划设计院专家来驻马店市检查一类森林清查工作 7月10日，在省政府参事赵体顺陪同下，国家林业局华东林业调查规划设计院专家来驻马店市检查验收一类森林清查工作。

召开全市林业有害生物防治工作 7月10日，驻马店市召开全市林业有害生物防治工作会议，各县（区）林业局主管副局长、森林病虫害防治检疫站站长、国有林场副场长、生产科长及市局有关人员参加了会议。市林业局党组副书记、副局长宋国恩总结了上半年森林病虫害防治工作，安排部署了下半年工作。

召开全市退耕还林工作会议 7月10日，市林业局召开全市退耕还林工作会议，传达了省林业厅会议精神，安排部署了2008年退耕还林工作。

省森林公安局来市督察森林公安工作 7月15日，省森林公安局宋德才副局长一行，来驻马店市对森林公安机关枪支管理、八项重点工作贯彻落实情况进行全面督察。

市林业局召开全市野生动物保护工作会议 7月23日，市林业局组织召开了全市野生动物保护工作会议。各县（区）林业局主管局长、保护股股长，各林场场长、股长参加了会议。会议传达了省林业厅7月17日在郑州召开的全省野生动物保护工作会议，安排部署了北京奥运会期间野生动物保护工作和林业宣传工作。

召开全市森林公安工作会议 7月30日，驻马店召开全市森林公安工作会议，就全市森林公安机关贯彻落实国家林业局森林公安局《关于进一步加强枪支和队伍管理紧急电视电话会议》精神进行安排部署，各县（区）、林场森林公安局、派出所主要负责人参加了会议。

省森林公安局来市督察奥运期间安保工作 8月7日，为确保奥运期间的安保工作，省森林公安局检查组来驻马店市对11个森林公安机关的枪支管理、队伍建设、车辆管理、奥运期间安保工作进行了全面督察。

省审计厅审计驻马店市造林项目 8月22日，省审计厅对确山县、泌阳县、西平县、正阳县2007年日本政府贷款河南省造林项目进行审计。

省经济林和林木种苗工作站来驻马店检查指导工作 9月16日，省经济林和林木种苗工作站来驻马店检查验收2008年优质种苗培育工作。

驻马店森林公安局被评为全省森林公安“三考”先进组织单位 9月20~25日，在全省开展的森林公安“三考”(基本法律知识、执法办案卷宗考评、信访工作考查) 中，驻马店森林公安局优异的成绩被为全省森林公安“三考”先进组织单位。

市林业局组织开展科普宣传活动 9月23日，驻马店市林业局组织林业科技人员在解放路开展科普宣传活动。发放宣传单500多份，现场解答群众技术疑问30多项，深受群众好评。

积极参加鄢陵花木博览会 9月27~28日，根据省林业厅通知精神和要求，驻马店市积极筹备参加鄢陵花木博览会，布置室内、室外展区各一个，受到了参展与会人员好评。

积极开展林业有害生物专项调查 9月5日至10月5日，根据全省林业有害生物专项调查会议精神，按照全市林业有害生物专项调查会议的部署安排，驻马店市组织森林病虫害防治专业技术人员对美国白蛾、枣实蝇、苹果蠹蛾进行了专项普查，经过工作人员认真调查，驻马店未发现这三种危险性检疫对象。

积极开展松材线虫病普查工作 9月20日至11月10日，驻马店市组织森林专业技术骨干开展了林业松材线虫病普查工作。通过专业人员认真调查发现，泌阳、确山两县有部分松林有松墨天牛及小蠹虫分布，未发现松线虫病。

省林业厅来驻马店市进行林业有害生物防治年度目标考核 10月16~20日，省林业厅考核组来驻马店进行林业有害生物防治年度目标考核，重点对市森林病虫害防治检疫站和西平、确山、泌阳三县进行了考核，对正阳县省级标准站建设情况进行了验收，对遂平、泌阳两县创建林业生态县成灾率完成情况进行了检查，给予了充分肯定。

国家林业局、财政部检查组来驻马店进行世界银行贷款复查 10月25日，国家林业局、财政部检查组来驻马店对汝南县世界银行贷款造林项目雨雪冰冻灾害损失部分的债务情况进行复查。

积极开展"候鸟三号行动" 11月11日，为进一步加大野生动物资源保护和管理力度，严厉打击各类破坏野生动物资源违法犯罪活动，根据《河南省林业厅关于印发全省"候鸟三号行动"实施方案的通知》精神，驻马店市组织开展了以打击破坏野生动物资源为主的"候鸟三号行动"，活动至12月26日结束。

国家林业局来驻马店检查退耕还林工作 11月24日，国家林业局检查组在驻马店市林业局副局长宋国恩的陪同下，对驻马店市2003年退耕地还林经济林面积进行了阶段检查验收。

驻马店市召开全市冬春植树造林暨集体林权制度改革动员大会 11月25日，驻马店市召开了全市2008年冬2009年春植树造林暨集体林权制度改革动员大会，安排部署了冬春全市植树造林暨集体林权制度改革工作。各县（区）长、主管副县（区）长、林业局长和市直有关部门负责人参加了会议。市长刘国庆、副市长陈星出席会议并作了重要讲话，会议由市委副书记杨喜廷主持。

市林业局召开全市退耕还林工作会议 12月19日，市林业局组织召开了全市退耕还林工作会议。会议通报了全市退耕还林阶段验收结果，安排部署了下一步退耕还林工作。

南阳市

一、概述

2008年，南阳市林业工作在市委、市政府和省林业厅的正确领导和支持下，认真贯彻党的十七大和十七届三中全会精神，以科学发展观统领全局，突出抓好林业生态工程建设和集体林权制度改革工作，不断加大科技投入，强化森林资源管护，林业建设持续快速发展。全市共完成工程造林91.16万亩，完成森林抚育和改造22.65万亩，完成林业生态村建设1283个。完成义务植树2127.7万株，新发展速丰林20.5万亩，新发展名优经济林1.59万亩。2008年，全市林业产值达到59.92亿元。引进林果新品种30个，推广应用新技术10余项。共查处各类涉林案件2898起，处理违法犯罪分子1389人，收缴野生动物1.182万余只（头），为国家挽回经济损失720多万元。

（一）林业生态市建设

市委、市政府把林业生态建设作为改善生态状况、促进经济社会发展的根本措施来抓，以“常青杯”劳动竞赛活动为载体，形成了主要领导亲自抓、分管领导具体抓、全社会共同支持参与的大好局面。一是领导高度重视。市委书记黄兴维、市长朱广平多次作出重要指示，带头参加义务植树活动，深入县乡调研指导林业生态建设。市委副书记贾崇兰、副市长姚龙其等领导，先后8次召开林业生态建设电视电话会、动员会、造林绿化观摩督察会、环城绿化工作会等会议，安排部署林业工作。市长办公会议两次研究林业生态市建设和“常青杯”竞赛活动。各县（市、区）实行大员上前，党政主要领导亲自部署督察抓落实，有力地促进了林业工作的开展。二是责任明确到位。市委、市政府明确了各级党政一把手是林业生态建设第一责任人，分管领导是主要责任人。市政府与各县（市、区）政府签订了林业生态建设目标责任书，实行目标管理，严格考核奖惩。对达到林业生态县创建任务的县通报表彰，并给予一定数量资金奖励。市政府在全市开展以“四比四看”（即比任务完成情况，看造林规模；比领导重视程度，看资金投入落实；比造林质量，看精品工程率；比机制创新，看造管成效）为重要内容的“常青杯”劳动竞赛活动，建立台账，连续三年组织竞赛考评，表先促后，奖优罚劣。三是督察奖惩有力。市长朱广平、副市长姚龙其等市领导亲自带队，先后进行四次观摩督察评比，每次督察结果都通报全市。市林业局、农办、农业局、交通局、水利局等部门组成

督察组，进行专题督察。每次督察都作为“常青杯”考评的重要依据。各县（市、区）也都成立了由四大班子领导或由县委、政府“两办”牵头组成的督察组，加强督察指导，促进工作开展。

（二）集体林业体制改革和非公有制林业

市委、市政府把集体林业体制改革作为推动林业生态市建设的重要动力，制定下发了《南阳市深化集体林权制度改革实施方案》，明确任务和工作重点，分阶段、有步骤地推进。选择具有平原代表性的邓州市和具有山区代表性的南召县作为两个不同类型重点联系县（市），加强典型指导，总结推广经验。市林业体制改革办公室印发了《南阳市集体林权制度改革工作手册》，采取以会代训、举办林业体制改革培训班等形式，先后3次对县（市、区）有关人员进行了培训。市林业局组成6个督察组,分包13个县（市、区）跟踪督察，及时解决工作中出现的新情况、新问题，林业体制改革工作进展顺利，成效明显。集体林业体制改革促进了非公有制林业的发展。各地不断探索造林新路子、新办法，放活造林机制。淅川县实施订单林业，2007年点种的12万亩油桐全部签订了造管合同。新野县实行“两权”拍卖，落实造林用地4万余亩。内乡县采取拍卖、承包等形式，先后吸引山东维坊电子集团公司和河南天源实业有限公司投资3300万元，高标准营造生态林和用材林5600亩。西峡县新发展非公有制造林基地67处，面积1.18万亩。2008年，全市共吸引社会资金1.26亿元投资造林绿化，其中65%以上的新造林地落实了造林业主。

（三）科技兴林

一是加强院市科技合作。利用中国林业科学院建院50周年大庆的时机，赴京祝贺，汇报工作，洽谈项目。西峡县邀请中国林业科学院森林环境保护研究所副所长、首席专家张永安等4名资深专家，为林业发展把脉会诊，组织开展了杨树栽培、病虫害防治、林果管理等实用技术讲座。二是抓好重点科技项目实施工作。组织实施了国家“948”项目、国家科技推广项目及省、市科研项目，《南阳楸树优良无性系种质收集与保护利用研究》等项目已通过评审鉴定，《曼地亚红豆杉引种与快繁技术》等科研项目正积极申报验收。与中国林业科学院合作的《楸树新品种选育及高效栽培技术研究》，已建立100余亩种质资源保存和苗期对比试验林。积极探索黄连木良种繁育新技术，已培育苗木30亩，并通过省林业厅验收。新引进了《河南杜鹃引种驯化与繁殖应用研究》、《美国长山核桃中试项目》等3个科研项目。三是搞好林业规划编制和行业标准制定工作。组织技术人员先后编制完成了《兰湖森林公园总体规划》、《石武铁路客运专线河南段工程使用林地可行性报告》等规划报告12个，制定了《栀子栽培技术规程》国家技术标准，标准化建设步伐进一步加快。四是搞好技术指导和培训。以“科技活动周”和“科技三下乡”活动为载体，组织林业技术人员，深入生产第一线，开展造林指导、果园管理、林木病虫害防治、苗木培育等技术服务活动。全市发放林业科普宣传资料10万余份，科普图书1600余册，制作发放光盘1000多份，培训林农及职工23.2万人次。

（四）林业产业

各地突出特色，调整结构，优化布局，提高效益，促进一、二、三产业协调发展。一是大力发展林果业。重点发展以107、108杨树为主的速生丰产用材林，扩大规模，新发展20.5万亩。稳步发展以山茱萸、猕猴桃、辛夷、梨、柿子、板栗、木瓜、核桃、油桃为主的名优经济林，新发展1.59万亩，建成了一批干鲜果品基地和中药材基地。全市完成林业育苗5.8万亩，花卉基地面积达1.26万亩。第一产业完成产值49.56亿元。二是积极培育林产品加工业。依托资源优势，培育和壮大林产品加工业，初步形成了以南方木业、内乡宝天曼、宛城金品、社旗茂林、邓州北园、新艺木业为主的木材加工业，以宛西制药、福森药业为主的中药加工业，以南召华龙辛夷、唐河泰瑞栀子为主的林产化工业，大个龙头加工企业初步形成，辐射带动能力进一步增强。第二产业产值达到7.39亿元。三是加快推进森林旅游业。以森林公园和自然保护区为依托，不断改善基础设施，加快景区建设步伐，森林旅游及休闲服务业发展势头良好，旅游收入达到1.44亿元。第三产业完成产值2.97亿元。同时，组织人员先后赴山东的菏泽、临沂，江苏的邳州考察杨木加工和木材市场，并与全国知名的木材加工基地和市场建立了联系，摸清了受金融危机影响木材市场行情，为木材加工企业和林农提供了较为准确的市场信息。

（五）资源管护

全市坚持以保护促发展，加大执法力度，加强森林资源管理，维护了生态安全。一是加强林政资源管理。严格实行限额采伐，坚持凭证采伐、凭证运输、凭证经营加工制度，严把木材源头、流通关，规范了木材采伐运输经营加工行为。全市审核上报征占用林地33起，面积2476.4亩。征缴森林植被恢复费810.2万元。搞好林权登记发证工作，加快发证进度，完成了年度确权发证任务。二是加大林业案件查处力度。全市先后组织开展了"猎鹰二号"、"候鸟三号"等6次严打专项整治行动，重点督办大案要案，严厉打击各类破坏森林资源的违法犯罪行为。三是坚持不懈地抓好森林防火和林木病虫害防治工作。各地认真落实森林防火行政首长负责制，严格火源管理和24小时值班制度，抓好了春节、元旦、清明节、重点风景名胜区等重点时段、重点部位的森林防火工作，没有发生大的灾情。据统计，全市共发生森林火灾165起，过火面积405.27公顷，受害森林面积237.33公顷。积极开展主要林木病虫害的预测、预报和防治，扩大飞防面积，抓好检疫工作，严防外来有害生物入侵。全市共发生各类林木病虫害161万亩，防治面积136万亩，做到了有害不成灾。四是加强野生动植物保护和自然保护区建设。印发了《野生动植物保护管理工作手册》，与市教育局联合下发了《关于加强未成年人生态道德教育的实施意见》，广泛宣传保护野生动植物的重大意义。抓好野生动物疫源疫病监测救护工作，积极布控，严密监测，及时救护，有效保护了野生动物。自然保护区建设步伐进一步加快。完成了黄石庵管理局、南召宝天曼管理局、黑烟镇管理一期建设工程和二期工程的申报工作。五是搞好重点生态公益林建设。抓好建设项目的编报申报和2008年度基金申请工作，抓好管护责任制的落实和补偿资金的管理使用工作。六是圆满完成了一类调查任务。采取"分县组织、全员培训、理论学习与实践操作相结合"的方法，整合资源，严密组织，利用3个月时间圆满完成了一类调查任务，顺利通过省级和国家质量检查验收。

二、纪实

全省森林航空消防南阳开航巡护暨灭火演练活动在南阳举行　1月3日，全省森林航空消防南阳开航巡护暨灭火演练活动在南阳市隆重举行。省林业厅副厅长弋振立代表省林业厅作了重要讲话，市政府副市长姚龙其与各县（市、区）签订2008年度森林防火目标责任书。执行这次演练任务的是M-8型直升机，是我国主要的森林航空消防机型。

朱广平市长研究部署林业生态市建设工作 2月13日，南阳市市长朱广平、副市长姚龙其召集市林业局负责人，听取造林绿化工作情况汇报，研究部署林业生态市建设工作。

开展林业生态建设观摩督察活动 2月17~18日，市政府组织由市长朱广平带队，副市长姚龙其、市政府秘书长李中杰、市长助理王中、市政协副主席王清华，市农办、林业、农业、交通、水利等部门主要负责人及各县（市、区）长、副县（市、区）长、林业局长参加的林业生态建设观摩督察活动，实地观摩了13个县（市、区）植树造林情况。观摩结束后，对各县（市、区）植树造林情况进行评比。18日下午召开了全市林业生态建设工作会议，市委副书记贾崇兰主持，市长朱广平、副市长姚龙其分别作了重要讲话。

市委书记黄兴维深入基层指导林业生态建设 2月26日，市委书记黄兴维带领市委常委、组织部长李森林，市委常委、秘书长原永胜，副市长姚龙其及市直有关部门负责人，深入城乡调研指导林业生态建设。要求各地抓住有利时机，迅速掀起春季造林新高潮，确保各项目标任务落实到位。

开展"奥运林"认种活动 3月3日，为了祝福奥运会成功举办，倡导全社会植绿护绿新风尚，南阳市绿化委员会和南阳日报社、团市委第六次联手，共同发出在南阳市兰营水库认种"奥运林"活动的倡议。

义植"奥运林" 3月8日，千余植树人员来到兰湖森林公园，义植"奥运林"，种植红叶李、香樟、牡丹、石榴等名贵树木500余株。

市四大班子领导参加义务植树活动 3月12日，南阳市委书记黄兴维、市四大班子领导贾崇兰、褚庆甫、解朝来、李天岑、李森林、申延平、陈代云、姚龙其、原永胜，卧龙、高新两区及市直有关单位干部职工和部分在校师生、驻宛官兵等共计5000余人，在兰湖森林公园参加了义务植树活动，当天共栽植香樟、桂花、含笑、雪松、紫薇等树种3000多株。

召开全市集体林权制度改革工作会议 3月17~18日，南阳市在桐柏县召开了集体林权制度改革工作会议，主要任务是贯彻落实省、市政府关于深化集体林权制度改革工作精神，全面部署全市集体林权制度改革工作，确保完成年度林业体制改革目标任务。参加会议的有各县（市、区）林业局主管林业体制改革工作的副局长、林业体制改革办公室主任和市林业局相关科室负责人。

南阳市组织开展第三次造林绿化观摩督察评比 3月20~21日，副市长姚龙其、市政协副主席王清华、市委副秘书长王荣建、市目标办公室主任周天龙带队，市农办、林业局、农业局、交通局、水利局等部门负责人，各县（市、区）党委、政府分管林业工作的领导、林业局长参加，利用1天半时间，分东西两片对各县（市、区）造林绿化情况进行了现场观摩、评比。

市委书记黄兴维、市长朱广平专题调研林业生态建设工作 3月22日，市委书记黄兴维、市长朱广平、副市长姚龙其带领市林业局等有关部门负责人，深入方城县专题调研林业生态建设工作。

国务院总理温家宝深入西峡县丹水镇调研猕猴桃特色产业 5月10日，中共中央政治局常委、国务院总理温家宝和随行的财政部部长谢旭人、农业部部长孙政才等领导，在省委书记、省人大常委会主任徐光春，省委副书记、代省长郭庚茂和南阳市委、市政府主要领导的陪同下，深入南阳市西峡县丹水镇英湾村视察优质猕猴桃生产示范基地。

森林资源连续清查工作顺利通过国家验收 6月30日至7月17日，国家林业局华东林业调查规划设计院高级工程师陈金海在省林业调查规划院黄运明主任的陪同下，对南阳市第七次森林资源连续清查工作进行了检查验收。此次清查工作，全市共有1660个固定样地，其中林地样地700个，非林地样地960个。检查组共实地抽查26个样地，其中乔木林样地23个，城乡居民建设用地3个，抽查样地全部合格，顺利通过国家林业局验收。

市林业局召开“解放思想”大讨论活动动员大会　7月29日，林业局召开局机关全体人员、二级单位班子成员参加的“解放思想”大讨论动员大会，市林业局成立了领导机构，制定下发了《关于在市直林业系统开展“新解放、新跨越、新崛起”大讨论活动的实施方案》，决定集中两个多月时间，分四个阶段，在全系统深入开展“新解放、新跨越、新崛起”大讨论活动。

组织开展第四次植树造林观摩督察评比　7月28日至8月1日，市政府组织开展第四次植树造林观摩督察评比活动。市农办、市林业局、市农业局、市水利局等单位主要领导、分管领导和有关科室负责人组成5个督察组，利用一周时间，对通道绿化、山区生态林、环城绿化、农田林网、村屯绿化等重点工程造林进行观摩评比。这次观摩督察的重点是新栽幼树的成活率和保存率，并分组打分，综合评比，作为“常青杯”竞赛年终评比得分的重要依据。

副市长姚龙其就全市集体林业体制改革答记者问　8月18日，副市长姚龙其就集体林业体制改革的意义、指导思想和基本原则、具体目标和任务、范围和主要内容、实施步骤、山林权属落实到户的方法、林业体制改革应注意的问题、保护措施、当前进展情况等9个问题，回答了南阳日报社记者的提问。记者问全文刊登在《南阳日报》上，使社会各界对集体林业体制改革工作有了更全面的了解和认识。

市林业局召开林业有害生物专项调查培训会　9月9日，南阳市林业局召开由各县(市、区）森林病虫害防治检疫站长、森林病虫害防治专业技术人员参加的林业有害生物专项调查培训会，对全市森林病虫害防治工作进行安排部署。

召开集体林权制度改革现场会　9月19日，南阳市在邓州市召开集体林权制度改革现场会。全市13个县（市、区）分管林业体制改革工作的副县（市、区）长、林业局长和分管局长、林业体制改革办公室主任、市林业体制改革领导小组成员单位负责人等共计130余人参加会议。南阳市委常委、邓州市委书记刘朝瑞，市人民政府副市长姚龙其出席会议并作重要讲话。会议认真总结了全市林业体制改革工作中的经验，分析了存在的突出问题及原因，对下一步全市林业体制改革工作进行了安排部署。

南阳市荣获第八届中原花木交易博览会金奖　9月28~29日，南阳市组团参加了由国家林业局和河南省人民政府主办的第八届中原花木交易博览会。市政府副市长姚龙其、副秘书长周天龙、市林业局长宋运中亲自参加活动并进行具体指导。南阳市参展的作品荣获金奖。其中，木瓜、月季、望春玉兰、太湖景石、银杏分别获得特色产品奖。

宝天曼国家级自然保护区三期工程建设项目正式启动　9月，为提高宝天曼国家级自然保护区建设水平，有效保护生物多样性，在经过一、二期项目建设后，三期建设项目顺利通过省验收并正式启动实施。三期工程分保护恢复工程、科研宣教工程和基础设施工程三个部分。

河南省第六届中州盆景大赛暨豫鄂皖三省盆景技艺交流联谊活动在南阳市举行　10月1~5日，

由河南省中州盆景学会、南阳市人民政府共同主办的“移动杯”河南省第六届中州盆景大赛暨豫鄂皖三省盆景技艺交流联谊活动在南阳市隆重举行。中国花协副秘书长陈建武，原河南省人大副主任、省中州盆景学会高级顾问李中央，原河南省政协秘书长、省中州盆景学会高级顾问赵风羽，原河南省人大农工委主任、省花卉协会会长杨金亮，原河南省林业厅常务副厅长、省中州盆景学会名誉会长张守印，河南省花卉协会秘书长张兆铭，河南省林业厅经济林和林木种苗工作站副站长刘振喜，南阳市人大副主任周明军，南阳市政府副市长姚龙其，南阳市林业局局长宋运中、党组书记张荣山等领导参加了活动。

举办森林扑火指挥员培训班 10月13~16日，南阳市林业局举办森林扑火指挥员培训班。13个县（市、区）防火办公室主任，黄石庵自然保护区管理局防火办公室负责人，重点乡（镇）消防纠察队队长，国有林场专业消防队队长，以森林资源为依托开发的景区、景点负责人共70人参加了培训。通过培训，提高了全市森林扑火指挥员组织能力和指挥水平，熟练掌握了科学扑火和火场安全避险等知识，达到了预期目的。

豫陕两省八县市加强森林防火联防工作 10月28日，豫陕2省8县（市）森林防火联防会三届五次会议在渠首淅川县召开。省、市、县领导及防火指挥成员共100余人参加会议。

市林业有害生物监测预警中心正式挂牌成立 10月，为做好林业有害生物的调查、数据分析、预测预报及发布预警等工作，经南阳市编委批准，成立了南阳市林业有害生物监测预警中心。该中心与市森林病虫害防治检疫站实行一个机构两块牌子的管理机制。

中国林业科学院专家莅临西峡县指导林业工作 11月25~26日，由中国林业科学院森林环境保护研究所副所长、首席专家、研究员张永安，首席专家、研究员田国忠，苏晓华及省院合作办公室常务副主任、高级工程师张艺华一行4人组成的专家组，深入中国林业科学院科技兴林示范基地县和新农村建设试点县——西峡县调研指导，为西峡县林业特别是杨树产业发展会诊把脉。

南阳市“候鸟三号”行动成效明显 11月29~30日，根据省统一安排部署，南阳市森林公安机关集中组织开展了“候鸟三号”行动。据统计，全市共出动警力300人次，出动车辆103台次，查处林政案件7起，检查巡护鸟类活动区域15处，清查宾馆、饭店175家，清查市场、窝点41个，行政处罚18人，收缴野生鸟类1015只，国家二级保护野生动物1只，其他野生动物101只（头）。

市委、市政府召开林业工作会议 12月18日，市委、市政府召开全市林业工作会议。市委副书记贾崇兰、市人大副主任周明军、市政府副市长姚龙其、市政协副主席王清华等领导参加了会议。会上，表彰了2008年度平原绿化高级达标、林业生态县创建、森林资源保护、集体林权制度改革和森林资源连续清查工作先进集体和先进个人。方城县、淅川县、西峡县、邓州市作了大会发言和书面发言。市政府与各县（市、区）政府签订了2009年度森林防火目标责任书。会议总结了2008年度全市林业工作，安排部署了2009年度林业重点工作。市委副书记贾崇兰、副市长姚龙其分别作了重要讲话。

信阳市

一、概述

2008年，信阳市林业工作在省林业厅的大力指导和支持下，在信阳市委、市政府的正确领导下，严格按照省林业厅和市委、市政府的安排部署，坚持以科学发展观为指导，认真实施《河南林业生态省建设规划》和《信阳林业生态建设规划》，生态建设持续推进，产业效益不断提升，森林资源得到有效保护。

（一）造林绿化

全年共完成营造林71.67万亩，占目标任务71.07万亩的100.9%，其中：新造林50.47万亩，是目标任务49.89万亩的101.16%；森林抚育和改造21.2万亩，占目标任务21.18万亩的100.09%。完成林业育苗3.26万亩，占目标任务3万亩的108.67%。义务植树参加人数401.45万人次，义务植树1700.60万株。

（二）林权制度改革

市政府成立了以市长为组长的信阳市集体林权制度改革工作领导小组，组织召开了全市集体林权制度改革工作会议，印发《信阳市人民政府关于深化集体林权制度改革的实施意见》，制定了《信阳市集体林权制度改革实施方案》，强力推进林业体制改革工作。市林业局成立7个林业体制改革工作督导组，由局党组成员带队，全程督导。各县（区）开展了林业体制改革调查摸底工作，摸清了集体林地底子、现状。通过印发通知书、张贴标语等形式，大力开展林权制度改革宣传；严格按照林业体制改革实施方案，稳步推进。目前，全市完成50%的集体林业体制改革工作。

（三）森林资源保护

组织开展了“猎鹰二号”、“候鸟三号”等一系列专项行动，严打涉林违法犯罪活动，全年没有发生重大毁林、乱占林地和破坏野生动物资源案件，省林业厅领导和省林业厅批办案件全部按时查办，受理各类涉林违法犯罪案件391起。严格执行森林、林木限额采伐制度，森林、林木采伐量没有突破年森林采伐限额，林木年凭证采伐率、办证合格率均在90%以上；征占用林地审核率在90%以上。完成森林资源连续清查任务，顺利通过了国家林业局和省林业厅的检查验收，质量达到优级。

认真落实森林防火制度，没有发生重大森林火灾，森林火灾受害率为0.1‰，远低于1‰的要求。加强森林病虫害预测、防治和检疫，没有发生重大森林病虫害，森林病虫害成灾率为5.9‰，低于7‰的省定目标任务。严格林业执法，没有发生公路“三乱”案件。做好完善退耕还林政策相关工作；完成国家和省重点公益林管护任务。根据年度商品材采伐限额实际执行情况，按比例足额上缴省级育林基金。

（四）林业科技

组织开展林业科学技术研究和推广工作，重点开展了板栗、油茶、花卉、杞柳、杉木等树种良种选育和丰产栽培技术研究，其中河南省自然科学基金项目“豫南杉木主伐年龄的研究”通过省林业厅鉴定，《杞柳优质速生丰产栽培技术规程》由地方标准升格为国家林业行业标准。大力开展科技下乡，组织开展各类技术讲座和培训班108场，组织赶科技大场26场。

（五）林业产业

一是茶产业。坚持把茶叶发展规划和林业生态建设规划有机结合，在林业生态建设项目资金上，对茶园建设实行倾斜，优先安排种茶，特色产业不断壮大，当年新建茶叶15.5万亩。二是苗木花卉产业。大力开展工程育苗，加快潢川卜塔集等六大花木基地建设，新建园林苗木花卉5.75万亩。三是生态旅游产业。加强鸡公山波尔登公园、南湾森林公园、新县金兰山森林公园等景区景点基础设施建设，旅游服务水平不断提高，全年实现旅游收入2387万元，同比增加10.4%。当年，全市林业产值达59.87亿元，同比增长22.4%。

（六）加大自然保护区和森林公园建设

根据国家林业局批复的可行性研究报告和初步设计书，顺利实施鸡公山国家级自然保护区基本建设三期工程、罗山董寨国家级自然保护区基本建设二期工程，连康山国家级自然保护区顺利通过了一期工程验收，二期工程已获得国家林业局批复。新建固始淮河湿地省级自然保护区。完成《四望山省级自然保护区总体规划》、《南湾国家森林公园总体规划》、《黄柏山国家森林公园总体规划》，并获得省林业厅批复。

（七）顺利完成森林资源一类清查

按照全省统一部署，市（县、区）都成立了领导小组，组成质量检查组，抽调精干专业人员，筹措专项资金，严格按照操作细则，认真组织实施。历时两个多月，全市各级共投入人力200余人，车辆30台，资金60多万元，完成1191个固定样地的调查任务。完成森林资源连续清查任务，顺利通过了国家林业局和省林业厅的检查验收，质量达到优级。

二、纪实

市政府成立四个督导组督导林业生态建设工作　1月6日，市政府成立了4个督察组，对全市林业生态建设进行督察。重点督察林业重点工程整地、造林、廊道绿化完成情况及森林资源管理情况。

大别山植物博览园建设正式启动　1月9日，大别山植物博览园建设项目正式启动。该博览园位于新县卧佛山庄区域，总体规划面积5.08平方公里，总投资3000万元，是新县2008年全县重点项目之一。

驻信部队支援平桥区雪灾群众植树造林　2月17日，济南军区驻信20集团军和54集团军2000余名官兵到平桥区肖王乡、龙井乡帮助群众植树造林，支援雪灾群众恢复生产，重建家园，共栽植军民友谊树7万余株。

召开全市林业生态建设工作会议　2月18日，全市林业生态建设工作会议召开，市长郭瑞民紧急安排部署当前林业生产。各县（区）县（区）长、分管副县（区）长、财政局长、林业局长，各管理区、开发区主任、分管副主任，市直50余个有关部门的主要负责人参加了会议。

市委书记王铁带领五大班子领导和市直机关工作人员参加义务植树　3月11日，市委书记王铁带领市委、市人大、市政府、市政协和军分区五大班子领导及市直机关1000余人，来到羊山新区森林公园参加集体义务植树，共计栽植水杉、雪松等苗木5000余株。

国家林业局武汉专员办到信阳进行灾情调研　3月10~14日，国家林业局驻武汉森林资源监督专员办事处专员刘嗣上一行三人在省林业厅副厅长王德启陪同下，对信阳市雪灾及灾后恢复重建情况进行调研。

全面开展雨雪冰冻灾害森林资源损失调查评估工作　3月22日，华东林业调查规划院与河南省林业调查规划院一行6名专家在信阳举办了针对各县（区）林业技术骨干为对象的调查评估培训班，随后分赴8县2区一线指导雨雪冰冻灾害森林资源损失调查评估工作。

国家林业局野生动植物保护司领导莅临信阳检查指导工作　3月25~27日，在省林业厅助理巡视员谢晓涛等陪同下，国家林业局野生动植物保护司王伟副司长带领北京林业大学、首都师范大学、中国林业科学院等动物专家一行6人对信阳市董寨、鸡公山两个国家级自然保护区及南湾国家森林公园建设工作现场检查指导。

信阳市召开全市林业工作会议　4月1日，信阳市政府召开全市林业工作会议，对2007年冬以来的林业生态建设工作进行总结。副市长张继敬要求，严格落实王铁书记的批示精神，坚持适地适树原则，宜林则林，宜茶则茶。对新造幼林，必须明晰产权和管护责任。

河南省第27届“爱鸟周”宣传活动启动仪式举行　4月21日，由河南省林业厅和信阳市林业局共同举办的河南省第27届“爱鸟周”活动启动仪式在罗山董寨国家级自然保护区举行，同时举行了以“繁荣生态文化，建设生态文明”为主题的第27届“爱鸟周”　野生鸟类为主的动植物摄影大赛颁奖仪式和获奖优秀作品展。

召开县区林业局长会议　4月25日，信阳市召开县（区）林业局长会议，对全市2007年森林资源林政管理工作作了全面回顾，讨论了信阳市森林资源林政管理工作20条考核标准，对2008年森林资源林政管理工作重点作了具体安排。

信阳规模最大的花卉市场——鑫王月花市开业　4月27日，信阳市规模最大的花卉市场——鑫王月花卉大市场隆重开业。大市场一期工程总投资500余万元，建筑面积6000平方米，设有交易摊位160个，是一家集园林设计、花木交易、花卉租赁养护、信息服务为一体的大型花木交易市场。

举办第七次森林资源连续清查培训班　4月29日，第七次森林资源连续清查信阳市培训班开班。

省政府参事到信阳市调研林业生态建设工作　5月11日，河南省政府参事赵体顺、解贵方等一行，深入信阳市羊山新区、平桥区、潢川县、固始县，实地考察了信阳市的林业生态建设工作。

省林业厅工作组到信阳检查督导集体林业体制改革工作　5月20日，省经济林和林木种苗工作站站长刘正喜带队到信阳市检查督导集体林业体制改革制度改革工作。

资源林政管理工作座谈会在商城县召开　5月26日，市林业局在商城县召开了全市资源林政管理工作座谈会，安排2007年二类调查成果评审工作，通报各县（区）第七次森林资源连续清查工作的进展情况。

中南财经政法大学MBA学院院长汪海粟调研平桥区石榴产业　6月5日，中南财经政法大学MBA学院院长、教授、博士生导师汪海粟一行4人到胡店乡龙岗村永祥石榴庄园调研区石榴产业发展情况。

出台森林资源林政管理工作考核标准　6月10日，市林业局印发了《信阳市森林资源林政管理工作考核标准（试行）》，考核标准共分资源管理、木材管理、能力建设、形象指标4大类共20条。

市直林业系统开展林业实用科技下乡村活动　6月11日，市直林业系统技科人员到平桥区洋河镇开展送林业科技、法规下乡宣传活动。

中国绿化基金会生态教育基地在平桥区揭牌　9月13日，中国绿化基金会生态教育基地在信阳市平桥区北湖休闲度假风景管理区隆重揭牌。

平桥首届石榴文化节开幕　9月13日,平桥区首届石榴文化节在平桥区胡店石榴城开幕。本届石榴文化节由中国绿化基金会主办，平桥区政府、信阳市林业局等共同承办。文化节期间有现场石榴采摘、石榴王评选拍卖、农产品交易会、生态旅游等丰富多彩的活动。

召开全市集体林权制度改革工作会议　9月21日，召开全市集体林权制度改革工作会议。会议对前一阶段集体林权制度改革工作进展情况进行全面总结，分析查找了存在的问题，并对下一阶段林业体制改革工作进行安排部署。

开展安全生产大检查工作　9月25~26日，市林业局组成安全生产检查小组，对局属各单位开展了拉网式的安全生产大检查。

召开集体林权制度改革督导工作会议　10月8日，召开集体林权制度改革督导工作会议，切实加强对全市集体林权制度改革工作的督导。

省市政协委员视察信阳市高速公路绿化工作　12月3日，省市政协委员一行30余人在信阳市政协副主席赵主明的带领下，对信阳市沪陕、大广两条高速公路生态廊道绿化工作进行视察。

召开全市林业有害生物防治工作会议　12月11日，信阳市林业局在罗山县召开全市林业有害生物防治工作会议。会议回顾了近年来林业有害生物发生的现状，分析了林业有害生物今后的发生趋势，并对下一年林业有害生物防治工作进行了安排部署。

召开全市林业生态建设工作会议　12月8日，信阳市召开全市林业生态建设工作会议，对2008年林业生态建设进行全面总结，对2008年冬暨2009年林业生态建设工作进行安排部署。会议还对获得2008年度全市林业生态建设先进县进行了表彰。

豫鄂两省9县（市、区）护林防火联防委员会六届五次会议在平桥区召开　12月19日，豫鄂两省9县（市、区）护林防火联防委员会六届五次会议在平桥区召开。大会修订并通过了新的《联防协议书》，对在2008年度护林防火工作中取得显著成绩的先进单位和个人进行了表彰。会议同时举行了联防委员会值班单位接班仪式，湖北省广水市市长邓仨代表广水市接受了联防值班任务。

国家拉动内需联合调研组来鸡公山保护区考察调研　12月18日，国家林业局保护司、国家发展和改革委员会农经司拉动内需联合调研组在省林业厅、省发展和改革委员会农业处有关领导和副市长张继敬等陪同下，来鸡公山国家级自然保护区考察调研。

济源市

一、概述

2008年，济源市以林业生态建设为中心，紧紧围绕薄皮核桃基地、集体林权制度改革、义务植树、生态家园、退耕还林、日元贷款造林等重点工程建设，不断改进工作方法，加大工作力度，促使各项工作顺利开展。全年共完成营造林15.35万亩，完成造林7.7万亩，其中：天然林保护封山育林1万亩，日本政府贷款造林1.28万亩，生态能源林工程0.72万亩，退耕还林配套荒山造林0.2万亩，生态廊道网络建设工程0.46万亩，环城防护林工程0.04万亩，村镇绿化0.5万亩，经济林建设2万亩，造林绿化苗木花卉基地1.5万亩；完成营林7.65万亩，其中：低效林业体制改造完成2.81万亩，中幼林抚育完成4.84万亩。完成薄皮核桃基地建设6.17万亩，栽植核桃苗277.515万余株；完成生态家园建设51个，栽植各类绿化苗木150万余株；新建防护林带101条94.1公里，栽植树木7.85万株；完成飞播造林2.4万亩；完成义务植树240万株。实现林业产值6.41亿元。

（一）三大工程建设

退耕还林工程。一是和财政部门配合，对2000~2005年退耕还林工程实施情况及资金落实情况进行全面检查，并对林权证发放、信访案件处理等方面存在问题进行整改，自查率达到100%，顺利通过了省财政厅和林业厅的联合检查验收。二是对全市9个镇238个行政村、7.1万亩退耕还林地进行检查验收，对合格面积、不合格面积和复耕情况摸底，全面掌握全市退耕还林工作动态，为国家将要实施的第二轮资金补助提供有力依据。三是在省退耕还林和天然林保护中心的督导下，对全市10个镇70557.2亩退耕还林地进行了阶段自查验收，并将检查结果绘图制表报送省退耕还林和天然林保护中心，顺利通过了国家林业局华东规划院对济源市退耕还林的阶段验收工作。

天然林保护工程。全市天然林保护工程区森林管护面积108.6万亩，共设封山护林卡10个，建立管护标志161个，配备护林员232人。一是通过与护林员签订管护合同和举办全市护林员培训班，进一步增强全市护林员的责任意识和防火意识；二是进行天然林保护工程检查验收；三是将天然林保护工程实施以来的所有数据、资料，全部录入电子档案，以及公益林建设7.3万亩、10个乡（镇）5个国有林场的电子地图绘制工作，使全市天然林保护工程纳入电子档案管理。

自然保护区建设工程。进一步加大黄河湿地国家级自然保护区建设力度，并为地处济源市太行山猕猴国家级自然保护区的河南河口村水库工程进行了范围及功能调整，确保了工程的顺利实施。配合市环保部门对济源市自然保护区进行了专项执法检查，制止了保护区内的违法采矿、探矿活动，切实维护了自然保护区的合法权益。

（二）资源管护

一是加大林政资源管理工作力度。完成了一类森林资源普查，摸清了全市的木材生长蓄积量；共采伐外业设计357起，完成林木采伐8204.71立方米，办理林木采伐证307份、木材运输证1482份。全年共查处林业案件28起，没收木材51立方米。二是严厉打击各种破坏森林资源违法犯罪活动。通过开展"绿盾行动"、"冬季严打行动"和"候鸟三号行动"等一系列专项行动，严厉打击了涉林违法犯罪行为，林区秩序明显好转。全年共查处各类案件224起，其中刑事案件28起，林业行政案件196起，刑事拘留47人，批捕20人，劳动教养3人，收缴木材153立方米，挽回经济损失80余万元。三是森林防火工作得到全面加强。认真落实森林防火工作行政领导负责制，加强野外火源管理，狠抓重点时段、重点火险区两个关键，深入林区开展专项整治。新购森林消防车7部，加强了全市的16支专业森林扑火队伍建设，并针对各镇（街道）主管副镇长和扑火队员举行了扑火应急演练。全年没有发生重大森林火灾，森林火灾受害率控制在1‰内。四是积极做好林木病虫害防治检疫工作。采用飞机防治和人工防治相结合的方式，防治林木病虫害5.12万亩。同时加强植物检疫，检疫各种苗木495万株，木材6065立方米。林业有害生物成灾率4‰，无公害防治率93%，测报准确率94%，种苗产地检疫率92%，均达到了省林业厅下达的森林病虫害防治"四率"指标。五是认真做好野生动物保护工作。组织开展了"爱鸟周"活动和"野生动物保护宣传月"活动，对全市饭店、宾馆进行拉网式检查，共清查饭店260家，有效遏制了利用鸟类和野生动物招徕顾客等现象。积极搞好野生动物的救护工作，共救护受伤野生动物40余只。认真做好野生动物危害群众损失补偿工作，对国家重点保护野生动物危害群众的62头牲畜、6000亩农作物给予了相应补偿，兑付补偿资金15万元。

（三）林权制度改革工作

济源市共有集体林地121.96万亩，为河南省三个林权制度改革试点市之一。林权制度改革的主要任务是探索天然林保护工程区的改革经验。该市集体林权制度改革的主要形式是，山区（天然林保护区）采取"分股不分山，分利不分林"、分山到户和拍卖的形式；平原镇（街道）的林带林网改革主要采取的是拍卖、股份合作、租赁等形式，取得的成效和群众满意度较高。自2007年实施改革以来，平原区各镇（街道）80%以上的村（居委会）实施了勘界、确权工作，共完成勘界、确权17000亩。山区镇正在紧锣密鼓开展村级方案制定、宣传等工作。

（四）核桃基地和"绿色家园"建设

一是不断加快推进薄皮核桃基地建设。继续把发展核桃产业作为促进农民增收的新的经济增长点，2008年新栽薄皮核桃6.17万亩，加上以往的种植面积，全市核桃总面积突破10万亩。同时加大技术培训工作力度，组织开展市、镇、村三级培训，全年举办培训班25期，培训人员达3000余人次，发放技术资料10000余份，制作远程教育课件两个，有力推动了核桃技术的推广与普及。二是全面推进绿色家园建设。根据市委市政府城乡一体化建设和新农村建设工作的要求，把改善农村人居环境作为新农村建设的重要举措，强力推进绿色家园建设，实施占地少、有特色、效果好的立体绿化，提高绿化覆盖率，全年完成100个生态家园村（居委会）建设。

（五）场圃建设

大沟河林场黄河园林公司不断发展壮大，已拥有苗圃基地两处，承担的在建和管护工程10余处，公司品牌形象和绿化档次不断提升，年创产值超150万元。蟒河林场通过招商引资发展蟒河森林生态旅游区，已累计投资5600万元，各项旅游基础设施不断完善，已具备接待游客能力。黄楝树林场利用创办的“林业教育培训中心”优势，不断加强办班培训和院地合作，全年举办培训班、接待考察团队20批次，增加了林场经济收入，促进了林场发展。邵原林场在依托种植、养殖、办实体、搞多种经营的基础上，投资200余万元，建设了职工住宅楼、小游园及林业广场，成功创建了花园式单位，场容场貌焕然一新。

二、纪实

郑州果树研究所良种工厂化繁育基地在济源成立　1月5日，中国农业科学院郑州果树研究所良种工厂化繁育基地在济源市林业局苗圃场正式挂牌。该基地集苗木生产与科研于一体，拥有自动化控制智能温室，利用先进的光雾快繁技术及容器育苗技术，繁育优质核桃、石榴、樱桃等苗木。

全市林业工作会议召开　1月8日，全市冬季林业工作会议召开。会议对当前核桃基地管理、冬季森林防火、林木资源管理和林业生态省建设等工作进行安排部署，对2007年度涌现出的防火先进单位和先进个人进行表彰。市领导郝祥国、孔祥智、吴丽鸣出席了会议。会议要求各有关单位精心组织，周密部署，努力开创全市现代林业建设的新局面。

济源市林业局荣获河南省省辖市林业工作目标考核第一名　2月28日，根据省林业厅对各省辖市林业局2007年工作目标完成情况的考核，济源市林业局获得总分第一名，并荣获“2007年度目标管理优秀单位”称号。

开展第30个全民义务植树活动　3月6日，市委书记段喜中、市长赵素萍等领导在大峪镇石寺路义务植树基地，与市直机关干部、驻济部队官兵3000多人一起，参加了第30个全民义务植树活动，共建生态和谐家园，迅速掀起全市春季义务植树的热潮。

开展全市森林防火实战演习　3月20日，市森林防火指挥部组织来自各镇的100余名防火队员，在承留镇小寨村的山坡上举行春季森林灭火大演习。灭火队员运用风力灭火机和灭火水枪，实施火攻灭火战术，剿灭了“山火”，收到了实战效果，大大提高了森林防火指挥水平。

深山护林员用上了太阳能　3月23日，蟒河林场原大寨护林点太阳能发电系统顺利发电，常年生活在深山林场的护林员从此告别了蜡烛照明的生活，实现了该市为深山护林点安装太阳能户用光伏电源的目标。

全市首个林木品种——元宝枫通过省级审定　3月30日，济源市报送的元宝枫母树林种子，由市林木经济林和林木种苗工作站技术人员历时两年，对其进行萌芽、展叶、开花、结果等生物学特性和生态学特性研究，采集大量数据和照片，获得了翔实的资料，上报到省林木品种审定委员会，成为该市第一个通过省级审定的林木良种，并依法可以在河南省浅山丘陵及平原推广使用。

省护林防火办公室向济源市捐赠500册防火书籍 4月1日，为了增强全省林区中小学生的森林防火意识，省护林防火办公室主任汪万森带领省护林防火办公室有关人员，为思礼镇庆华小学捐赠了500册防火书籍。副市长孔祥智出席了捐赠仪式。

济源市1000亩薄皮核桃繁育基地列入“国家星火计划”项目 4月初，市黄河园林工程有限公司承建的1000亩薄皮核桃繁育基地，被列入“国家星火计划”。该项目预计总投资3400万元，用以引进核桃新品种、建设核桃育苗基础设施和培训核桃丰产栽培技术等。该项目的实施不仅可以产业化发展优质薄壳核桃10万亩，还将有效缓解济源市核桃苗短缺的局面。

济源市首座全自动智能化温室大棚顺利运作 4月21日，济源市国有苗圃场投入43万元建成的全市首个全自动智能化温室大棚顺利运作，该温室大棚面积1000平方米，与中国农业科学院郑州果树研究所合作建设，特点是电脑控制、自动喷灌、自动加湿，批量定时工厂化生产，每批可生产树苗8万~10万株，效益可观。

济源市部分树木遭受草履介壳虫危害 4月21日，据市森林病虫害防治检疫站初步调查，发现梨林镇的水东、西湖等村，克井镇的柿槟村及207国道的部分路段的杨树和红叶李均遭受了不同程度的草履介壳虫危害。为了有效防治病虫害，确保全市造林绿化成果，市森林病虫害防治检疫站制定了科学的防治措施进行防治，有效阻隔虫害蔓延。

省委林业体制改革调研组调研济源市林业体制改革工作 5月25日，省委办公厅行政处副处长苏彦文和省委集体林权制度改革调研组一行，对济源市林权制度改革工作进行调研。调研组听取了该市林权制度改革进展情况汇报，针对林业体制改革过程中产生的问题进行了深入探讨，并先后深入到梨林镇的桥头、中上、范庄，实地考察了该市林业体制改革情况、生态家园和平原林网建设，与基层干部、林农进行了广泛交流。

济源市圆满完成直升飞机防治林木病虫害任务 6月10日，针对全市环城路和207国道部分路段发生严重的杨树病虫害问题，该市林业局与湖北荆州联系，请来直升机对虫害进行防治。此次飞防共飞行44架次，用3天时间对3.5万亩发生虫害的杨树进行集中防治，及时消灭了虫害。

河南省森林防火工作会议在济源市召开 6月11日，河南省森林防火工作会议在济源市召开。省林业厅副厅长弋振立，市委常委、市委秘书长田国强出席会议。全省各省直辖市林业局、防火办公室相关负责人以及36个国家级、省级重点森林防火县相关负责人参加了会议。会议通报了2007年冬2008年春全省森林防火工作，安排部署下一步全省森林防火工作。副厅长弋振立作了重要讲话，济源市防火办公室、南阳市防火办公室等相关负责人作了典型发言。

济源市国有愚公林场建立野生动物生态研究基地 6月16日，郑州大学在经过多方考察后，被济源市愚公林场丰富的物种资源所吸引，遂将该场确定为该校的野生动物生态研究基地，为有关科研专家学者、院校师生研究野生动物提供一个生动、直接的大课堂，也为愚公林场增添了新的科技品牌。

济源市森林公安局第二林区派出所、刑警大队办公大楼落成 6月22日，济源市林业局隆重举行森林公安局第二林区派出所、刑警大队办公大楼落成庆典仪式，市林业局主要领导和森林公安局部分民警参加了仪式。

济源市林业局举办“庆七一、迎奥运”主题教育宣讲报告会　6月30日，市林业局邀请原市林业局局长、市人大副主任、离退休老干部王宗吉给全体机关人员做了一场“庆七一、迎奥运”主题教育宣讲报告会。林业系统共100余人参加了报告会。

济源市森林公安局重拳打击涉林犯罪　7月5日，市森林公安局成功查处一起破坏珍贵树木案件，为全市开展的“绿盾行动”划上了圆满的句号。在2008年的森林资源保卫工作中，市森林公安局抓住开展“绿盾行动”的有利时机，严厉打击各种破坏森林资源违法犯罪活动，截至6月底，共接警353起，受理185起，查处83起。其中，侦破刑事案件14起，刑事拘留18人，批捕8人，起诉4人；查处治安案件10起，治安拘留10人；受理行政案件161起，办结59起，行政处罚68人次，罚款5万余元，收缴木材60余立方米。有效打击了涉林违法犯罪行为，维护了林区社会治安秩序的稳定。

济源市首期河南农大薄皮核桃栽培技术培训班开班　7月8日，济源市首期薄皮核桃栽培新技术培训班在河南农业大学开班，来自各镇（办事处）的核桃种植技术骨干、种植大户共43人参加了此次培训班。参加培训的学员围绕薄皮核桃生物学特性、栽培技术、良种繁育、病虫害防治、贮藏加工、市场营销等内容，采取理论与实践相结合的形式，进行了系统全面的学习。河南农大薄皮核桃栽培技术培训班共分两期，每期1个月，所需费用由市财政全额支付。河南农业大学副校长赵卫东、济源市政府副市长孔祥智出席了开班仪式。

济源市举办第三期木材经营加工业主法规政策培训班　7月16日，全市第三期木材经营加工业主法规政策培训班开班，全市100余名业主参加了培训。此次培训，旨在通过组织全市木材经营加工企业业主学习相关林业法规和政策，进一步规范全市木材经营加工行为，依法加强管理，确保林区秩序稳定。

济源市退耕还林普查验收工作全面完成　7月29日至8月10日，济源市林业局组织78名技术人员分35个工程组，分赴全市9个镇238个行政村，对全市7.1万亩退耕还林地进行全面的检查验收。本次普查主要是对国家第一轮补助到期的2000年实施的生态林和2000~2003年实施的经济林进行检查验收，目的是为将要实施的第二轮资金补助提供依据。

刘月凯《绿色记忆》文集研讨会召开　8月12日，由济源市林业局和市作家协会共同举办的刘月凯《绿色记忆》文集研讨会在林业局举行。市委宣传部、济源日报社、市文联、市林业局、市作家协会以及林业系统干部职工和媒体记者一同出席了研讨会。刘月凯是市林业局的一名退休干部，在林业系统工作了40余年，2002年退休后，将自己近半生的工作、生活经历加以整理，以《绿色记忆》为书名，分上、中、下三部进行出版，反映了林业工作者爱岗敬业、吃苦耐劳的精神。

济源市首次使用“生物炮弹”防治森林病虫害　8月26日，济源市林业局森林病虫害防治检疫站在该市王屋山林区应用“生物炮弹”防治5000亩森林病虫害发生区。炮弹灭虫是该市森林病虫害防治检疫站新引进的一项技术。该器具的使用为人员无法到达的山林防虫、治虫提供了捷径，极大提高了防治效率。

河南省林地林权管理培训班在济源市举办　9月20日，由省林业厅举办的全省林地林权管理培训班在济源市正式开班。副市长孔祥智出席了开班仪式，并为培训班致辞。此次全省林地林权培训班由全省各地市林业系统林政工作人员500余人参加培训，分两期进行。培训班围绕林地林权管理工作的有关政策法规、工作程序及具体操作方法进行系统培训。

市人大常委会领导视察蟒河森林生态旅游区建设 9月24日，济源市人大常委会副主任范正刚、郝祥国、崔丙亮、刘存敏一行深入蟒河森林生态旅游区建设现场，调研景区景点开发工作。

召开“3+1”工作暨集体林权制度改革动员大会 10月15日，济源市召开了“3+1”工作暨集体林权制度改革动员大会。会议安排部署了2008年冬2009年春造林绿化、农田水利建设、土地开发整理和干线公路沿线综合整治工作。市领导段喜中、赵素萍、薛兴国、孔祥智等参加了会议。段喜中在会上作了重要讲话，赵素萍市长针对集体林权制度改革提出了要坚持的五项原则和要处理好的五个关系。会上还宣读了《济源市人民政府关于全面推进集体林权制度改革的意见》。

开展第14个“野生动物保护宣传月”活动 10月份，济源市开展了以“倡导绿色生活，共建生态文明”为主题的野生动物保护宣传月活动。活动通过设立咨询台和出动宣传车等形式，开展野生动物科普宣传及《中华人民共和国野生动物保护法》等法律法规的咨询和宣传活动，并与济源日报社和济源市高级中学共同举办野生动物保护征文比赛，在广大学生中倡导绿色生态观念和文明生活习惯。活动期间，该市还组织林业局野生动物保护科、森林公安、自然保护区管理局和国有林场等执法力量，组成联合执法组，对全市野生动物驯养繁殖和经营利用情况展开检查整治。

国家林业专家考察济源市国家级自然保护区建设管理工作 10月31日至11月1日，北京林业大学教授、博士生导师、国家林业局和国家环保部国家级自然保护区评委会委员罗菊春，在省环保局相关同志的陪同下莅临济源市，对该市国家级自然保护区建设管理工作进行了考察。罗菊春听取了该市国家级自然保护区建设管理情况汇报，并先后深入河口村水库坝址及核心区、孔山片区和济邵高速等地进行了实地考察。

济源市九里沟景区发现十几公斤重野生娃娃鱼 12月2日，济源市九里沟景区思礼镇郑坪村村民发现一条体长1米，重达10多公斤的野生娃娃鱼，经野生动物保护工作人员鉴定，确定该生物为国家二级保护动物大鲵。

济源市太行山猕猴国家级自然保护区范围及功能区调整方案通过国家评审 12月5日，国家环保部在北京召开了2008年度国家级自然保护区范围及功能区调整评审论证会，会上，河南省济源市申报的《河南太行山猕猴国家级自然保护区范围及功能区调整方案》通过了国家级自然保护区评审委员会专家评审。

济源市开展丰富多彩的森林防火宣传活动 12月12日，济源市森林防火宣传周启动，省森林防火指挥部办公室和该市防火办公室工作人员一道，出动18辆森林防火专用车辆，赶赴该市重点林区、林场巡回宣传，并将2万张制作精美的森林防火日历年画送入王屋山区农家，将2万个印有虎“威威”图案的森林防火手提袋发放到山区镇重点林区小学生手中。